高等教育工程造价专业"十三五"规划系列教材

水利水电工程计量与计价

SHUILI SHUIDIAN GONGCHENG JILIANG YU JIJIA

主　审⊙张建平

主　编⊙代彦芹

副主编⊙黄　靖　樊宇航

西南交通大学出版社

·成　都·

图书在版编目（CIP）数据

水利水电工程计量与计价 / 代彦芹主编. —成都：西南交通大学出版社，2016.3

高等教育工程造价专业“十三五”规划系列教材

ISBN 978-7-5643-4497-9

Ⅰ. ①水… Ⅱ. ①代… Ⅲ. ①水利水电工程－计量－高等学校－教材②水利水电工程－工程造价－高等学校－教材 Ⅳ. ①TV512

中国版本图书馆 CIP 数据核字（2016）第 043278 号

高等教育工程造价专业“十三五”规划系列教材

水利水电工程计量与计价

主编 代彦芹

责任编辑	胡晗欣
特邀编辑	柳堰龙
封面设计	墨创文化
出版发行	西南交通大学出版社 （四川省成都市二环路北一段 111 号 西南交通大学创新大厦 21 楼）
发行部电话	028-87600564　028-87600533
邮政编码	610031
网址	http://www.xnjdcbs.com
印刷	四川森林印务有限责任公司
成品尺寸	185 mm × 260 mm
印张	18
字数	448 千
版次	2016 年 3 月第 1 版
印次	2016 年 3 月第 1 次
书号	ISBN 978-7-5643-4497-9
定价	39.00 元

课件咨询电话：028-87600533

图书如有印装质量问题　本社负责退换

高等教育工程造价专业“十三五”规划系列教材

建设委员会

序

21 世纪，中国高等教育发生了翻天覆地的变化，从相对数量上看中国已成为全球第一高等教育大国。

自 20 世纪 90 年代中国高校开始出现工程造价专科教育起，到 1998 年在工程管理本科专业中设置工程造价专业方向，再到 2003 年工程造价专业成为独立办学的本科专业，如今工程造价专业已走过了 25 个年头。

据天津理工大学公共项目与工程造价研究所的最新统计，截至 2014 年 7 月，全国约 140 所本科院校、600 所专科院校开办了工程造价专业。2014 年工程造价专业招生人数为本科生 11 693 人，专科生 66 750 人。

如此庞大的学生群体，导致工程造价专业师资严重不足，工程造价专业系列教材更显匮乏。由于工程造价专业发展迅猛，出版一套既能满足工程造价专业教学需要，又能满足本专、科各个院校不同需求的工程造价系列教材已迫在眉睫。

2014 年，由云南大学发起，联合云南省 20 余所高等学校成立了“云南省大学生工程造价与工程管理专业技能竞赛委员会”，在共同举办的活动中，大家感到了交流的必要和联合的力量。

感谢西南交通大学出版社的远见卓识，愿意为推动工程造价专业的教材建设搭建平台。2014 年下半年，经过出版社几位策划编辑与各院校反复地磋商交流，成立工程造价专业系列教材建设委员会的时机已经成熟。2015 年 1 月 10 日，在昆明理工大学新迎校区专家楼召开了第一次云南省工程造价专业系列教材建设委员会会议，紧接着召开了主参编会议，落实了系列教材的主参编人员，并在 2015 年 3 月，出版社与系列教材各主编签订了出版合同。

我以为，这是一件大事也是一件好事。工程造价专业缺教材、缺合格师资是我们面临的急需解决的问题。组织教师编写教材，一是可以解教材匮乏之急，二是通过编写教材可以培养教师或者实现其他专业教师的转型发展。教师是一个特殊的职业—— 是一个需要不断学习更新自我的职业，教师也是特别能接受新知识并传授新知识的一个特殊群体，只要任务明确，有社会需要，教师自会完成自身的转型发展。

因此教材建设一举两得。

我希望：系列教材的各位主参编老师与出版社齐心协力，在一两年内完成这一套工程造价专业系列教材编撰和出版工作，为工程造价教育事业添砖加瓦。我也希望：各位主参编老师本着对学生负责、对事业负责的精神，对教材的编写精益求精，努力将每一本教材都打造成精品，为培养工程造价专业合格人才贡献力量。

中国建设工程造价管理协会专家委员会委员
云南省工程造价专业系列教材建设委员会主任 张建平
2015 年 6 月

前 言

随着市场经济的不断发展，水利水电工程造价管理也有了明确的改革方向。本书依据《水利工程工程量清单计价规范》（GB 50501—2007）、《水利水电工程设计工程量计算规定》（SL 328—2005）、《水利建筑工程概算定额》（2002）和《水利工程施工机械台时费定额》（2002），按照水利水电工程及工程造价专业的培养目标，结合目前水利水电市场对工程造价人员的基本能力、核心能力及发展能力的需要，系统地介绍了水利水电工程计量与计价的基本原理与方法。本书首先对水利水电工程造价的基本原理进行了介绍，包括：水利水电工程工程造价概述，水利水电工程费用及基础价格的确定，水利水电工程计价的依据；随后详细介绍了水利水电工程相关各分部分项工程的项目划分、工程量计算，并提供相关的工程实例帮助读者理解掌握，理论联系实际，达到学以致用的目的；最后还提供水利水电工程专业在计量计价方面常用的工程资料。

本书由昆明理工大学津桥学院代彦芹主编。具体章节编写分工为：第一章、第二章、第三章、第四章、第七章、第八章、第九章、第十章、第十一章、第十二章、第十四章由代彦芹编写；第五章、第六章由黄靖编写；第十三章由樊宇航编写。全书由张建平审核，代彦芹统稿。

本书在编写过程中参考和引用了大量有关标准、规范、教材、专著和其他文献资料，在此谨向这些文献的作者表示衷心的感谢。

由于作者水平有限，加之编写过程略为仓促，书中难免存在不足和失误之处，敬请广大读者批评指正；规范的采用可能没有与时俱进，希望广大读者在使用时参考最新的规范进行相应的调整。

编 者

2016 年 1 月

目　录

第一章　水利水电工程工程造价概述……1

第一节　基本建设……1

第二节　水利水电工程概预算概述……8

第二章　水利水电工程费用及基础价格的确定……11

第一节　工程费的构成及计算……11

第二节　水利水电工程基础价格的确定……25

第三章　水利水电工程计价的依据……37

第一节　水利水电工程主要计价依据及原则……37

第二节　水利水电工程定额……40

第三节　水利工程工程量清单计价规范……55

第四章　水利水电工程计价方法……64

第一节　水利水电工程设计概算编制……64

第二节　工程量清单计价及格式……82

第五章　土石方开挖工程计价……97

第一节　土方开挖工程计价……97

第二节　石方开挖工程计价……116

第六章　土石方填筑工程计价……128

第一节　土石方填筑工程概述……128

第二节　项目设置及工程量计算规则……132

第三节　定额工程量计算……134

第四节　工程实例……136

第七章　疏浚与吹填工程计价……139

第一节　项目设置及工程量计算规则……139

第二节　疏浚和吹填工程概算定额工程量计算……143

第三节　疏浚和吹填工程预算定额工程量计算……145

第四节　疏浚与吹填工程的计量与支付……148

第五节　工程实例……148

第八章　砌筑工程计价……150

第一节　砌筑工程工程量清单计价……150

第二节　工程实例……153

第九章　基础工程计价……155

第一节　钻孔灌浆及锚固工程计价……155

第二节　基础防渗和地基加固工程计价……168

第十章　混凝土工程计价……173

第一节　混凝土工程计价……173

第二节　模板工程计价……182

第三节　钢筋加工及安装工程计价……185

第四节　预制混凝土工程计价……186

第五节　工程实例……187

第十一章　原料开采及加工工程计价……194

第一节　项目设置及工程量计算规则……194

第二节　工程量的计算……196

第十二章　其他建筑工程计价……201

第一节　项目设置及工程量计算规则……201

第二节　工程量计算……201

第十三章　水利水电设备安装工程计价……204

第一节　机电设备安装工程计价……204

第二节　金属结构设备安装工程计价……233

第三节　安全检测设备采购及安装工程计价……246

第十四章　工程量计算常用资料……248

第一节　混凝土、砂浆配合比及材料用量表……248

第二节　混凝土温控费用计算参考资料……257

第三节　设备安装常用参考资料……263

第四节　大坝和电站厂房立模面系数参考表……275

参考文献……278

第一章　水利水电工程工程造价概述

【学习目标】

1. 了解水利工程的基本建设程序的内容。
2. 掌握水利工程基本建设的划分。
3. 掌握水利水电工程概预算的分类。

第一节　基本建设

水利水电工程是基本建设的组成内容，只有在理解了基本建设的概念、内容和基本程序的前提下，才能学好水利水电工程的计量与计价。本节主要介绍水利水电工程基本建设项目的概预算及相关问题。

一、基本建设的概念

基本建设是指投资建造固定资产和形成物资基础的经济活动，凡是固定资产扩大再生产的新建、改建、扩建、恢复工程及设备购置活动均称为基本建设。

简言之，就是把一定的物资（如材料、机械设备等），通过购买、建造、安装和调试等活动，使之形成固定资产，形成新的生产能力和使用效益的过程。例如：工厂、矿井、公路、水利工程、住宅、医院的建设；电力、电信导线的敷设；设备的购置安装、土地的征用等。

二、基本建设的内容

基本建设包括以下几方面的工作。

1. 建筑安装工程

建筑安装工程是基本建设的重要组成部分，是通过勘测、设计、施工等生产活动创造建筑产品的过程，包括两部分内容：建筑工程和设备安装工程。

建筑工程包括各种建筑物和房屋的修建、金属结构的安装、安装设备的基础建造等工作。

设备安装工程包括生产、动力、起重、运输、输配电等需要安装的各种机电设备的装配、安装、试车等工作。

2. 设备、工器具及生产家具的购置

该项内容包括生产应配备的各种机械设备、电气设备、工具、器具、生产家具及实验仪器等的购置。

3. 其他基本建设工作

其他基本建设工作指不属于上述两项的基本建设工作，如勘测、设计、科学试验、淹没及迁移赔偿、水库清理、施工队伍转移、生产准备等工作。

三、基本建设的程序

1. 基本建设程序的概念

基本建设程序是指建设项目从策划、评估、决策、设计、施工到竣工验收、投入生产或交付使用的整个建设工程中各项工作必须遵循的先后次序。

按照建设项目发展的内在联系和发展过程，投资建设一个工程项目都要经过投资决策和建设实施两个发展时期。这两个发展时期又可以分为若干个阶段，它们之间存在着严格的先后次序，可以进行合理的交叉，但绝不能任意颠倒次序。只有这样，才能加快建设速度，提高工程质量，缩短工期，降低工程造价，提高投资效益，达到预期效果。

2. 工程基本建设程序的特点

综合分析水利水电工程建设的各个阶段，不难发现水利水电工程基本建设程序具有以下特点：

（1）工程差异大，各具不同特点。水电建设项目有特定的目的和用途，须单独设计和单独建设。即使是相同规模的同类项目，由于工程地点、地区条件和自然条件（如水文、气象）等不同，其设计和施工也具有一定的差异。

（2）工程耗资大，工期相对较长。水利水电建设项目施工中需要消耗大量的人力、物力和财力。由于工程的复杂性和艰巨性，建设周期长，大型水利水电工程工期甚至长达十几年，如小浪底水利枢纽、长江三峡工程、南水北调工程等。

（3）工程环节多，需要统筹兼顾。由于水利水电建设项目的特殊性，建设地点须经多方案选择和比较，并进行规划、设计和施工等工作。在河道中施工时，需考虑施工导流、截流及水下作业等问题。

（4）涉及面较广，关系错综复杂。水利水电建设项目一般为多目标综合开发利用工程（如水库、大坝、溢洪道、泄水建筑物、引水建筑物、电厂、船闸等），具有防洪、发电、灌溉、供水、航运等综合效益，需要科学组织和编写施工组织设计，并采用现代施工技术和科学的施工管理，确保优质、高速地完成预期目标。

3. 基本建设程序的内容

针对水利水电工程建设的各个阶段，可以看出水利水电工程建设程序如图 1-1 所示。

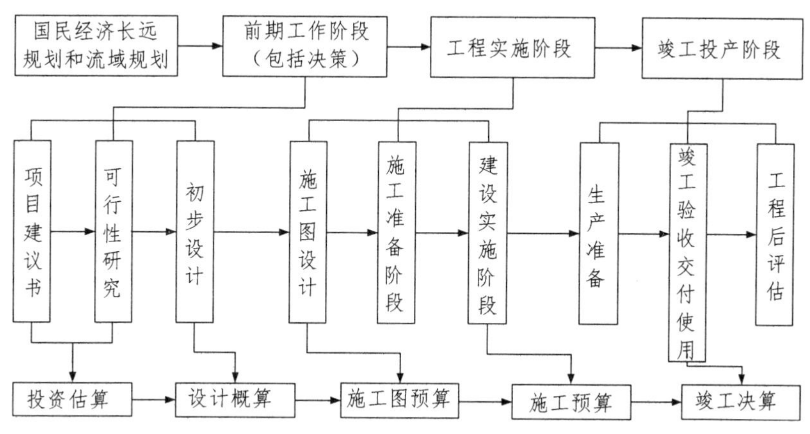

图 1-1　水利水电工程建设程序简图

1）流域（或区域）规划阶段

流域（或区域）规划就是根据该流域（或区域）的水资源条件和国家长远计划对该地区水利水电建设发展的要求，该流域（或区域）水资源的梯级开发和综合利用的最优方案。

2）项目建议书阶段

项目建议书阶段是在流域（或区域）规划的基础上，由主管部门提出的建设项目轮廓设想，主要是从宏观上衡量、分析该项目建设的必要性和可能性，即分析其建设条件是否具备，是否值得投入资金和人力。项目建议书是进行可行性研究的依据。

项目建议书编制一般是由政府委托有相应资格的单位承担，并按照国家现行规定权限向主管部门申报审批。

3）可行性研究阶段

可行性研究的目的是研究兴建本工程技术上是否可行，经济上是否合理。其主要任务包括以下几点：

（1）论证工程建设的必要性，确定本工程建设任务和综合利用的顺序。

（2）确定主要水文参数和成果，查明影响工程的主要地质条件和存在的主要地质问题。

（3）基本选定工程规模。

（4）初选工程总体布置，选定基本坝型和主要建筑物的基本形式。

（5）初选水利工程管理方案。

（6）初步确定施工组织设计中的主要问题，提出控制性工期和分期实施意见。

（7）评价工程建设对环境和水土保持设施的影响。

（8）提出主要工程量和建材需用量，估算工程投资。

（9）明确工程效益，分析主要经济指标，评价工程的经济合理性和财务可行性。

可行性研究报告由项目法人组织编制，按照国家现行规定的审批权限报批。

4）初步设计阶段

初步设计是在可行性研究的基础上进行的，是安排建设项目和组织施工的主要依据。初步设计阶段的主要任务包括以下几点：

（1）复核工程任务，确定工程规模，选定水位、流量、扬程等特征值，明确运行要求。

（2）复核区域构造稳定，查明水库地质和建筑物工程地质条件、灌区水文地质条件和设计标准，提出相应的评价和结论。

（3）复核工程的等级和设计标准，确定工程总体布置以及主要建筑物的轴线、结构形式与布置、控制尺寸、高程和工程数量。

（4）提出消防设计方案和主要设施。

（5）选定对外交通方案、施工导流方式、施工总布置和总进度、主要建筑物施工方法及主要施工设备，提出建筑材料、劳动力、供水和供电的需要量及其来源。

（6）提出环境保护措施设计，编制水土保持方案。

（7）拟定水利水电工程的管理机构，提出工程管理范围、保护范围以及主要管理措施。

（8）编制初步设计概算，利用外资的工程应编制外资概算。

（9）复核经济评价。

初步设计应选择有项目相应资格的设计单位承担，依照有关初步设计编制规定进行编制。

5）施工图设计阶段

施工图设计阶段是在初步设计和技术设计的基础上，根据建筑安装工作的需要，针对各项工程的具体施工，绘制施工详图。

施工图设计文件是已定方案的具体化，由设计单位负责完成。在交付施工单位时，须经建设单位技术负责人审查签字。根据现场需要，设计人员应至现场进行技术交底，并可以根据项目法人、施工单位及监理单位提出的合理化建议进行局部设计修改。

6）施工准备阶段

项目在主体工程开工之前，必须完成以下各项施工准备工作。

（1）施工现场的征地、拆迁工作。

（2）完成施工用水、用电、通信、道路、通气和场地平整等工程。

（3）必需的生产、生活临时建筑工程。

（4）组织招标设计、咨询、设备和物资采购等服务。

（5）建设监理和主体工程招投标，并择优选定建设监理单位和施工承包队伍。

7）建设实施阶段

建设实施阶段是指主体工程的全面建设实施，项目法人按照批准的建设文件组织工程建设，保证项目建设目标的实现。主体工程开工必须具备以下条件：

（1）前期工程各阶段文件已按规定批准，施工详图设计可满足初期主体工程施工需要。

（2）建设项目已列入国家或地方水利水电建设投资年度计划，年度建设资金已落实。

（3）主体工程招标已经决标，工程承包合同已经签订，并已得到主管部门同意。

（4）现场施工准备和征地移民等建设外部条件能够满足主体工程开工需要。

（5）建设管理模式已经确定，投资主体与项目主体的管理关系已经理顺。

（6）项目建设所需全部投资来源已经明确，且投资结构合理。

8）生产准备阶段

生产准备是项目投产前要进行的一项重要工作，是建设阶段转入生产经营的必要条件。项目法人应按照建管结合和项目法人责任制的要求，适时做好有关生产准备工作。生产准备应根据不同类型的工程要求确定，一般应包括以下内容：① 生产组织准备；② 招收和培训人员；③ 生产技术准备；④ 生产物资准备；⑤ 正常的生活福利设施准备。

9）竣工验收阶段

竣工验收是工程完成建设目标的标志，是全面考核基本建设成果、检验设计和工程质量的重要步骤。竣工验收合格的项目即可从基本建设转入生产或使用。

当建设项目的建设内容全部完成，经过单位工程验收，符合设计要求并按水利基本建设项目档案管理的有关规定，完成了档案资料的整理工作，在完成竣工报告、竣工决算等必需文件的编制后，项目法人按照有关规定，向验收主管部门提出申请，根据国家和部颁验收规程，组织验收。竣工决算编制完成后，须由审计机关组织竣工审计，其审计报告作为竣工验收的基本资料。

10）后评价

后评价是工程交付生产运行后一段时间内，一般经过 1 ~ 2 年生产运行后，对项目的立项决策、设计、施工、竣工验收、生产运行等全过程进行系统评价的一种技术经济活动，是基本建设程序的最后一环。通过后评价达到肯定成绩、总结经验、研究问题、提高项目决策水平和投资效果的目的。

后评价的内容包括影响评价、经济效益评价、过程评价。前两种评价是从项目投产后运行结果来分析评价的。过程评价则是从项目的理想决策、设计、施工、竣工投产等全过程进行的系统分析。

上面的内容反映了水利水电工程基本建设工作的全过程。电力系统中的水力发电与此基本相同，不同的就是，将初步设计阶段与可行性研究阶段合并，称为可行性研究阶段，其设计深度与水利系统初步设计接近，增加“预可行性研究阶段”，其设计深度与水利系统的可行性研究接近。其他基本建设工程除没有流域（或区域）规划外，工作大体相同。

四、基本建设项目审批

1. 规划及项目建议书阶段审批

规划报告及项目建议书编制一般由政府或开发业主委托有相应资质的设计单位承担，并按国家现行规定权限向主管部门申报审批。

2. 可行性研究阶段审批

可行性研究报告按国家现行规定的审批权限报批。申报项目可行性研究报告，必须同时提出项目法人组建方案及执行机制、资金筹措方案、资金结构及回收资金办法，并依照有关规定附具有管辖权的水行政主管部门或流域机构签署的规划同意书。

3. 初步设计阶段审批

可行性研究报告被批准以后，项目法人应择优选定有与本项目相应资质的设计单位承担勘测设计工作。初步设计文件完成后报批前，一般由项目法人委托有相应资质的工程咨询机构或组织有关专家，对初步设计中的重大问题进行咨询论证。

4. 施工准备阶段和建设实施阶段的审批

施工准备工作开始前，项目法人或其代理机构须依照有关规定，向水行政主管部门办理报建手续，项目报建须交验工程建设项目的有关批准文件。工程项目进行项目报建登记后，方可组织施工准备工作。

5. 竣工验收阶段的审批

在完成竣工报告、竣工决算等必需文件的编制后，项目法人应按照有关规定，向验收主管部门提出申请，根据国家和部颁验收规程组织验收。

五、基本建设项目的划分

对于基本建设来说，其中的建安工程是由相当数量的分项工程组成的庞大复杂的综合体，直接计算它的全部人工、材料和机械台班的消耗量及价值，是一项极为困难的工作。为了准确计算和确定建安工程的造价，必须对基本建设工程项目进行科学的分析与分解。

1. 建设项目的划分

根据我国现行有关规定，建设项目一般分解为若干单项工程、单位工程、分部工程、分项工程等。

1）建设项目

建设项目也称为基本建设项目或投资项目，是指在行政上具有独立的组织形式，经济上进行独立的核算，经过批准按照一定总体设计进行施工的建设实体。如：一个独立的工程、水库、水电站、引水工程等。

一个建设项目，初设阶段编制总概算，竣工验收后编制决算。

2）单项工程

单项工程又称为工程项目，是建设项目的组成部分，是在一个建设项目中，具有独立设计文件、能够独立施工、竣工后可以独立发挥生产能力或使用效益的工程。如：一个水利枢纽的拦河坝、电站厂房、引水渠等都是单项工程。一个建设项目可以是一个单项工程也可以包含几个单项工程。

单项工程的造价一般是由单项工程综合预算来确定的。

3）单位工程

单位工程是单项工程的组成部分，是指具有独立的设计文件、可以独立的组织施工，但竣工后一般不能独立发挥生产能力或使用效益的工程。如：灌区工程中进水闸、分水闸、渡槽；水电站饮水工程中的引水口、调压井等都是单位工程。

单位工程造价一般是通过编制单位工程施工图预算来确定的。

4）分部工程

分部工程是单位工程的组成部分，一般是按照建筑物的主要部位或工种来划分。如：进水阀工程可以分为土石方开挖工程、混凝土工程、砌石工程等。房屋建筑工程可划分为基础工程、墙体工程、屋面工程等。

5）分项工程

分项工程是分部工程的细化，是建设项目最基本的组成单元，也是最简单的施工过程。一般按照选用的施工方法、使用的材料、结构构件的规格不同等因素划分。如：进水闸混凝土工程按照工程部位，划分为闸墩、闸底板、铺盖护坦等分项工程。分项工程是计算工料消耗、进行计划安排、统计工作、实施质量检验的最基本构成因素。

2. 水利水电工程建设项目的划分

水利水电工程是一个复杂的建筑群体，同其他工程相比，包含的建筑群体种类多，涉及面广、影响因素复杂。因此，现行的水利工程项目划分按照水利部 2002 年颁发的水总〔2002〕116 号文有关项目划分的规定执行。该规定对水利水电基本建设项目进行了专门的项目划分。

水利水电建设项目分为两项内容：工程部分、移民和环境（包括水库移民征地补偿、水土保持工程和环境保护工程）。

水利工程部分按照工程性质不同又分为枢纽工程（或水电站、水库）、引水工程及河道工程（泵站、灌区、堤防、疏浚等）两大类。

枢纽工程（或水电站、水库）又划分为建筑工程、机电设备及安装工程、金属设备及安装工程、临时工程、其他工程等五部分，每一部分又从大到小划分为一级项目、二级项目、三级项目等。一级项目相当于具有独立功能的单项工程，二级项目相当于单位工程，三级项目相当于分部、分项工程，如图 1-2 所示。一般情况下，一级项目不得合并，二级三级项目可以根据工程的实际情况进行增减或再划分。

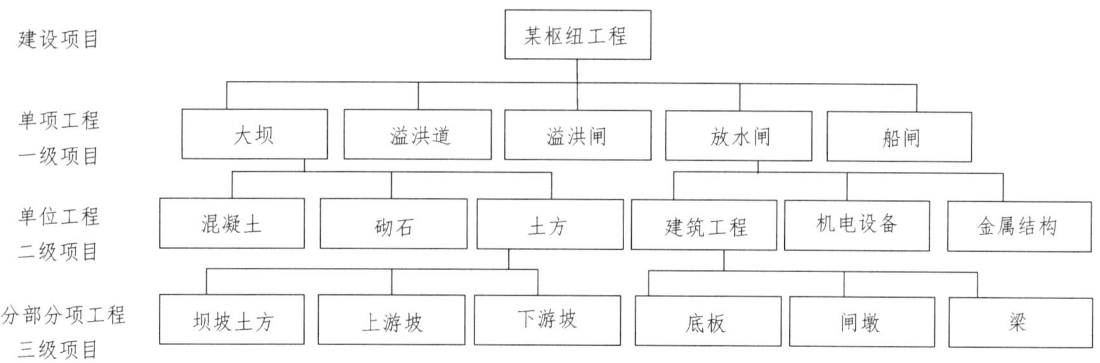

图 1-2 水利水电工程项目划分示意图

综上所述，一个建设项目是由一个或几个单项工程组成的，一个单项工程是由几个单位工程组成的，一个单位工程可以划分为若干个分部工程，一个分部工程又可以划分为许多分项工程。

计算工程造价时，从局部到整体进行组合，通过计算分项工程、分部工程、单位工程、单项工程的相关费用，由细到粗逐级汇总，即可得出建设项目的总造价。

六、建筑产品的特点

建筑产品也是一种商品，具有商品的一般属性。建筑企业进行的施工活动也是商品生产活动。但与一般工业生产相比，建筑产品又具有以下特点：

1）产品的单件性

建筑产品的单件性是指每个建筑产品都具有特定的功能和用途，即在建筑物的造型、结构、尺寸、设备配置和内外装修等方面都有不同的具体要求。尤其是水利水电工程一般都是随所在河流的特点而变化，每项工程都要根据工程具体情况进行单独设计，在设计内容、规模、造型、结构和材料等方面都互不相同。同时，因为工程的性质不同，设计要求也是不一样的，即使工程的性质或设计标准相同，也会因建设地点的地质、水文条件不同，其设计也不尽相同。

2）产品价格的可比性

建筑产品的单件性使得各个建筑产品之间不具有直接可比性，但建筑产品的生产都只能按照一定的施工顺序、施工过程和施工工艺进行。不论建筑物的结构、构造如何复杂，体形如何庞大，归根结底都是由若干种结构元素组合而成的。因此，借助分解的方法，将大型的建筑产品分解成能用适当的计量单位计算的简单的基本结构要素——假定的建筑安装产品。

3）生产周期长

建筑产品的生产周期是指建设项目或单位工程在建设工程中所耗用的时间，即从开始施工算起，到全部建成投产或交付使用，发挥效益时为止所经历的时间。建筑产品的生产周期一般较长，少则 1 ~ 2 年，多则 3 ~ 4 年、5 ~ 6 年，甚至上 10 年。建筑产品大量消耗人力、物力和财力，直到整个生产周期结束，才能生产出产品。

4）定价在先

建筑产品要求在没有生产出产品之前就要投标报价，确定价格，也就是定价在先，生产在后。由于建筑产品所具有的多样性，在生产开始之前难以充分预测各种成本要素以及拟建建筑产品所具有的特点对其价格所产生的影响，因此造价的确定具有一定的风险性。

此外，建筑产品规模大，决定了建筑产品的程序多，涉及面广，社会协作关系复杂等特点，这些特点也决定了建筑产品价值构成不可能一样。

第二节　水利水电工程概预算概述

一、水利水电工程概预算的含义

水利水电工程概预算是在工程开工前，对工程项目所需的各种人力、物力资源及资金的预先计算，是以货币形式表示水利水电工程建筑产品或工程价值和价格的技术经济文件。

概预算的目的是预先确定和控制工程造价，进行人力、物力、财力上的准备工作，以保证工程项目的顺利建成。

基本建设工程概预算，是根据不同设计阶段的具体内容和有关定额、指标分阶段进行编制的。

二、水利水电工程概预算的分类

水利水电工程概预算根据其编制阶段、编制依据和编制目的不同，可以分为工程建设项目投资估算、设计概算、业主预算、施工图预算、招投标价格、施工预算、工程结算、工程竣工决算等。

1. 投资估算

投资估算是指建设项目在投资决策过程中，依据现有的资料和特定的方法，对建设项目的投资数额进行的粗略估算。投资估算是项目建设前期编制项目建议书和可行性研究报告的重要组成部分，是项目决策的重要依据之一。投资估算控制初设概算，是工程投资的最高限额。

2. 设计概算

设计概算是在投资估算的控制下，由设计单位根据初步设计（或扩大初步设计）图纸、概算定额、费用定额或取费标准、建设地区自然条件、技术经济条件和设备及材料价格等资料，编制和确定的工程项目全部费用的文件，是设计文件的重要组成部分。

3. 业主预算

业主预算是在已经批准的初步设计概算的基础上，对已经确定实行投资包干或招标承包制的大中型水利水电工程建设项目，根据工程管理与投资的支配权限，按照管理单位及划分的分标项目，进行投资的切块分配，以便于对工程投资进行管理与控制，并作为项目投资主管部门与建设单位签订工程总承包合同的主要依据。它是为了满足业主控制和管理的需要，按照总量控制、合理调整的原则编制的内部预算，业主预算也成为执行预算。

4. 施工图预算

施工图预算是指在施工图设计阶段，根据施工图纸、施工组织设计、国家颁布的预算定额和工程量计算规则、地区材料预算价格、施工管理费用标准、企业利润率、税金等，计算每项工程所需人力、物力和投资额的文件。施工图预算应该在已经得到批准的设计概算的控制下进行编制。同时，施工图预算也是施工前组织物资、机具、劳动力，编制施工计划，统计完成工作量，办理工程价款结算，实行经济核算，考核工程成本，实行建筑工程包干和建设银行拨贷款的依据。施工图预算是施工图设计的组成部分，由设计单位在施工图完成后编制，主要作用是确定单位工程项目造价，作为考核施工图设计经济合理性的依据。一般建筑工程以施工图预算作为编制施工招标标底的依据。施工图预算是一般意义上的预算，又称为设计预算、工程预算等。

5. 招投标价格

标底、标价的确定是施工图预算的主要目的和结果之一。

标底，是发包方为施工招标选取工程承包商而编制的标底价格。如果施工图预算满足招标文件的要求，则该施工图预算就是标底。

标价，即投标价，是工程施工招投标过程中投标方的投标报价。与施工图预算相对应，标底由招标单位或委托有相应资质的造价咨询机构编制，标价由投标单位编制。

6. 施工预算

施工预算是指在施工阶段，施工单位为了加强企业内部经济核算、节约人工和材料、合理使用机械，在施工图预算的控制下，通过工料分析，计算拟建工程工、料和机具等需要量，并直接用于生产的技术经济文件。施工预算是根据施工图的工程量、施工组织设计或施工方案和施工定额等资料进行的编制。

7. 竣工结算

竣工结算是指施工单位与建设单位应对承建的工程项目的最终结算。在施工过程中也进行结算，这种结算是中间结算，是在承包商在工程实施过程中，依据承包合同中关于付款条件的规定和已经完成的工程量，并按照规定的程序向建设单位或业主收取工程价款的一项经济活动。

竣工结算是工程通过竣工验收后进行的结算，是由施工单位编制的，建设单位或委托有相应资质的造价咨询机构审查，是工程的实际价格，也是支付工程价款的依据。

8. 工程竣工决算

工程竣工决算是指在工程竣工验收交付使用阶段，由建设单位编制的建设项目从筹建到竣工验收、交付使用全过程中实际支付的全部建设费用，竣工决算时整个建设工程的最终价格，是工程竣工验收、交付使用的重要依据，也是进行建设项目财务部门汇总固定资产，银行对其实行监督的必要手段。

竣工结算与竣工决算的主要区别如表 1-1 所示。

表 1-1　竣工结算与竣工决算的对比

项目	竣工结算	竣工决算
结算范围	只是承包的工程项目，是基本建设项目的局部	基本建设项目的整体
成本内容	承包合同范围内的预算成本	完整的预算成本，包括其他费用、淹没处理、水土保持、环境保护、建设期还贷利息等

各个造价文件的特点及差异见表 1-2。

表 1-2　不同造价文件的特点对比

类别	编制阶段	编制单位	编制依据	用途
投资估算	可行性研究	工程咨询机构	投资估算指标	投资决策
设计概算	初步设计或扩大的初步设计	设计单位	概算定额、概算指标	控制投资及工程造价
施工图预算	工程招投标	建设单位(造价咨询机构)、施工单位	施工定额或清单计价规范等	编制招投标文件、确定工程合同价
施工预算	施工阶段	施工单位	施工定额或企业定额	企业内部成本、施工进度控制
工程结算	竣工验收后交付使用前	施工单位	合同价、设计及施工变更资料	确定工程项目建造价格
竣工决算	竣工验收并交付使用后	建设单位	预算定额、工程建设其他费用定额，竣工结算资料	确定工程项目实际投资

在基本建设造价文件中，竣工决算是由建设单位编制的，编制人是会计师。投资估算、设计概算、施工图预算、招投标价、施工预算、竣工结算的编制人是造价工程师。

第二章 水利水电工程费用及基础价格的确定

【学习目标】

1. 掌握水利工程费用的构成。
2. 熟悉工程费用的计算。
3. 熟悉水利基础价格的确定。

第一节 工程费的构成及计算

一、建筑及安装工程费

(一)直接工程费

直接工程费是指建筑安装工程施工过程中直接消耗在工程项目上的活劳动和物化劳动，包括直接费、其他直接费、现场经费。

直接费包括人工费、材料费、施工机械使用费。

其他直接费包括冬雨季施工增加费、夜间施工增加费、特殊地区施工增加费和其他。

现场经费包括临时设施费和现场管理费。

1. 直接费

1)人工费

人工费是指直接从事建筑安装工程施工的生产工人开支的各项费用，内容包括：

(1)基本工资：由岗位工资和年龄工资以及年应工作天数内非作业天数的工资组成。

① 岗位工资：指按照职工所在岗位各项劳动要素测评结果确定的工资。

② 年功工资：指按照职工工作年限确定的工资，随工作年限增加而逐年增减的工资。

③ 生产工人年应工作天数以内非作业工作天数的工资，包括职工开会学习、培训期间的工资、调动工作、探亲、休假期间的工资，因气候影响的停工工资，女工哺乳期间的工资，病假在6个月之内的工资及产、婚、丧假期的工资。

(2)辅助工资：指在基本工资之外，以其他形式支付给职工的工资性收入，包括根据国家有关规定属于工资性质的各种津贴，主要包括地区津贴、施工津贴、野餐津贴、节日加班津贴等。

（3）工资附加费：指按照国家规定提取的职工福利基金、工会经费、养老保险费、医疗保险费、工商保险费、职工失业保险基金和住房公积金。

2）材料费

材料费指用于建筑安装工程项目上的消耗性材料、装置性材料和周转性材料摊销费。包括定额工作内容规定应计入的未计价材料和计价材料。

材料预算价格一般包括材料原价、包装费、运杂费、运输保险费和材料采购及保管费五项。

① 材料原价：指材料指定交货地点的价格。

② 包装费：指材料在运输和保管过程中的包装费和包装材料的折旧摊销费。

③ 运杂费：指材料从指定交货地点至工地分仓库或相当于工地分仓库所发生的全部费用。包括材料的运输费、装卸费、调车费和其他杂费。

④ 运输保险费：指材料在运输途中的保险费。

⑤ 材料采购及保管费：指材料在采购、供应和保管过程中所发生的各项费用，主要包括材料的采购、供应和保管部门工作人员的基本工资、辅助工资、工资附加费、办公费、差旅交通费及工具用具使用费、仓库、装运站等设施的检修费、固定资产折旧费、技术安全措施费和材料检验费，材料在运输、保管过程中发生的损耗等。

3）施工机械台时费

施工机械使用费是指消耗在建筑安装工程项目上的机械磨损、维修和动力燃料费用等，包括折旧费、修理及替换设备费、安装拆卸费、机上人工费和动力燃料费等。

① 折旧费：指施工机械进出工地的安装、拆卸、试运转和场内转移及辅助设施的摊销费。部分大型施工机械的安装拆卸费不在其施工机械使用费中计列，包含在其他施工临时工程中。

② 修理及替换设备费：修理费指施工机械在使用过程中，为了使机械保持正常功能而进行修理所需的摊销费用和机械正常运转及日常保养所需的润滑油料、擦拭用品的费用，以及保管机械所需的费用。

替换设备费指施工机械正常运转时所好用的替换设备及随机使用的工具附具等摊销费用。

③ 安装拆卸费：指施工机械进出工地的安装、拆卸、试运转和场内转移及辅助设施的摊销费。部分大型机械的安装拆卸费不在其施工机械使用费中计列，包含在其他施工临时工程中。

④ 机上人工费：指施工机械使用时机上操作人员人工费用。

⑤ 动力燃料费：指施工机械正常运转时所好用的风、水、电、油和煤等费用。

4）直接费的计算方法

① 建筑工程直接费计算：

人工费=定额劳动量（工时）×人工预算单价（元/工时）　（2-1）

材料费=定额材料用量×材料预算单价　（2-2）

机械使用费=定额机械使用量（台时）×施工机械台时费（元/台时）　（2-3）

② 安装工程直接费计算：

a. 实物量形式。

人工费=定额劳动量（工时）×人工预算单价（元/工时）　（2-4）

材料费=定额材料用量×材料预算单价　（2-5）

机械使用费=定额机械使用量（台时）×施工机械台时费（元/台时）　（2-6）

b. 费率形式。

人工费=定额人工费（%）×设备原价 （2-7）

材料费=定额材料用量（%）×设备原价 （2-8）

装置性材料费=定额装置性材料费（%）×设备原价 （2-9）

机械使用费=定额机械使用费（%）×设备原价 （2-10）

2. 其他直接费

1）工程内容

① 冬雨期施工增加费：冬雨期施工增加费指在冬雨期施工期间为保证工程质量和安全生产所需增加的费用，包括增加施工工序，增设防雨、保温、排水等设施设施增耗的动力、燃料、材料以及因人工、机械效率降低而增加的费用。

② 夜间施工增加费：指施工场地和公用施工道路的照明费用。

③ 特殊地区施工增加费：指在高海拔和原始森林等特殊地区施工而增加的费用。

④ 其他：包括施工工具使用费、检验试验费、工程定位复测、工程点交、竣工场地清理、工程项目及设备仪表移交生产前的维护观察费等。其中，施工工具用具使用费指施工生产所需，但不属于固定资产的生产工具，检验、试验用具等的购置、摊销和维护费。检验试验费，指对建筑材料、构件和建筑安装物进行一般鉴定、检查所发生的费用，包括自设实验室所好用的材料和化学药品费用，以及技术革新和研究试验费，不包括新结构、新材料的试验费和建设单位要求对具有出厂合格证明的材料进行试验、对构件进行破坏性试验，以及其他特殊要求检验试验的费用。

2）计算方法

其他直接费=直接费×其他直接费的费率之和 （2-11）

（1）冬雨期施工增加费。

根据不同地区，按直接费的百分率计算：

西南、中南、华东区：0.5%～1.0%；华北区：1.0%～2.5%；西北、东北区：2.5%～4.0%。

西南、中南、东北区中，按规定不计冬季施工增加费的地区取小值，计算冬季施工增加费的地区可取大值；华北区中，内蒙古等较严寒地区可取大值，其他地区取中值或小值；西北、东北区中，陕西、甘肃等省取小值，其他地区可取中值或大值。

（2）夜间施工增加费。

夜间施工增加费按直接费的百分率计算，其中建筑工程为0.5%，安装工程为0.7%。

照明线路工程费用包括在“临时设施费”中，施工附属企业系统，加工厂、车间的照明，列入相应的产品中，均不包括在本项费用之内。

（3）特殊地区施工增加费：高海拔地区的高程增加费，按规定直接进入定额；其他特殊增加费（如酷热、风沙），应按照工程所在地区规定的标准计算，地方没有规定的不得计算此项费用。

（4）其他：其他按照直接费的百分率计算。其中，建筑工程为1.0%，安装工程为1.5%。

3. 现场经费

（1）临时设施费：指施工企业为进行建筑安装共享施工所必需的但又未被划入施工临时工程的临时建筑物、构筑物和各种临时设施的建设、维修、拆除、摊销等费用。如：供风、供电、供水、夜间照明、供热系统及通信支线，土石料场，简易砂石料加工系统，小型混凝土拌和浇筑系统，木工、钢筋、机修等辅助加工厂，混凝土预制构件厂，场内施工排水，场地平整，道路养护及其他小型临时设施。

（2）现场管理费。

① 现场管理人员的基本工资、辅助工资、工资附加费和劳动保护费。

② 办公费：指现场办公用具、印刷、邮电、书报、会议、水、电、烧水和集体取暖（包括现场临时宿舍取暖）、燃料费等费用。

③ 差旅交通费：指现场职工因公出差期间的差旅费，误餐补助费，职工探亲路费，劳动力招募费，职工离退休，退职一次性路费，工伤人员就医路费，工地转移费以及现场职工使用的交通工具、运行费、养路费及牌照费。

④ 固定资产使用费：指现场管理使用的属于固定资产的设备、仪器等的折旧、大修理、维修费或租赁费等。

⑤ 工具用具使用费：指现场管理使用的不属于固定资产的工具、器具、家具、交通工具和检验、试验、测绘、消防用具等的购置、维修和摊销费。

⑥ 保险费：指施工管理用财产、车辆保险费，高空、井下、洞内、水下、水上作业等特殊工种安全保险费等。

⑦ 其他费用。

（3）计算方法。

① 建筑工程现场经费：

$$现场经费=直接费\times现场经费费率之和 \tag{2-12}$$

② 安装工程现场经费：

$$现场经费=人工费\times现场经费费率之和 \tag{2-13}$$

根据工程性质不同现场经费标准费为枢纽工程、引水工程及河道工程两部分标准。对于有些施工条件复杂、大型建筑物较多的引水工程可执行枢纽工程的费率标准，见表 2-1 及表 2-2。

表 2-1　枢纽工程现场经费费率表

序号	工程类别	计算基础	现场经费费率/%		
			合计	临时设施费	现场管理费
一	建筑工程				
1	土石方工程	直接费	9	4	5
2	砂石备料工程（自采）	直接费	2	0.5	1.5
3	模板工程	直接费	8	4	4
4	混凝土浇筑工程	直接费	8	4	4
5	钻孔灌浆机锚固工程	直接费	7	3	4
6	其他工程	直接费	7	3	4
二	机电、金属结构设备安装工程	人工费	45	20	25

注：本表工程类别划分：

① 土石方工程：包括土石方开挖与填筑、砌石、抛石工程等。

② 砂石备料工程：包括天然砂砾料和人工砂石料开采加工。

③ 模板工程：包括现浇各种混凝土时制作及安装的各类模板工程。
④ 混凝土浇筑工程：包括现浇和预制各种混凝土、钢筋制作安装、伸缩缝、止水、防水层、温控措施等。
⑤ 钻孔灌浆机锚固工程：包括各类的钻孔灌浆、防渗墙及锚杆（索）、喷浆（混凝土）工程等。
⑥ 其他工程：指除上述工程以外的工程。

表 2-2 引水工程及河道工程现场经费费率表

序号	工程类别	计算基础	现场经费费率/%		
			合计	临时设施费	现场管理费
一	建筑工程				
1	土方工程	直接费	4	2	2
2	石方工程	直接费	6	2	4
3	模板工程	直接费	6	3	3
4	混凝土浇筑工程	直接费	6	3	3
5	钻孔灌浆机锚固工程	直接费	7	3	4
6	疏浚工程	直接费	5	2	3
7	其他工程	直接费	5	2	3
二	机电、金属结构设备安装工程	人工费	45	20	25

注：① 若自采砂石料，则费率标准同枢纽工程。
② 工程类别划分：同表 2-1 划分；疏浚工程，指用挖泥船、水力冲挖机组等机械疏浚江河、湖泊的工程。

（二）间接费

间接费指施工企业为建筑安装工程施工而进行组织与经营管理所发生的各项费用。它构成产品成本，由企业管理费、财务费用和其他费用组成。

（1）企业管理费：指施工企业为组织施工生产经营活动所发生的费用。

① 管理人员基本工资、辅助工资、工资附加费和劳动保护费。

② 差旅交通费：是施工企业管理人员因公出差、工作调动的差旅费、误餐补助费、职工探亲路费、劳动力招募费，离退休职工一次性路费及交通工具油料、燃料、牌照和养路费等。

③ 办公费：指企业办公用具、印刷、邮电、书报、会议、水电、燃煤等费用。

④ 固定资产折旧、修理费：指企业属于固定资产的房屋、设备、仪器等折旧及维修等费用。

⑤ 工具用具使用费：企业管理使用不属于固定资产的工具、用具、家具、交通工具、检验、试验、消防风的摊销及维修等费用。

⑥ 职工教育经费：指企业为职工学习先进技术和提高文化水平按职工工资总额计提的费用。

⑦ 劳动保护费：指企业按照国家有关部门规定标准发放给职工的劳动保护用品的购置费、修理费、保健费、防暑降温费、高空作业及进洞津贴、技术安全措施费以及洗澡用水、饮用水的燃料费等。

⑧ 保险费：指企业财产保险、管理用车辆等保险费用。

⑨ 税金：指企业按规定缴纳的房产税、管理用车辆使用税、印花税等。

⑩ 其他：包括技术转让费、设计收费标准中未包括的应由施工企业承担的部分施工辅助共享设计费、投资保价费、工程图纸资料费及工程摄影费、技术开发费、业务招待费、绿化费、公证费、法律顾问费、审计费、咨询费等。

（2）财务费用：指施工企业为筹集资金而发生的各项费用，包括企业经营期间发生的短期融资利息净支出、汇兑净损失、金融机构手续费、企业筹集资金发生的其他财务费用，以及投标和承包工程发生的保函手续费等。

（3）其他费用：指企业定额测定费及施工企业进退场补贴费。

（4）间接费标准：根据工程性质不同间接费标准分为枢纽工程、引水工程及河道工程两部分标准。对于有些施工条件复杂、大型建筑物较多的引水工程可执行枢纽工程的费率标准，见表 2-3 及表 2-4。

表 2-3 枢纽工程间接费费率表

序号	工程类别	计算基础	间接费费率/%
一	建筑工程		
1	土石方工程	直接工程费	9（8）
2	砂石备料工程（自采）	直接工程费	6
3	模板工程	直接工程费	6
4	混凝土浇筑工程	直接工程费	5
5	钻孔灌浆机锚固工程	直接工程费	7
6	其他工程	直接工程费	7
二	机电、金属结构设备安装工程	人工费	50

注：若土石方填筑等工程项目所利用原料为已记取现场经费、间接费、企业利润和税金的砂石料，则其间接费率选取括号中的数值。

表 2-4 引水工程及河道工程间接费费率表

序号	工程类别	计算基础	间接费费率/%
一	建筑工程		
1	土方工程	直接工程费	4
2	石方工程	直接工程费	6
3	模板工程	直接工程费	6
4	混凝土浇筑工程	直接工程费	4
5	钻孔灌浆机锚固工程	直接工程费	7
6	疏浚工程	直接工程费	5
7	其他工程	直接工程费	5
二	机电、金属结构设备安装工程	人工费	50

注：若自采砂石料，则费率标准同枢纽工程。

（三）企业利润

企业利润指按规定应计入建筑、安装工程费用中的利润。

企业利润按直接工程费和间接费之和的 7%计算。

（四）税金

税金指国家对施工企业承担建筑、安装工程作业收入所征收的营业税、城市维护建设税和教育费附加。为了简便计算，在编制概算时，可按下列公式和税率计算：

税金=（直接工程费+间接费+企业利润）×税率　　（2-14）

若安装工程中含未计价装置性材料费，则计算税金时应计入未计价装置性材料费。

建设项目在市区的税率标准为3.41%；建设项目在县城镇的税率标准为3.35%；建设项目在市区或县城镇以外的税率标准为3.22%。

二、设备费

设备费包括设备原价、运杂费、运输保险费、采购及保管费。

1. 设备原价

（1）国产设备，原价就是出厂价。

（2）进口设备，以到岸价格和进口征收的税金、手续费、商检费及港口费等各项费用之和为原价。

（3）大型机组分块运至工地后的拼装费用，应包括在设备原价内。

（4）设备原价以出厂价格或设计单位分析论证后的询价为设备原价。

2. 运杂费

运杂费指设备由厂家运至工地安装现场所发生的一切运杂费用，包括运输费、调车费、装卸费、包装绑扎费、大型变压器充氮费及可能发生的其他杂费。

运杂费可以分为主要设备运杂费和其他设备运杂费，两者均应按照占设备原价的百分率计算。见表2-5、表2-6。

表 2-5 主要设备运杂费率表（%）

设备分类	铁路		公路		公路直达基本费率
	基本运距 1 000 km	每增运 500 km	基本运距 50 km	每增运 10 km	
水轮发电机组	2.21	0.40	1.06	0.10	1.01
主阀、桥机	2.99	0.70	1.85	0.18	1.33
主变压器					
120 000 kV·A 及以上	3.50	0.56	2.80	0.25	1.20
120 000 kV·A 以下	2.97	0.56	0.92	0.10	1.20

表 2-6 其他设备运杂费率表

类别	适用地区	费率/%
I	北京、天津、上海、江苏、浙江、江西、安徽、湖北、湖南、河南、广东、山西、山东、陕西、河北、辽宁、吉林、黑龙江等省、直辖市	4～6
II	甘肃、云南、贵州、广西、四川、重庆、福建、海南、宁夏、内蒙古、青海等省、自治区、直辖市	6～8

设备由铁路直达或铁路、公路联运时，分别按里程求得费率后叠加计算；如果设备由公路直达，应按公路里程计算费率后，再加公路直达基本费率。

工程地点距铁路线近者费率取小值，远者取大值。新疆、西藏地区的费率在表中未包括，可以根据具体情况另行确定。

3. 运输保险费

（1）运输保险费指设备在运输过程中的保险费用。

（2）运输保险费按有关规定计算。

4. 采购及保管费

（1）采购及保管费指建设单位和施工企业在负责设备的采购、保管过程中发生的各项费用，主要包括：

① 采购保管部门工作人员的基本工资、辅助工资、工资附加费、劳动保护费、教育经费、办公费、差旅交通费、工具用具使用费等。

② 仓库、转运站等设施的运行费、维修费、固定资产折旧费、技术安全措施费和设备的检验、试验费等。

a. 采购及保管费按设备原价、运杂费之和的 0.7%计算。

b. 运杂费综合费率。

运杂综合费率=运杂费率+（1+运杂费率）×采购及保管费率+运输保险费率 （2-15）

式（2-15）适用于计算国产设备运杂费。国产设备运杂综合费率乘以相应国产设备原价占进口设备原价的比例系数，即为进口设备国内段运杂综合费率。

③ 交通工具购置费。工程竣工后，为保证建设项目初期生产管理单位正常运行必须配备生产、生活、消防车辆和船只。计算方法：按照表 2-7 中所列设备数量和国产设备出厂价格加车船附加费、运杂费计算。

表 2-7 交通工具购置指标表

<table>
<tr><th colspan="3" rowspan="2">工程类别</th><th colspan="10">设备名称及数量（辆、艘）</th></tr>
<tr><th>轿车</th><th>载重汽车</th><th>工具车</th><th>面包车</th><th>消防车</th><th>越野车</th><th>大客车</th><th>汽船</th><th>机动船</th><th>驳船</th></tr>
<tr><td rowspan="2">枢纽工程</td><td colspan="2">大（1）型</td><td>2</td><td>3</td><td>1</td><td>2</td><td>1</td><td>2</td><td>1</td><td>2</td><td>2</td><td></td></tr>
<tr><td colspan="2">大（2）型</td><td>2</td><td>2</td><td>1</td><td>1</td><td>1</td><td>1</td><td>1</td><td>1</td><td>2</td><td></td></tr>
<tr><td rowspan="3">大型引水工程</td><td rowspan="3">线路长度</td><td>>300 km</td><td>2</td><td>8</td><td>6</td><td>6</td><td></td><td>3</td><td>3</td><td></td><td></td><td></td></tr>
<tr><td>100～300 km</td><td>1</td><td>6</td><td>4</td><td>3</td><td></td><td>2</td><td>2</td><td></td><td></td><td></td></tr>
<tr><td>≤100 km</td><td></td><td>3</td><td>2</td><td>2</td><td></td><td>1</td><td>1</td><td></td><td></td><td></td></tr>
<tr><td rowspan="2">大型灌区或排涝工程</td><td rowspan="2">灌排面积</td><td>>150 万亩</td><td>1</td><td>6</td><td>5</td><td>5</td><td></td><td>2</td><td>2</td><td></td><td></td><td></td></tr>
<tr><td>50～150 万亩</td><td>1</td><td>2</td><td>2</td><td>2</td><td></td><td>1</td><td>1</td><td></td><td></td><td></td></tr>
<tr><td rowspan="3">堤防工程</td><td rowspan="3">管理单位级别</td><td>1</td><td></td><td>6</td><td></td><td>2</td><td></td><td>2</td><td>1</td><td>1</td><td>2</td><td>2</td></tr>
<tr><td>2</td><td></td><td>2</td><td></td><td>1</td><td></td><td>1</td><td>1</td><td></td><td>1</td><td>1</td></tr>
<tr><td>3</td><td></td><td>1</td><td></td><td>1</td><td></td><td>1</td><td></td><td></td><td></td><td></td></tr>
</table>

注：1 亩=1/15 公顷。

三、独立费用

独立费用由建设管理费、生产准备费、科研勘测设计费、建设及主要工地场地征用费和其他五项组成。

1. 建设管理费

建设管理费指建设单位在工程项目筹建和建设期间进行管理工作所需要的费用，包括项目建设管理费、工程建设监理费和联合试运转费。

1）项目建设管理费

由建设单位开办费和建设单位经常费两部分组成。

（1）建设单位开办费：指新组建的工程建设单位，为开展工作所必须购置的办公及生活设施、交通工具等，以及其他用于开办工作的费用。

对于新建工程，开办费根据建设单位开办费标准和建设单位定员来确定，对于改扩建与加固工程，原则上不计算建设单位开办费。

① 建设单位开办费标准见表 2-8。

表 2-8 建设单位开办费标准

建设单位人数	20 人以下	21～40 人	41～70 人	71～140 人	140 人以上
开办费/万元	120	120～220	220～350	350～700	700～850

注：① 引水及河道工程按总工程计算，不得分段分别计算。
② 定员人数在两个数之间的，开办费由内插法求取。

② 建设单位定员标准见表 2-9。

表 2-9 建设单位定员表

<table>
<tr><th colspan="4">工程类别及规模</th><th>定员人数</th></tr>
<tr><td rowspan="11">枢纽工程</td><td>特大型工程</td><td colspan="2">如南水北调</td><td>140 以上</td></tr>
<tr><td rowspan="2">综合利用的水利枢纽工程</td><td>大（1）型</td><td>总库容＞10×10^8 m^3</td><td>70～140</td></tr>
<tr><td>大（2）型</td><td>总库容（1～10）$\times10^8$ m^3</td><td>40～70</td></tr>
<tr><td rowspan="6">以发电为主的枢纽工程</td><td colspan="2">200×10^4 kW 以上</td><td>90～120</td></tr>
<tr><td colspan="2">（150～200）$\times10^4$ kW</td><td>70～90</td></tr>
<tr><td colspan="2">（100～150）$\times10^4$ kW</td><td>55～70</td></tr>
<tr><td colspan="2">（50～100）$\times10^4$ kW</td><td>40～55</td></tr>
<tr><td colspan="2">（30～50）$\times10^4$ kW</td><td>30～40</td></tr>
<tr><td colspan="2">30×10^4 kW</td><td>20～30</td></tr>
<tr><td rowspan="2">枢纽扩建及加固工程</td><td>大型</td><td>总库容＞10×10^8 m^3</td><td>21～35</td></tr>
<tr><td>中型</td><td>总库容（0.1～1）$\times10^8$ m^3</td><td>14～21</td></tr>
<tr><td rowspan="8">引水及河道工程</td><td rowspan="3">大型引水工程</td><td colspan="2">线路总长：＞300 km</td><td>84～140</td></tr>
<tr><td colspan="2">线路总长：100～300 km</td><td>56～84</td></tr>
<tr><td colspan="2">线路总长：≤100 km</td><td>28～56</td></tr>
<tr><td rowspan="2">大型灌溉或排涝工程</td><td colspan="2">灌溉或排涝面积：＞150 万亩</td><td>56～84</td></tr>
<tr><td colspan="2">灌溉或排涝面积：50～150 万亩</td><td>28～56</td></tr>
<tr><td rowspan="3">大江大河整治及堤防加固工程</td><td colspan="2">河道长度：＞300 km</td><td>42～56</td></tr>
<tr><td colspan="2">河道长度：100～300 km</td><td>28～42</td></tr>
<tr><td colspan="2">河道长度：≤100 km</td><td>14～28</td></tr>
</table>

注：① 当大型引水、灌溉或排涝、大江大河整治及堤防加固工程包含较多的泵站、水闸、船闸时，定员可适当增加。
② 本定员只作为计算建设单位开办费和建设单位人员经常费的依据。
③ 工程施工条件复杂者，取大值；反之取小值。
④ 1 亩=1/15 公顷。

（2）建设单位经常费：由建设单位人员经常费和工程管理经常费。

① 建设单位人员经常费：指建设单位从批准组建之日起至完成该工程建设管理任务之日止，需开支的经常费用，主要包括工作人员的基本工资、辅助工资、工资附加费、劳动保护费、教育经费、办公费、差旅费、会议费、交通车辆使用费、技术图书资料费、固定资产折旧费、零星固定资产购置费、低值易耗品摊销费，工具用具使用费、修理费、水电费、采暖费等。

建设单位人员经常费根据建设单位定员、费用指标和经常费用计算期进行计算。

编制概算时，应根据工程所在地区和编制年的基本工资、辅助工资、工资附加费、劳动保护费以及费用标准调整“六类地区建设单位人员经常费用指标表”中的费用。

计算公式：

建设单位人员经常费=费用指标[元/(人·年)]×定员人数×经常费用计算期(年)　（2-16）

a. 枢纽、引水工程费用指标见表 2-10。

表 2-10　六类地区建设单位人员经常费用指标表

序号	项目	计算公式	金额［元/（人·年）］
1	基本工资		6 420
	工人	400 元/月×12 月×10%	480
	干部	550 元/月×12 月×90%	5 940
2	辅助工资		2 446
	地区津贴	北京地区无	
	施工津贴	5.3 元/天×365×0.95	1 838
	夜餐津贴	4.5 元/工日×251 天×30%	339
	节日加班津贴	6420/251×10×3×35%	269
3	工资附加费		4 432
	职工福利基金	1～2 项之和（8 866 元）的 14%	1 241
	工会经费	1～2 项之和（8 866 元）的 2%	177
	职工教育经费	1～2 项之和（8 866 元）的 1.5%	133
	养老保险费	1～2 项之和（8 866 元）的 20%	1 773
	医疗保险费	1～2 项之和（8 866 元）的 4%	355
	工伤保险费	1～2 项之和（8 866 元）的 1.5%	133
	职工失业保险基金	1～2 项之和（8 866 元）的 2%	177
	住房公积金	1～2 项之和（8 866 元）的 5%	443
4	劳动保护费	基本工资 6420 元的 12%	770
5	小计		14 068
6	其他费用	1～4 项之和（14 068 元）×180%	25 322
7	合计		39 390

注：工期短或施工条件简单的引水工程费用指标应按河道工程费用指标执行。

b. 河道工程费用指标见表 2-11。

表 2-11 六类地区建设单位人员经常费用指标费

序号	项目	计算公式	金额/[元/（人·年）]
1	基本工资		4 494
	工人	280 元/月×12 月×10%	336
	干部	385 元/月×12 月×90%	4 158
2	辅助工资		1 628
	地区津贴	北京地区无	
	施工津贴	3.5 元/天×365×0.95	1 214
	夜餐津贴	4.5 元/工日×251 天×30%	226
	节日加班津贴	4 494/251×10×3×35%	188
3	工资附加费		3 060
	职工福利基金	1～2 项之和（6 122 元）的 14%	857
	工会经费	1～2 项之和（6 122 元）的 2%	122
	职工教育经费	1～2 项之和（6 122 元）的 1.5%	92
	养老保险费	1～2 项之和（6 122 元）的 20%	1 224
	医疗保险费	1～2 项之和（6 122 元）的 4%	245
	工伤保险费	1～2 项之和（6 122 元）的 1.5%	92
	职工失业保险基金	1～2 项之和（6 122 元）的 2%	122
	住房公积金	1～2 项之和（6 122 元）的 5%	306
4	劳动保护费	基本工资（4 494 元）的 12%	539
5	小计		9 721
6	其他费用	1～4 项之和（9 721 元）×180%	17 498
7	合计		27 219

c. 经常费用计算期。

根据施工组织设计确定的施工总进度和总工期，建设单位人员从工程筹建之日起，到工程竣工之日加六个月为止，为经常费用计算期。其中大型水利枢纽工程、大型引水工程、灌溉或排涝面积大于 150 万亩（1 亩=1/15 公顷）工程等的筹建期 1～2 年，其他工程为 0.5～1 年。

② 工程管理经常费。

工程管理经常费指建设单位从筹建到竣工期间所发生的各种管理费用，包括：该工程建设过程中用于资金筹措、召开董事（股东）会议、视察工程建设所发生的会议和差旅等费用；建设单位为解决工程建设涉及的技术、经济、法律等问题需要进行咨询所发生的费用；建设单位进行项目管理所发生的土地使用税、房产税、合同公证费、审计费、招标业务费等；施工期间所需的水情、水文、泥沙、气象监测费和报汛费；工程验收费和由主管部门主持对工程设计进行审查、安全鉴定等费用；在工程建设过程中，必须派驻工地的公安、消防部门的补贴费以及其他属于工程管理性质开支的费用。

枢纽工程及引水工程一般按建设单位开办费和建设单位人员经费之和的 35%～40%计取，

改扩建与加固工程、堤防及疏浚工厂按 20%计取。

2）工程建设监理费

工程建设监理费指在工程建设过程中聘用监理单位，对工程的质量、进度、安全和投资进行建立所发生的全部费用，包括监理单位为保证监理工作正常开展而必须购置的交通工具、办公及生活设备、检验试验设备以及监理人员的基本工资、辅助工资、工资附加费、劳动保护费、教育经费、办公费、差旅交通费、会议费、技术图书资料费、固定资产折旧费、零星固定资产购置费、低值易耗品摊销费，工具用具使用费、修理费、水电费、采暖费等。

工程建设监理费按照国家及省、自治区、直辖市计划物价部门有关规定记取。

3）联合试运转费

联合试运转费指水利工程的发电机组、水泵等安装完毕，在竣工验收前，进行整套设备带负荷联合试运转期间所需要的各项费用，主要包括联合试运转期间所消耗燃料、动力、材料及机械使用费、工具用具购置费，施工单位参加联合试运转人员的工资等。联合试运转费用指标见表 2-12。

表 2-12　联合试运转费用指标表

水电站工程	单机容量/（10^4kW）	≤1	≤2	≤3	≤4	≤5	≤6	≤10	≤20	≤30	≤40	>40
	费用/（万元/台）	3	4	5	6	7	8	9	11	12	16	22
泵站工程	电力泵站	25～30 元/kW										

2. 生产准备费

生产准备费指水利建设项目的生产、管理单位为准备正常的生产运行或管理发生份额费用，包括生产及管理单位提前进厂费、生产职工培训费、管理用具购置费、备品备件购置费和工器具及生产家具购置费。

1）生产及管理单位提前进场费

生产及管理单位提前进厂费是指工程完工之前，生产、管理单位有一部分工人、技术人员和管理人员提前进厂进行生产筹备工作所需的各项费用，包括提前进厂人员的基本工资、辅助工资、工资附加费、劳动保护费、教育经费、办公费、差旅交通费、会议费、技术图书资料费、零星固定资产购置费、低值易耗品摊销费，工具用具使用费、修理费、水电费、采暖费等，以及其他属于生产筹建期应开支的费用。

枢纽工程按一至四部分建安工程量的 0.2%～0.4%计算，大（1）型工程取小值，大（2）型工程取大值。

引水和灌溉工程是工程规模参照枢纽工程计算。

改扩建与加固工程、提防及疏浚工程原则上不计此项费用，若工程中还有新建大型泵站、船闸等建筑物，按建筑物的建安工程量参照枢纽工程费率适当计列。

2）生产职工培训费

生产职工培训费指工程在竣工验收之前，生产及管理单位为保证生产、管理工作顺利进行，需对工人、技术人员和管理人员进行培训所发生的费用，包括基本工资、辅助工资、工资附加费、劳动保护费、差旅交通费、实习费，以及其他属于职工培训应开支的费用。

枢纽工程按一至四部分建安工程量的 0.3%～0.5%计算，大（1）型工程取小值，大（2）型工程取大值。

引水工程和灌溉工程视工程规模参照枢纽工程计算。

改扩建与加固工程、提防及疏浚工程原则上不计此项费用，若工程中还有新建大型泵站、船闸等建筑物，按建筑物的建安工程量参照枢纽工程费率适当计列。

3）管理用具购置费

管理用具购置费指为保证新建项目的正常生产和管理所必须购置的办公和生活用具等费用，包括办公室、会议室、资料档案室、阅览室、文娱室、医务室等公用设施需要配置的家具器具。

枢纽工程按一至四部分建安工程量的 0.3%～0.5%计算，大（1）型工程取小值，大（2）型工程取大值。

引水工程及河道工程按建安工程量的 0.02%～03%计算。

4）备品备件购置费

备品备件购置费指工程在投产运行初期，由于易损件损耗和可能发生的事故，而必须准备的备品备件和专用材料的购置费。不包括设备价格中配备的备品备件。备品备件购置费按占设备费的 0.4%～0.6%计算。大（1）型工程取下限，其他工程取中、上限。

5）工器具及生产家具购置费

按占设备费的 0.08%～0.2%计算。枢纽工程取下限，其他工程取中、上限。工器具及生产家具购置费按设计规定，为保证初期生产正常运行所必须购置的不属于固定资产标准的生产工具、器具、仪表、生产家具等的购置费。不包括设备价格中已包括的专用工具。

3. 科研勘测设计费

科研勘测设计费指为工程建设所需的科研、勘测和设计等费用，包括工程科学研究试验费和工程勘测设计费。

（1）工程科学研究试验费：指在工程建设过程中，为解决工程技术问题而进行必要的科学研究试验所需的费用。一般的取值按工程建安工程量的百分率计算，其中：枢纽工程和引水工程取 0.5%；河道工程取 0.2%。

（2）工程勘测设计费：指工程从项目建议书开始至以后各设计阶段发生的勘测费、设计费。一般按原国家计委、建设部计价格〔2002〕10 号文件稳定执行。

4. 建设及施工场地征用费

建设及施工场地征用费指根据设计确定的永久、临时工程征地和管理单位用地所发生的征地补偿费用及应缴纳的耕地占用税等，包括征用场地上的林木、作物的赔偿、建筑物迁建及居民迁移费等。计算保准参照移民和环境部分概算编制规定执行。

5. 其他

（1）定额编制管理费指水利工程定额的测定、编制、管理等所需的费用。该项费用交由定额管理机构安排使用。

（2）工程质量监督费指为保证工程质量而进行的检测、监督、检查工作等费用。

（3）工程保险费指工程建设期间，为使工程能在遭受水灾、火灾等自然灾害和意外事故造成损失后得到的经济补偿，而对建筑、设备及安装工程保险所发生的保险费用。工程保险费按工程一至四部分投资合计的 4.5‰ ~ 5.0‰计算。

（4）其他税费指按国家规定应缴纳的与工程建设有关的税费。

四、预备费

预备费包括基本预备费和价差预备费。

（1）基本预备费。

基本预备费主要为解决在工程施工过程中，经上级批准的设计变更和国家政策性变动增加的投资及为解决意外事故而采取的措施所增加的工程项目和费用。

基本预备费计算方法：根据工程规模、施工年限和地质条件等不同情况，按工程一至五部分投资合计（依据分年度投资表）的百分率计算。

初步设计阶段为 5.0% ~ 8.0%。

（2）价差预备费。

价差预备费主要为解决在工程项目建设过程中，因人工工资、材料和设备价格上涨以及费用标注调整而增加的投资。

价差预备费计算方法：根据施工年限，以资金流量表的静态投资为计算基数。

按照国家发改委根据物价变动趋势，适时调整和发布的年物价指数计算。计算公式为：

$$E=\sum_{n=1}^{N}F_n\left[(1+p)^n-1\right] \tag{2-17}$$

式中 E——价差预备费；

N——合理建设工期；

n——施工年度；

F_n——建设期间资金流量表内第 n 年的投资；

p——年物价指数。

五、建设期融资利息

根据国家财政金融政策规定，工程在建设期内需偿还并应计入工程总投资的融资利息。建设期融资利息计算公式：

$$S=\sum_{n=1}^{N}\left[\left(\sum_{m=1}^{n}F_m b_m-\frac{1}{2}F_n b_n\right)+\sum_{m=0}^{n-1}S_m\right]i \tag{2-18}$$

式中 S——建设期融资利息；

N——合理建设工期；

n——施工年度；

m——还息年度；

F_n，F_m——在建设期间资金流量表内第 n，m 年的投资；

b_n，b_m——各施工年份融资额占当年投资比例；

i——建设期融资利率；

S_m——第 m 年的付息额度。

第二节 水利水电工程基础价格的确定

一、人工预算单价

（一）人工预算单价的组成

人工预算单价是指生产工人单位时间的工资及其各项费用之和，人工预算单价由基本工资、辅助工资及工资附加费组成。

（1）基本工资：指发给生产工人的基本工资。生产工人的基本工资应执行岗位工资和技能工资制度。根据有关部门制定的《全民所有制大中型建筑安装企业的岗位技能工资试行方案》，按岗位工资、技能工资和年龄工资（按职工工作年限确定的工资）计算的。工人岗位工资标准设 8 各岗次。技能工资分初级工、中级工、高级工、技师和高级技师五类工资标准分 33 档。

（2）生产工人辅助工资：指生产工人年有效施工天数意外非作业天数的工资，包括职工学习、培训期间的工资，调动工作、探亲、休假期间的工资，因气候影响的停工工资，女子哺乳时间的工资，病假在六个月以内的工资及产、婚、丧假期的工资。

（3）工资附加费：指按国家规定计算的职工福利基金，工会经费、养老保险费、医疗保险费、工伤保险费、职工失业保险基金、住房公积金。

（二）人工预算单价的计算

人工预算单价应根据国家有关规定，按水利水电施工企业工人工资标准和工程所在地工资区类别结合水利工程特点进行计算。

1. 人工预算单价计价方法

（1）基本工资：

基本工资（元/工日）=基本工资标准（元/月）×地区工资系数×12（月）÷年应工作天数×1.068

式中：1.068 为年应工作天数内费工作天数的工资系数。

（2）辅助工资：

① 地区津贴（元/工日）=津贴标准（元/月）×12（月）÷年应工作天数×1.068

② 施工津贴（元/工日）=津贴标准（元/月）×365（天）×95%÷年应工作天数×1.068

③ 夜餐津贴（元/工日）=（中班津贴标准+夜班津贴标准）÷2×（20%～30%）

式中百分数，枢纽工程取 30%，引水及河道工程取 20%。

④ 节日加班津贴（元/工日）=基本工资（元/工日）×3×10÷年应工作天数×5%

（3）工资附加费：

① 职工福利基础（元/工日）=[基本工资（元/工日）+辅助工资（元/工日）]×费率标准（%）

② 工会经费（元/工日）=[基本工资（元/工日）+辅助工资（元/工日）]×费率标准（%）

③ 养老保险费（元/工日）=[基本工资（元/工日）+辅助工资（元/工日）]×费率标准（%）

④ 医疗保险费（元/工日）=[基本工资（元/工日）+辅助工资（元/工日）]×费率标准（%）

⑤ 工伤保险费（元/工日）=[基本工资（元/工日）+辅助工资（元/工日）]×费率标准（%）

⑥ 职工失业保险基金（元/工日）=[基本工资（元/工日）+辅助工资（元/工日）]×费率标准（%）

⑦ 住房公积金（元/工日）=[基本工资（元/工日）+辅助工资（元/工日）]×费率标准（%）

（4）人工工日预算单价：

人工工日预算单价（元/工日）=基本工资+辅助工资+工资附加费

（5）人工工时预算单价：

人工工日预算单价（元/工时）=人工工日预算单价（元/工日）÷日工作时间（工时/工日）

2. 人工预算单价的计算标准

（1）有效工作时间。

年应工作天数：251 工日（年日历天数 365 天减去双休日 104 天、法定节日 10 天）。

日工作时间：8 h/工日。

（2）基本工资。

根据国家有关规定和水利部水利企业工资制度改革办法，并结合水利工程特点，分别确定了枢纽工程、引水工程及河道工程六类工资区分级工资标准。按国家规定享受生活费补贴的特殊地区，可按有关规定计算，并计入基本工资。

① 基本工资标准见表 2-13。

表 2-13　基本工资标准表（六类工资区）

序号	名称	单位	枢纽工程	引水工程及河道工程
1	工长	元/月	550	385
2	高级工	元/月	500	350
3	中级工	元/月	400	280
4	初级工	元/月	270	190

② 地区工资系数：根据劳动部规定，六类以上工资区的工资系数见表 2-14。

表 2-14 六类以上工资区工资系数

序号	工资区	工资系数
1	七类工资区	1.026 1
2	八类工资区	1.052 2
3	九类工资区	1.078 3
4	十类工资区	1.104 3
5	十一类工资区	1.130 4

③ 辅助工资标准见表 2-15。

表 2-15 辅助工资标准表

序号	项目	枢纽工程	引水及河道工程
1	地区津贴	按国家、省、自治区、直辖市的规定	
2	施工津贴	5.3 元/天	3.5～5.3 元/天
3	夜餐津贴	4.5 元/夜班，3.5 元/中班	

注：初级工的施工津贴标准按表中数值的 50%计取。

④ 工资附加费标准见表 2-16。

表 2-16 工资附加费标准表

序号	项目	费率标准/%	
		工长、高中级工	初级工
1	职工福利基金	14	7
2	工会经费	2	1
3	养老保险费	按各省、自治区、直辖市规定	按各省、自治区、直辖市规定的 50%
4	医疗保险费	4	2
5	工伤保险费	1.5	1.5
6	职工失业保险基金	2	1
7	住房公积金	按各省、自治区、直辖市规定	按各省、自治区、直辖市规定的 50%

注：养老保险费率一般取 20%以内，住房公积金费率一般取 5%左右。

二、材料预算单价

材料预算价格是指材料由货源地或交货地点到达施工工地仓库或施工现场存放地点后的出库价格。水利水电建筑安装工程汇总所用到的财力品种繁多、数量大、来源广、样式多，先编制材料的预算价格时不可能逐一计算出来，而是将施工中用量多、材料昂贵的材料作为主要材料，其他作为一般材料计算。

1. 主要材料预算价格

如钢材、木材、水泥、粉煤灰、油料、火工产品、电缆及母线等用量多、影响工程投资的主要材料，一般需编制材料预算价格，计算公式为：

材料预算价格=(材料原价+包装费+运杂费)×(1+采购及保管费率)+运输保险费 (2-19)

(1) 材料原价。

按工程所在地区就近大的物资供应公司、材料交易中心的市场成交价或设计选定的生产厂家的出厂价计算。

在确定原价时，凡同一种材料因来源地、交货地、供货单位、生产厂家不同，而有几种价格时，根据不同来源地供货数量比例，采取加权平均的方法确定其综合原价。

(2) 材料运杂费。

材料运杂费指材料自来源地运至工地仓库或指定堆放地点所发生的全部费用。含外埠中转运输过程中所发生的一切费用和过境过桥费用，包括调车和驳船费、装卸费、运输费及附加工作费等。

若同一种材料有若干个来源地，应采用加权平均的方法计算材料运杂费。

另外，在运杂费中需要考虑为了便于材料运输和保护而发生的包装费。包装费有两种情况：一种情况是包装费已计入材料原价中，就不需要再计算包装费，如袋装水泥，水泥纸袋已包括在水泥原价中；另一种情况是材料原价中未包含包装费，如需包装时包装费则应计入材料价格中。

（3）采购及保管费。

采购及保管费是指材料供应部门在组织采购、供应和保管材料过程中所需要的各项费用，包含采购费、仓储费、工地管理费和仓储损耗。按材料运至工地仓库价格（不包含运输保险费）的3%计算。

（4）运输保险费。

运输保险费指向保险公司缴纳的货物保险费，按工程所在省、自治区、直辖市交通部门现行规定计算。

2. 其他材料预算价格

其他材料预算价格可参考工程所在地区的工业与民用建筑安装工程材料预算价格或信息价格。

三、施工机械使用费

施工机械使用费是根据施工中耗用的机械台班数量和机械台班单价确定的。施工机械台班耗用量按预算定额规定计算；施工机械台班单价是指一台施工机械，在正常运转条件下一个工作班中所发生的全部费用，每台班按 8 小时工作制计算。正确制定施工机械台班单价是合理控制工程造价的重要方面。

施工机械台班单价由七项费用组成，包括折旧费、大修理费、经常修理费、安拆费及场外运费、燃料动力费、人工费、养路费及车船使用税等。

（一）折旧费

折旧费是指机械在规定的寿命期（使用年限或耐用总台班）内，陆续收回其原值的费用及支付贷款利息的费用，计算公式为：

$$\text{台班折旧费}=\frac{\text{机械预算价格}\times(1-\text{残值率})\times\text{贷款利息系数}}{\text{耐用总台班}} \tag{2-20}$$

1. 机械预算价格

（1）国产机械预算价格是指机械出厂价格加上从生产厂家或销售单位交货地点运至使用单位机械管理部门验收入库的全部费用。

国产机械出厂价格或销售价格的搜集途径：

① 全国施工机械展销会上各厂家的订货合同价。

② 全国有关机械生产厂家函询或面询的价格。

③ 组织有关大中型施工企业提供当前购入机械的账面实际价格。

④ 水利部价格信息网络中的本期价格。

根据上述资料列表对比分析，合理取定。对于商量无法取到实际价格的机械，可用同类机械或相近机械的价格采用内插法或比例法取定。

（2）进口机械预算价格：指由进口机械到岸完税价格（包括机械出厂价和到达我国口岸之前的运费、保险费等一切费用）加上关税、外贸部门手续费、银行财务费以及由口岸运至使用单位机械管理部门验收入库的全部费用，计算公式为：

进口运输机械预算价格=[到岸价格×（1+关税税率+增值税率）]×（1+购置附加费率+外贸部门手续费率+银行材料费率+国内一次运杂费费率 （2-21）

2. 残值率

残值率指机械报废时其回收的残余价值占机械原值的比率，《全国统一施工机械台班费用定额》根据有关规定，结合施工机械残值回收实际情况，将各类施工机械的残值率确定如下：

运输机械：2%；特大型机械：3%；中小型机械：4%；掘进机械：5%。

3. 贷款利息系数

为补偿企业贷款购置机械设备所支付的利息，从而合理反映资金的时间价值，以大于 1 的贷款利息系数，将贷款利息（单利）分摊在台班折旧费中，计算公式为：

$$\text{贷款利息系数}=1+\frac{n+1}{2}i \tag{2-22}$$

式中 n——机械的折旧年限；

i——设备更新贷款年利率。

折旧年限是指国家规定的各类固定资产计提折旧的年限。

设备更新贷款年利率是以定额编制当年的银行贷款年利率为准。

4. 耐用总台班

耐用总台班指机械在正常施工作业条件下，从投入使用起到报废日，按规定应达到的使用总台班数。

机械耐用总台班也就是机械使用寿命，一般可分为机械技术使用寿命、经济适用寿命和合理使用寿命。《全国统一施工机械台班费用定额》中的耐用总台班是以经济使用寿命为基础，并依据国家有关固定折旧年限规定，结合施工机械工作对象和环境以及年能达到的工作台班确定。

机械耐用总台班的计算公式为：

耐用总台班=折旧年限×年工作台班=大修间隔台班×大修周期 （2-23）

年工作台班是根据有关部门对各类主要机械最近三年的统计资料分析确定。

大修间隔台班是指机械自投入使用起至第一次大修止或自上一次大修后投入使用起至下一次大修止，应达到的使用台班数。

大修周期是指机械在正常的施工作业条件下，将其寿命期按规定的大修理次数划分为若干个周期，其计算公式为：

$$大修周期=寿命大修理次数+1 \tag{2-24}$$

（二）大修理费

修理费指机械设备按规定的大修间隔台班进行必要的大修理，以恢复机械正常功能所需要的全部费用。台班大修理费则是机械寿命期内全部大修理费之和在台班费中的分摊额，其计算公式为：

$$台班大修理费=\frac{一次大修理费\times 寿命期内大修理次数}{耐用总台班} \tag{2-25}$$

（1）一次大修理费：指机械设备按规定的大修理范围内和修理工作内容，进行一次全面修理所需消耗的工时、配件、辅助材料、油燃料以及送修运输等全部费用。

（2）寿命期大修理次数：指机械设备为恢复原机功能按规定在使用期限内需要进行的大修理次数。

（三）经常修理费

经常修理费指机械设备除大修理以外必须进行的各级保养（包括一、二、三级保养）以及临时故障排除和机械停置期间的维护保养等所需各项费用；为保证机械正常运转所需替换设备、随机工具附具的摊销及维护费用；机械运转及日常保养所需润滑、擦拭材料费用。机械寿命期内上述各项费用之和分摊到台班费中，即为台班经常修理费，其计算公式为：

$$台班经常修理费=\frac{\sum(各级保养一次费用\times 寿命期各级保养总次数)+临时故障排除费用}{耐用总台班}+$$
$$替换设备台班摊销+工具用具台班摊具费用+例保辅料费 \tag{2-26}$$

为了简化计算，也可采用以下公式：

$$台班经常修理费=台班大修费\times K \tag{2-27}$$

$$K=\frac{机械台班经常修理费}{机械台班大修理费} \tag{2-28}$$

（1）各级保养一次费用：指机械在各个使用周期内为保证机械处于完好状况，必须按规定的各级保养间隔周期、保养范围和内容进行的一、二、三级保养或定期保养所消耗的工时、配件、辅料、油燃料等费用。

（2）寿命期各级保养总次数：分别指一、二、三级保养或定期保养在寿命期内各个使用周期中保养次数之和。

（3）机械临时故障排除费用、机械停置期间维护保养费：指机械除规定的大修理及各级保养以外，临时故障所需费用以及机械在工作日以外的保养维护所需润滑擦拭材料费，可按各级保养（不包括例保辅料费）费用之和的±3%计算。即：

$$机械临时故障排除费及机械停置期间维修保养费$$
$$=\sum(各级保养一次费用\times 寿命期各级保养总次数)\times 3\% \tag{2-29}$$

（4）替换设备及工具附具台班摊销费：指轮胎、电缆、蓄电池、运输皮带、钢丝绳、胶皮管、履带板等消耗性设备和按规定随机配备的全套工具附具的台班摊销费用，其计算公式为：

$$替换设备及工具附具台班摊销费=\sum(各类替换设备数量\times 单价\div 耐用台班)+$$
$$(各类随机工具附具数量\times 单价\div 耐用台班) \tag{2-30}$$

（5）例保辅料费：指机械日常保养所需润滑擦拭材料的费用。

（四）安拆费及场外运输费

安拆费指机械在施工现场进行安装、拆卸所需的人工、材料、机械费用及试运转费，以及安装所需要的辅助设施的费用；场外运费是指机械整体或分件自停放场地运至施工此案长所发生的费用，包括机械的装卸、运输、辅助材料费和机械在现场使用期需回基地大修理的运费。

定额安拆费及场外运输费，均按不同机械、型号、重量、外形体积、不同的安拆和运输方法测算其工、料、机械的耗用量综合计算取定，除地下工程机械外，均按年平均 4 次运输，运距平局 25 km 以内考虑。但金属切削加工机械，由于该类机械安装在固定的车间内，无须经常安拆运输，所以不能计算安拆费及场外运输费。特大型机械的安拆费及场外运输费，由于其费用较大，应单独编制每安拆一次或运输一次的费用定额。

安拆费及场外运输费的计算公式为：

$$\text{台班安拆费}=\frac{\text{机械一次安拆费}\times\text{年平均安拆次数}}{\text{年工作台班}}+\text{台班辅助设施摊销费} \quad (2\text{-}31)$$

$$\text{台班辅助设施摊销费}=\frac{\text{辅助设施一次费用}\times(1-\text{残值率})}{\text{辅助设施使用台班}} \quad (2\text{-}32)$$

$$\text{台班场外运费}=\frac{(\text{一次运输及装卸费}+\text{辅助材料一次摊销费}+\text{一次架线费})\times\text{年平均场外运输次数}}{\text{年工作台班}} \quad (2\text{-}33)$$

（五）燃料动力费

燃料人工费指机械设备在运转施工作业中所耗用的固体燃料（煤炭、木材）、液体燃料（汽油、柴油）、电力、水和风力等费用。

计算方法有以下几种：

（1）实测方法：指通过对常用机械在正常的工作条件下，8 小时工作时间内，经仪表计量所测得的燃料动力消耗量，加上必要的损耗后的数量。以耗油量为例，一般包括如下内容：正常施工作业时间耗油量；准备与结束时间的耗油量，包括加水、加油、发动、升温、就位及作业结束离开现场等；附加休息时间的耗油量，包括中途加油、施工交底、中间检验、交接班等；不可避免的空转时间的耗油量；工作前准备和结束后清理保养时间，也就是无油耗时间。

以上各项油耗（V）之和与时间（t）之和的比值即为台时耗油量，即：

$$\text{台时耗油量}=\frac{V_1+V_2+V_3+\cdots+V_n}{t_1+t_2+t_3+\cdots+t_n} \quad (2\text{-}34)$$

$$\text{台时耗油时间}=8(\text{小时})-\text{无油耗时间} \quad (2\text{-}35)$$

$$\text{台班耗油量}=\text{台时耗油量}\times 8(\text{小时})\times 0.8 \quad (2\text{-}36)$$

（2）现行定额燃料动力消耗量平均法。根据全国统一安装工程机械台班费用定额及各省、市、自治区、国务院有关部门预算定额相同机械的消耗量取其平均值。

（3）调查数据平均法：根据历年统计资料的相同机械燃料动力消耗量取其平均值。

为了准确地确定施工机械台班燃料动力的消耗量，在实际工作中，将三种方法结合起来，以取得各种数据，然后取其平均值，其计算公式为：

$$台班燃料动力消耗量=\frac{实测数\times4+定额平均值+调查平均值}{6} \tag{2-37}$$

《全国统一施工机械台班费用定额》的燃料动力消耗量就是采取该种方法确定的。

$$台班燃料动力费=台班燃料动力消耗量\times各省、市、自治区规定的相应单价 \tag{2-38}$$

（六）人工费

施工机械台班费中的人工费指机上司机、司炉和其他操作人员的工作日工资以及上述人员在机械规定的年工作台班以外的基本工资和工资性质的津贴（年工作台班以外机上人员工资指机械保管所支出的工资，以“增加系数表示”）。

工作台班以外机上人员人工费用，以增加机上人员的工日数形式列入定额，按下列公式计算：

$$台班人工费=定额机上人工工日\times日工资单价 \tag{2-39}$$

$$定额机上人工工日=机上定员工日\times(1+增加工日系数) \tag{2-40}$$

$$增加工日系数=(年日历天数-规定节假公休日-辅助工资中年非工作日-机械工作台班)\div机械工作台班 \tag{2-41}$$

增加工日系数取为0.25。

（七）养路费及车船使用税

养路费及车船使用税指按照国家有关规定应交纳的运输机械养路费和车船使用税，按各省、市、自治区、直辖市规定标准计算后列入定额，计算公式为：

$$台班养路费及车船使用税=\frac{载重量\times(养路费\times12+车船使用税)}{年工作台班} \tag{2-42}$$

载重量也会可以换成核定吨位：指运输车辆按载重量计算；汽车吊、轮胎吊、装载机按自重计算。

养路费的单位为元/（吨·月）；车船使用税的单位为元/（吨·年）。

四、施工用水、风、水预算价格

1. 预算价格费用组成

（1）基本价：用施工组织设计所配置的供风或供水机械台班总费用除以台班总产风量或总产水量计算。

（2）损耗摊销量：计算风价时指由空气压缩机至用风现场的固定供风管道送风过程中发生风量损耗的摊销费用；计算水价时指施工用水在储存、输送、处理过程中的水量损失的摊销费用。

（3）维修摊销费：对风价计算指摊入风价的输风管道的维护修理费用；对水价计算是指摊入水价的储水池、供水管道等供水设施的维护修理费用。

2. 施工用电价格

施工用电价格由基本价格、电能损耗摊销费和供电设施维修摊销费组成，根据施工组织设计确定的供电方式以及不同电源的电量所占比例，按国家或工程所在省、自治区、直辖市规定的电网电价和规定的加价进行计算。

电价计算公式：

$$电网供电价格=基本电价\div(1-高压输电线路损耗率)\div(1-35\ \text{kV}以下变配电设备线路损耗率)+供电设施维修摊销费(变配电设备除外) \quad (2\text{-}43)$$

$$柴油发电机供电价格=\frac{柴油发电机组台时总费用+水泵组台时总费用}{柴油发电机额定容量之和\times K}\div(1-厂用电率)\div(1-变配电设备及配电线路损耗率)+供电设施维修摊销费 \quad (2\text{-}44)$$

柴油发电机供电若采用循环冷却水，不用水泵，电价计算公式为：

$$柴油发电机供电价格=\frac{柴油发电机组台时总费用}{柴油发电机额定容量之和\times K}\div(1-厂用电率)\div(1-变配电设备及配电线路损耗率)+单位循环冷却水费+供电设施维修摊销费 \quad (2\text{-}45)$$

式中：K 为发电机出力系数，一般取 0.8 ~ 0.85；厂用电率取 4% ~ 6%；高压输电线路损耗率取 4% ~ 6%；变配电设备及配电线路损耗率取为 5% ~ 8%；供电设施维修摊销费取为 0.02 ~ 0.03 元/（kW · h）；单位循环冷却水费取为 0.03 ~ 0.05 元/（kW · h）。

3. 施工用水价格

施工用水价格由基本水价、供水损耗和供水设施维修摊销费组成。根据施工组织设计所配置的供水系统设备组台时总费用和组台时总有效供水量计算。水价计算公式如下：

$$施工用水价格=\frac{水泵组台时总费用}{水泵额定容量之和\times K}\div(1-供水损耗率)+供水设施维修摊销费 \quad (2\text{-}46)$$

式中：K 为能量利用系数，一般取 0.75 ~ 0.85；供水损耗率取 8% ~ 12%；供水设施维修摊销费取为 0.02 ~ 0.03 元/m^3。

需要注意的是，当施工用水为多级提水并中间有分流时，要逐级计算水价；施工用水有循环用水时，水价要根据施工组织设计的供水工艺流程计算。

4. 施工用风价格

施工用风价格由基本风价、供风损耗和供风设施维修摊销费组成。根据施工组织设计所配置的空气压缩机设备组台时总费用和组台时总有效供水量计算。水价计算公式如下：

$$施工用风价格=\frac{空气压缩机组台时总费用+水泵组台时总费用}{空气压缩机额定容量之和\times 60(分钟)\times K}\div(1-供风损耗率)+供风设施维修摊销费 \quad (2\text{-}47)$$

空气压缩机系统若采用循环冷却水，不用水泵，则风价计算公式为：

$$施工用风价格=\frac{空气压缩机组台时总费用}{空气压缩机额定容量之和\times 60(分钟)\times K}\div(1-供风损耗率)+单位循环冷却水费+供风设施维修摊销费 \quad (2\text{-}48)$$

式中：K 为能量利用系数，一般取 0.70 ~ 0.85；供风损耗率取 8% ~ 12%；单位循环冷却水费 0.005 元/m^3；供风设施维修摊销费取为 0.02 ~ 0.03 元/m^3。

五、砂石料、混凝土材料单价

1. 砂石料单价

水利工程砂石料由承包商自行采备时，砂石料单价应根据料源情况、开采条件和工艺流程计算，并记入直接工程费、间接费、企业利润及税金。

砂、砂石、砾石、块石、料石等预算价格控制在 70 元/m^3 左右，超过部分记取税金后列入相应部分之后。

2. 混凝土材料单价

根据设计确定的不同工程部位的混凝土强度等级、级配和龄期，分别计算出每立方米混凝土材料单价，记入相应的混凝土工程概算单价内。其混凝土配合比的各项材料用量，应根据工程试验提供的资料计算，若无试验资料时，也可参照《水利建筑工程概算定额》附录混凝土材料配合表计算。

六、工程实例

【例题 2-1】在十类地区兴建一座水利枢纽工程，已知：地区津贴为 50 元/月，养老保险费率为 20%，住房公积金为 5%。

请计算高级工人工预算单价。

【解】(1) 基本工资：高级工基本工资为 500 元/月。

基本工资=500×1.104 3×12÷251×1.068=28.193（元/工日）

(2) 辅助工资。

地区津贴=50×12÷251×1.068=2.553（元/工日）

施工津贴=5.3×365×95%÷251×1.068=7.820（元/工日）

夜餐津贴=（4.5+3.5）÷2×30%=1.200（元/工日）

节日加班津贴=28.193×3×10÷251×35%=1.179（元/工日）

辅助工资=2.553+7.820+1.200+1.179=12.752（元/工日）

(3) 工资附加费。

职工福利基金=（28.193+12.752）×14%=5.732（元/工日）

工会经费=（28.193+12.752）×2%=0.819（元/工日）

养老保险费=（28.193+12.752）×20%=8.189（元/工日）

医疗保险费=（28.193+12.752）×4%=1.638（元/工日）

工伤保险费=（28.193+12.752）×1.5%=0.614（元/工日）

职工失业保险基金=（28.193+12.752）×2%=0.819（元/工日）

住房公积金=（28.193+12.752）×5%=2.047（元/工日）

工资附加费=5.732+0.819+8.189+1.638+0.614+0.819+2.047=19.858

（4）预算单价。

人工工日预算单价=28.193+12.752+19.858=60.803（元/工日）

人工工时预算单价=60.803÷8=7.600（元/工日）

【例题 2-2】某工程用 32.5＃硅酸盐水泥，由于工期紧张，拟从甲、乙、丙三地进货，甲地水泥出厂价 330 元/t，运输费 30 元/t，进货 100 t；乙地水泥出厂价 340 元/t，运输费 25 元/t，进货 150 t；丙地水泥出厂价 320 元/t，运输费 35 元/t，进货 250 t。已知采购及保管费率为 3%，运输保险费率按 1%计，不计包装费回收。试确定该批水泥的预算价格。

【解】水泥原价=（330×100+340×150+320×250）/（100+150+250）=328（元/t）

水泥采购及保管费=（328+31）×3%=10.77（元/t）

水泥平均运杂费=（30×100+25×150+35×250）/（100+150+250）=31（元/t）

运输保险费=328×1%=3.28（元/t）

水泥预算价格=328+31+10.77+3.28=373.05（元/t）

【例题 2-3】某水利工程施工用电 95%由电网供电，5%由自备柴油发电机发电。已知：电网供电基本电价为 0.35 元/（kW·h）；损耗率高压线路取 5%，变配电设备和输电线路损耗率取 8%，供电设施摊销费 0.03 元/（kW·h）。柴油发电机总容量为 1 000 kW，其中 200 kW 1 台，400 kW 2 台，并配备 3.7 kW 水泵 3 台，供给冷却水；以上三种机械台时费分别为 140 元/台时、248 元/台时、12 元/台时。厂用电率取 5%。试计算电网供电、自发电电价和综合电价。

【解】电网供电价格：

电网供电价格＝基本电价÷（1−高压输电线路损耗率）÷（1−35 kV 以下变配电设备及配电线路损耗率）+供电设施维修摊销费

=0.35 ÷（1−5%）÷（1−8%）+0.03=0.43[元/(kW·h)]

自发电电价：

$$\text{电价}=\frac{\text{柴油发电机组（台）时总费用}+\text{水泵组（台）时总费用}}{\text{柴油发电机额定容量之和}\times K}\div$$

$$(1-\text{厂用电率})\div(1-\text{变配电设备及配电线路损耗率})+$$

$$\text{供电设施维修摊销费}$$

=[（140+248×2）+12×3]÷（1 000×0.83）÷（1−5%）÷（1−8%）+0.03

=0.96[元/(kW·h)]

综合电价：

电网供电价格 95%＋自发电价 5%=0.43×95%+0.96 ×5%=0.46（元/kW·h）

【例题 2-4】某施工机械出厂价 120 万元（含增值税），运杂费率为 5%，残值率 3%，寿命台时为 10 000 h，电动机功率 250 kW，电动机台时电力消耗综合系数 0.8，中级工 5.62 元/工时，电价 0.732 元/(kW·h)。同类型施工机械台时费定额的数据为：折旧费 108.10 元，修理及替换设备费 44.65 元，安装拆卸费 1.38 元；中级工 2.4 工时。

试计算该施工机械台时费。

【解】（1）一类费用。

基本折旧费=1 200 000×（1+5%）×（1−3%）÷10 000=122.22（元）

修理及替换设备费=122.22÷108.10×44.65=50.48（元）

安装拆卸费=122.22÷108.10×1.38=1.56（元）

一类费用=122.22+50.48+1.56=174.26（元）

（2）二类费用。

机上人工费=2.4×5.62=13.49（元）

动力燃料消耗费=250×1×0.8×0.732=146.40（元）

二类费用=13.49+146.40=159.89（元）

（3）该施工机械台时费=174.26+159.89=334.15（元）

第三章 水利水电工程计价的依据

【学习目标】

1. 了解水利水电工程计价依据。
2. 水利水电工程定额的特性及作用。
3. 掌握水利水电工程定额的分类。
4. 熟悉施工定额及预算定额的内容和应用。
5. 熟悉水利水电工程清单规范的内容。

第一节 水利水电工程主要计价依据及原则

一、水利水电工程计价依据

水利水电工程计价必须坚持单件性原则，在确定水电工程造价时，必须依赖相关可靠、有效的计价依据才能完成。

水利水电工程计价依据是多方面的，主要有如下几个方面：

1. 设计文件

水利水电工程的生产是一个十分烦琐的过程，并且具有体积庞大、生产周期长、使用材料庞杂等特点，水利水电工程必须经过科学的勘测、设计并形成设计文件——施工图纸，这样才能有序地进行建造。因此，水利水电工程的计价只能是依据这些设计文件进行。但是，水电产品在建造过程中由于各种原因会出现设计发生变更、各种施工条件的变化等情况，这些也是计价的必需依据。

2. 相关的规范、技术标准、图集

水利水电工程产品的勘察、设计、施工过程必须依据相关的规范与技术标准进行，所以，这些勘察、设计、施工、验收规范及技术标准等也是水利水电工程计价必不可少的依据。除此之外，为了简化设计、提高效率，对于之前成熟的构件、配件，一般先设计出标准图集，在使用时根据需要直接套用即可。这些标准图集也是计价必需的依据。

3. 水利水电工程定额及费用定额

水利水电工程计价不可或缺的一个重要依据就是单位产品的人工、材料、机械消耗量标

准，这个标准就是水利水电工程定额。依据水利水电工程定额才能计算出水电产品所消耗的人工、材料、机械台班的数量。这是计算水利水电工程造价的必要条件。

除此之外，还必须编制费用构成及计算标准的费用定额。这些费用定额是与消耗定额配套使用的，二者相互依存。费用定额也是水利水电工程定额的一个类别，是水电工程计价不可缺少的依据之一。

4. 人工、材料、机械的价格

依据上述定额可以计算出整个水利水电工程的消耗量，还必须乘以单价才能计算出价值数量。人工、材料、机械的价格数据，根据我国的计价实践情况，一般分为两种价格。一种是预算价格，这是一种静态的价格数据，这个数据不能反映实际的工程货币消耗量，只是作为一种中间手段，是计算各种费用的基础；另一种就是实际的单价，是根据市场波动情况，随行就市采集的市场实际单价，使用实际单价计算出来的金额才能反映实际的货币消耗。

5. 工程量计算规则

工程量计算规则是计量工作的法规，它规定了工程量的计算方法和计算范围。在水利水电工程中，工程量计算规则都是放在《水利水电工程设计工程量计算规定》中，在水利水电工程设计文件中列有各分部分项工程的工程量。在编制造价时，对设计文件中提供的工程量进行复核，检查是否符合工程量计算规则，否则应按工程量计算规则进行调整。

6. 施工组织设计或施工方案

对于某一水利水电工程来说，在建造时采用不同的施工方案所需要的人工、材料、机械的消耗量也必然不同，造价也比不相同。施工组织设计或施工方案是制约工程造价的一个重要的依据。

7. 其他计价依据

1）双方的事先约定

在水电工程建造之前，发包方与承包方的事先约定必然制约着工程造价的计算，比如双方事先约定承包方垫付一定时间的工程款，则承包方在工程结算时就要把垫付款所需的利息计算到造价内；再比如发包方指定或供应采用某种设备或材料，这种设备或材料就是通常所说的甲供材，由于甲供材的价格由发包方确定，因此，它必然影响最终的工程造价。对于投标工程，招标文件的事先约定，是确定投标报价的一个重要依据。

2）工程所在地的政治、经济及自然环境

由于水利水电工程的建造需要一个相对较长的过程，在施工期间由于工程所在地的政治、经济及自然环境的变化，也会影响到工程造价的确定。当然这些环境的变化主要是指那些不以人的意志为转移的因素。例如施工期间由于政治变动、物价大幅度上涨、国家宏观调控、汇率的变化、自然灾害等因素，最终都会影响到工程造价的确定。

3）市场竞争情况

市场竞争情况主要是指承包商自设的一些因素，比如在投标报价时，由于竞争激烈，承包商为了能争取到中标而采取的让利等措施，这种因素实际上是市场竞争造成的，承包商在确定工程造价（投标报价）时，必须认真对待市场的竞争情况。

二、水利水电工程计价原则

在建设的各阶段要合理确定其造价，为造价控制提供依据，应遵循以下的原则：

1. 符合国家的有关规定

工程建设投资巨大，涉及国民经济的各方面，因此国家对投资规模、投资方向、投资结构等必须进行宏观调控。在造价编制过程中，应贯彻国家在工程建设方面的有关法规，使国家的宏观调控政策得以实施。

2. 保证计价依据的准确性

合理确定工程造价是工程造价管理的重要内容，而造价编制的基础资料的准确性则是合理确定造价的保证。

3. 正确计算工程量，合理确定工、料、机单价

水利水电工程造价是按实物量法进行编制的，即：

直接费=∑（分部分项工程量×定额工、料、机消耗量×当时当地的工、料、机单价）

因此，工程量及工、料、机单价的合理与否，直接影响到造价中最为重要、基础的直接费的准确性。

4. 正确选用工程定额

为适应建设各阶段确定造价的需要，水利部编制颁发了《水利工程设计概（估）算编制规定》《水利建筑工程概算定额》《水利建筑工程预算定额》等工程定额。在编制造价时合理选用定额，才能准确地编制各阶段造价。

5. 合理使用费用定额

水利工程造价编制过程中，均应按照《水利工程设计概（估）算编制规定》中规定的计算方法及费率进行计算。各项费率应根据工程的实际情况取定。

6. 注意计价依据的时效性

计价依据是一定时期社会生产力的反应，而生产力是不断向前发展的，当社会生产力向前发展了，计价依据就会与已经发展了的社会生产力不相适应，所以，计价依据在具有相对稳定性的同时，也具有时效性。在编制造价时，应注意不要使用过时或作废的计价依据，以保证造价的准确合理性。

7. 技术与经济相结合

完成同一项工程，可有多个设计方案，多个施工方案。不同方案消耗的资源不同，造价肯定是不相同的。在编制造价时，在考虑技术可行的同时，应考虑各可行方案的经济合理性，

通过技术比较、经济分析和效果评价，选择方案，确定造价。

第二节　水利水电工程定额

一、水利水电工程定额的概念

定额，即规定的额度或限度，也就是标准或尺度。在社会生产中，每生产一种产品，都会消耗一定数量的人工、材料、机械台班等资源。所谓定额，是指社会物质生产部门在生产经营活动中，根据一定的技术组织条件，在一定的时间内，为完成一定数量的合格产品所规定的人力、物力和财力消耗的数量标准，在不同的生产经营领域有不同的定额。

水利水电工程定额是专门为水电产品生产而制定的一种定额，指在正常的施工条件下，完成一定计量单位的合格产品所必须消耗的劳动力、材料、机械台班及其资金的数量标准。它不仅仅是规定量和价，还规定了其工作内容和质量标准。

例如，定额规定，砌筑 10 mm^3 的质量合格的 M5 混合砂浆 240 mm 厚砖墙的定额消耗量为：人工消耗量为 15.87 工日，材料消耗量为 M5 混合砂浆 2.32 m^3、标准砖 5.32 千块、水 1.06 m^3，机械消耗量为灰浆搅拌机 0.39 台班，资金消耗为 1 606.71 元。

在水利水电工程中实行定额管理的目的，是为了在施工中力求用最少的人力、物力和资金消耗量，生产出更多的、更好的产品，取得最好的经济效益。

二、水利水电工程定额的特性

1. 定额的科学性

定额是在认真研究基本经济规律、价值规律的基础上，经过长期严密的观察、测定、广泛搜集和总结生产实践经验及有关的资料，应用科学的方法对工时分析、作业研究、现场布置、机械设备改革以及施工技术与组织的合理配合等方面进行综合分析、研究后制定的。因此，它具有一定的科学性。

2. 定额的先进性、群众性

定额是在广泛的测定、大量的数据分析、统计、研究和总结工人生产经验的前提下，按照正常施工条件、多数企业或个人经过努力可达到或超过的平均先进水平制定的，不是按照少数企业或个人的先进水平制定的。为此，它具有一定的先进性和群众性。

3. 定额的权威性

定额是由国家各级主管部门按照一定的科学程序，组织编制和颁发的，它是一种具有法定性的指标。因此，水利水电工程定额具有很大的权威性。权威性反映了统一的意志和统一的要求，反映了信誉和信赖程度，反映了定额的严肃性。

定额权威性的客观基础是定额的科学性，只是科学的定额才具有权威性。

赋予定额一定的权威性，就意味着在规定的范围内，对于定额的使用者和执行者来说，不论主观上愿不愿意，都必须按定额的规定执行。在当前市场不很规范的情况下，赋予定额以权威性是十分重要的。

需要明确的一点就是，在社会主义市场经济条件下，对定额的权威性不应该绝对化。随着投资体制的改革，投资主体多元化格局的形成，企业经营机制的转换，一些与经营决策有关的定额的权威性特征正逐渐弱化。

4. 定额的稳定性与实效性

定额不是固定不变的。一定时期的定额，反映一定时期的构件工厂化、施工机械化和预制装配化程度以及工艺、材料等建筑技术发展水平。定额的稳定时间一般在 5 ~ 10 年。保持定额的稳定性是维护定额的权威性所必需的，更是有效贯彻定额所必要的。

但定额的稳定性是相对的，随着生产技术和生产力的发展，各种资源的消耗量下降，劳动生产率有所提高，定额就会与已经发展的生产力不相适应，这时定额就需要重新编制或修订，提高定额的水平。

5. 定额的针对性

一种产品（或工序）对应一项定额，一般不能互相套用。一项定额，不仅是该产品（或工序）的资源消耗的数量标准，而且还规定了完成该产品（或工序）的工作内容、质量标准和安全要求。

三、水利水电工程定额的作用

定额是企业实行科学管理的必备条件。无论是设计、计划、生产、分配、估价、结算等各项工作，都必须以它作为衡量工作的尺度。具体地说，定额主要有以下作用。

1. 水利水电工程定额在工程建设中的作用

（1）定额是编制投资计划的基础，是编制可行性报告的依据。

（2）定额是确定工程投资、确定工程造价、选择优化设计方案的依据。

（3）定额是竣工结（决）算的依据。

（4）定额是提高企业科学管理、进行经济核算的依据。

（5）定额是提高劳动生产率的手段，是开展劳动竞赛的尺度。

2. 水利水电工程定额在工程计价中的作用

（1）定额是进行设计方案技术经济比较分析的依据。

（2）定额是编制工程概预算的依据。

（3）定额是确定招标标底、投标报价的依据。

（4）定额是工程贷款、结算的依据。

（5）定额是施工企业降低成本、节约费用、提高效益、进行经济核算和经济活动分析的依据。

四、水利水电工程定额的分类

工程定额的种类繁多，可以按照不同的原则和方法进行科学分类。

（一）按定额的编制程序和用途分类

按照定额的编制程序和用途可以把水利水电工程定额分为施工定额、预算定额、概算定额、概算指标、投资估算指标五类。

1. 施工定额

施工定额是以同一性质的施工过程——工序作为研究对象，表示生产产品数量与生产要素消耗综合关系编制的定额。施工定额是施工企业组织生产和加强管理，在企业内部使用的一种定额，属于企业定额的性质。为了适应组织生产和管理的需要，施工定额的项目划分很细，是水利水电工程定额中分项最细、定额子目最多的一种定额，也是水利水电工程定额中的基础性定额。

施工定额本身是由劳动定额、机械定额和材料定额三个相对独立的部分组成，主要用于工程的直接施工管理，以及作为编制工程施工设计、施工预算、施工作业计划，签发施工任务单、限额领料卡及结算计件工资或计量奖励工资的依据，同时也是编制预算定额的基础。

2. 预算定额

预算定额是以分项工程和结构构件为对象编制的定额。其内容包括劳动定额、机械台班定额、材料消耗定额三个基本部分，是一种计价性定额。从编制程序上来看，预算定额是以施工定额为基础综合扩大编制的，同时也是编制概算定额的基础。

预算定额是在编制施工图预算阶段，计算工程造价和计算工程中的劳动、机械台班、材料需用量时使用。它是调整工程预算和工程造价的重要基础，同时可以作为编制施工组织设计、施工技术财务计划的参考。

3. 概算定额

概算定额是以扩大的分项工程或结构构件为对象编制的，计算和确定劳动、机械台班、材料消耗量所使用的定额，也是一种计价性定额。概算定额是编制扩大初步设计概算、确定建设项目投资额的依据。概算定额的项目划分的精细与否，与扩大的初步设计的深度是相适应的，一般是在预算定额的基础上综合扩大而成的，每一综合分项概算定额都包含了数项预算定额。

4. 概算指标

概算指标是概算定额的扩大与合并，是以整个建筑物和构筑物为对象，以更为扩大的计量单位来编制的。概算指标的内容包括劳动、机械台班、材料定额三个基本部分，同时还列出了各结构分部的工程量及单位建筑工程的造价，是一种计价定额。

概算指标的设定和初步设计的深度相适应，一般是在概算定额和预算定额的基础上编制，比概算定额更加综合扩大。它是设计单位编制工程概算或建设单位编制年度任务计划、施工准备期间编制材料和机械设备供应计划的依据，也可供国家编制年度建设计划参考。

5. 投资估算指标

投资估算指标是在项目建议书和可行性研究阶段编制投资估算、计算投资需要量时使用的一种定额。投资估算指标非常概略，以独立的单项工程和完整的工程项目为计算对象，编制内容是所有项目费用之和。它的概略程度与可行性研究阶段相适应。投资估算指标往往根据历史的预算、决算资料和变动等资料编制，其编制基础仍然离不开预算定额、概算定额。

上述各种定额的相互联系参见表 3-1。

表 3-1 各种定额之间的关系比较

定额分类	施工定额	预算定额	概算定额	概算指标	投资估算指标
对象	工序	分项工程	扩大的分项工程	整个建筑物或构筑物	单独的单项工程或完成的工程项目
对象	工序	分项工程	扩大的分项工程	整个建筑物或构筑物	单独的单项工程或完成的工程项目
用途	编制施工预算	编制施工图预算	编制扩大初步设计概算	编制初步设计概算	编制投资估算
项目划分	最细	细	较粗	粗	很粗
定额水平	平均先进	平均	平均	平均	平均
定额性质	生产性定额	计价性定额			

（二）按照生产要素消耗内容分类

按照生产要素消耗内容可以把水利水电工程定额划分为劳动消耗定额、机械消耗定额和材料消耗定额三类。

1. 劳动消耗定额

劳动消耗定额，简称劳动定额，或人工定额，是指在正常的施工技术组织条件下，完成一定数量的合格产品所需要的劳动消耗数量。

劳动定额有时间定额和产量定额两种表达形式。时间定额是指在正常施工组织条件下完成单位合格产品所需要消耗的劳动量跟时间，单位以“工日”或“工时”表示。产量定额是在正常施工组织条件下单位时间内所生产的合格产品的数量。时间定额和产量定额互为倒数。

2. 材料消耗定额

材料消耗定额，简称材料定额，是指在正常的施工技术组织条件下，完成一定数量的合格产品所需要的建筑材料、成品、半成品或配件的消耗数量。

3. 机械消耗定额

机械消耗定额，又称为机械台班定额，是指在正常的施工技术组织条件下，完成一定数量的合格产品所需要的施工机械的消耗数量标准。

机械台班定额也有两种表现形式：

机械产量定额：指在合理的劳动组织和一定的技术条件下，工人操作机械在一个工作台班内应完成合格产品的标准数量。

机械时间定额：指在合理的劳动组织和一定的技术条件下，生产某一单位合格产品所必须消耗的机械台班数量。

4. 综合定额

综合定额是指在一定的施工组织条件下，完成单位合格产品所需人工、材料、机械台班或台时的数量。

（三）按主编单位和管理权限分类

1. 全国统一定额

全国统一定额是由国家建设行政主管部门综合全国工程建设中技术和施工组织管理的情况编制，并在全国范围内执行的定额。

2. 行业统一定额

考虑到各行业部门专业工程技术特点，以及施工生产和管理水平所编制的定额就称为行业统一定额。一般只在本行业和相同行业性质的范围内使用。

3. 地区统一定额

地区定额包括省、自治区、直辖市定额。地区统一定额主要是考虑地区性特点和全国统一定额水平做适当调整和补充编制而成的。

4. 企业定额

企业定额是由施工企业考虑本企业具体情况，参照国家、部门或地区定额的水平定制的定额，企业定额只在企业内部使用，是企业素质的一个标志。企业定额水平一般应高于国家现行定额，才能满足生产技术发展、企业管理和市场竞争的需要。在工程量清单方式下，企业定额正发挥着越来越大的作用。

（四）按行业性质分类

1. 一般通用定额

一般通用定额是指工程性质、施工条件及方法相同的建设工程，各部门都应共同执行的定额，如工业与民用建筑工程定额。

2. 专业通用定额

专业通用定额是指某些工程项目具有一定的专业性质，但又是几个专业共同使用的定额。如煤炭、冶金、化工、建材等部门共同编制的矿山、港井工程定额。

3. 专业专用定额

专业专用定额是指在一些专业性工程中，只在某一专业内使用的定额，如水利工程定额、化工工程定额。

五、水利水电工程定额的编制

水利水电工程定额的种类很多，每种定额都有自己的编制原则和方法，本部分主要介绍施工定额和预算定额两种。

（一）施工定额的编制

1. 施工定额的概念

施工定额是直接应用在施工管理的定额，是编制施工预算、实行内部经济核算的依据，也是编制预算定额的基础。施工定额由劳动定额、材料消耗定额和施工机械台班或台时定额组成。

在施工过程中，可以正确使用施工定额，直接计算出各种不同工程项目的人工、材料和机械合理使用量的数量标准。对调动劳动者的生产积极性、开展劳动竞赛和提高劳动生产率以及推动技术进步，都有积极的促进作用。

2. 施工定额的水平

施工定额水平是指在一定时期内的工程施工技术水平和条件下，定额规定的完成单位合格产品所消耗的人工、材料和施工机械的消耗标准，定额水平的高低与劳动生产率的高低成正比。施工定额应该依据在正常的施工和生产条件下，大多数企业或生产者经过努力可以达到或超过，少数企业或生产者经过努力可以接近的水平，即平均先进水平。

定额水平有一定的时限性，随着生产力水平的发展，定额水平必须作相应的修订，使其保持平均先进的性质。但是定额的水平作为生产力发展水平的标准，又必须具有相对稳定性。定额水平如果频繁调整，会挫伤生产者的劳动积极性，在确定定额水平时，应注意妥善处理好这个问题。

3. 施工定额的编制原则

（1）施工定额要遵循平均先进的水平。

（2）施工定额结构形式要结合实际、简明扼要。

（3）施工定额编制要专业和实际相结合。

4. 施工定额的编制依据

（1）国家的经济政策和劳动制度。

（2）有关规范、规程、标准、制度。

（3）技术测定和统计资料。

5. 施工定额的内容

1）劳动定额

劳动定额是在一定的施工组织和施工条件下，为完成单位合格产品所必需的劳动消耗标准。劳动定额是人工的消耗定额，因此又称为人工定额。劳动定额按其表现形式可以分为时间定额和产量定额两种。

（1）时间定额。

时间定额是指某种专业的工人班组或个人，在合理的劳动组织与合理使用材料的条件下，完成符合质量要求的单位产品所必需的工作时间。

时间定额的单位一般以工日、工时表示，一个工日表示一个人工作一个工作班，每个工日工作时间按现行规定为每个人 8 小时。其计算公式为：

$$\text{时间定额}=\frac{\text{小组成员工日数总和}}{\text{班组完成产品数量}} \tag{3-1}$$

关于定额时间，这里需要特别说明一下：上述的工作时间包括准备与结束时间、基本生产时间、辅助生产时间、不可避免的中断时间及工人必需的休息时间。这些时间是以时间研究为基础，通过时间测定方法，得出相应的观测数据，经加工整理计算后得到的。

计时测定的方法有许多种，如测时法、写时记录法、工作日写时法等。

（2）产量定额。

产量定额是指某种专业的工人班组或个人，在合理的劳动组织与合理使用材料的条件下，单位时间内应完成符合质量要求的产品数量。

产量定额的计量单位通常是以一个工日完成合格产品数量来表示的，即米、平方米、立方米、块等。

产量定额的计算公式如下：

$$\text{产量定额}=\frac{\text{小组成员工日数总和}}{\text{单位产品时间定额}} \tag{3-2}$$

3）时间定额和产量定额互为倒数的关系，即：

$$\text{时间定额}=\frac{1}{\text{产量定额}} \quad \text{或} \quad \text{产量定额}=\frac{1}{\text{时间定额}} \tag{3-3}$$

$$\text{时间定额}\times\text{产量定额}=1$$

按照定额的标定对象不同，劳动定额又分为单项工序定额和综合定额两种，综合定额表示完成同一产品中的各单项（工序或工种）定额的综合。按工序综合的用“综合”表示，按工种综合的一般用“合计”表示，其计算方法如下：

$$\text{综合时间定额}=\sum\text{各单项（工序）时间定额}$$

$$\text{综合产量定额}=\frac{1}{\text{综合时间定额（工日）}} \tag{3-4}$$

时间定额和产量定额，虽然以不同的形式表示同一个定额，但却有不同的用途。时间定额是以工日为计量单位，便于计算某分部分项工程所需要的总工日数，也易于核算工资和编制施工进度计划。产量定额是以产品数量为计量单位，便于施工小组分配任务，考核劳动生产率。

【例题 3-1】某砌砖班组 20 名工人，砌筑某住宅 1.5 砖厚混水外墙（机吊）需要 5 天完成，试确定砌砖班班组完成的砌体体积。

【解】查表，时间定额为 1.25 工日/m^3。

产量定额=1/时间定额=1/1.25=0.8（m^3/工日）

砌筑的总工日数=20（工日/天）×5（天）=100（工日）

砌筑体积=100（工日）×0.8（m^3/工日）=80（m^3）

2）材料消耗定额

材料消耗定额是指在既节约又合理地使用材料的条件下，生产单位合格产品所必须消耗的材料数量，它既包括合格产品上的净用量，也包括在生产合格产品过程中的合理的损耗量。

水利水电工程使用的材料分为直接性消耗材料和周转性材料。

（1）直接性消耗材料定额。

直接性消耗材料，是指构成工程实体的消耗材料，包括不可避免的损耗材料。材料损耗量是指在生产过程中不可避免的合理的损耗量，包括材料从现场仓库领出到产品完成过程中的施工损耗量、场内运输损耗量、加工制作损耗量。一般用材料损耗率来进行计算，某种材料的消耗量等于该种材料的净耗量和损耗量之和，材料的损耗量计算有两个不同的公式，见式（3-5）和式（3-6）。

$$\text{材料损耗率}=\frac{\text{材料损耗量}}{\text{材料总消耗量}}\times 100\% \tag{3-5}$$

$$\text{总消耗量}=\text{净用量}+\text{损耗量}=\frac{\text{净用量}}{1-\text{损耗率}}$$

$$\text{材料损耗率}=\frac{\text{材料损耗量}}{\text{材料净用量}}\times 100\% \tag{3-6}$$

材料消耗量=材料净用量+材料损耗量=材料净用量×（1+材料损耗率）

现场施工中，各种建筑材料的消耗控制主要取决于材料消耗定额。材料消耗定额不但是实行经济核算，保证材料合理使用的有效措施，而且是确定材料需用量，编制材料计划的基础，同时也是定包或组织限额领料、考核和分析材料利用情况的依据。

（2）周转性材料消耗量。

在工程中，除了直接消耗在工程实体上的各种建筑材料、成品、半成品外，还需要耗用一些工具性的材料，如挡土板、脚手架、模板等。这类材料在施工中不是一次性消耗完，而是随着使用次数逐渐消耗的，故称为周转性材料。周转性材料在定额中是按照多次使用，多次摊销的方法计算的。周转性材料摊销量与周转次数有很大的关系。

① 现浇混凝土结构模板摊销量的计算。

考虑模板周转使用的补充和回收的计算：

摊销量=周转使用量–周转回收量　（3-7）

一次使用量=净用量×（1+操作损耗率）

$$\text{回收量}=\text{一次使用量}\times\frac{\text{一次使用量}\times(1-\text{补损率})}{\text{周转次数}}$$

$$\text{周转使用量}=\frac{\text{一次使用量}+\text{一次使用量}\times(\text{周转次数}-1)\times\text{补损率}}{\text{周转次数}} \tag{3-8}$$

$$\text{补损率}=\frac{\text{平均每次损耗量}}{\text{一次使用量}}\times 100\%$$

② 预制混凝土构件模板摊销量的计算。

在水利定额中，预制混凝土构件模板摊销量是多次使用平均摊销的计算方法，不计算每次周转损耗率，摊销量直接按照式（3-9）计算：

$$摊销量=\frac{一次使用量}{周转次数} \tag{3-9}$$

3）机械台班定额

机械台班消耗定额简称机械台班定额，按其形式，可以分为机械时间定额和机械产量定额。

（1）机械时间定额是指在合理劳动组织和合理使用机械的正常施工条件下，由熟练工人或工人小组操纵施工机械，完成单位合格产品所必需消耗的工作时间，包括有效工作时间（正常负荷下的工作时间和降低负荷下的工作时间）、不可避免的中断时间、不可避免的无负荷工作时间。计量单位以台班表示，也就是一台机械工作一个作业班时间。一个作业班时间为8 h。

$$单位产品机械时间定额（台班）=\frac{1}{台班产量} \tag{3-10}$$

由于机械必须由工人小组配合，所以完成单位合格产品的时间定额，同时列出人工时间定额，即：

$$单位产品人工时间定额（工日）=\frac{小组成员总人数}{台班产量} \tag{3-11}$$

（2）机械产量定额是指在合理劳动组织和合理使用机械的正常施工条件下，机械在单位时间内应完成的合格产品数量标准。计量单位以 m/台班、m^2/台班等表示。

$$机械台班产量定额=\frac{1}{机械时间定额（台班）} \tag{3-12}$$

机械时间定额与机械产量定额也互为倒数关系。

（二）预算定额的编制

1. 预算定额的概念

预算定额是指在正常施工条件下，完成一定计量单位的分项工程或结构构件所需消耗的人工、材料和机械台班的数量标准。

预算定额是编制施工图预算的依据。建设单位按预算定额的规定，为建设工程提供必要的人工、物力和资金供应；施工单位则在预算定额范围内，通过施工活动，保证按期完成施工任务。

预算定额是在施工定额的基础上进行综合扩大编制而成的，预算定额中的人工、材料和施工机械台班的消耗水平根据施工定额综合取定，定额子目的综合程度大于施工定额，从而可以简化施工图预算的编制工作。

2. 预算定额的水平

预算定额是为确定工程中分项工程的预算基价而编制的，任何产品的价格都是按生产该产品的社会必要劳动量来确定的，因而预算定额中的各项消耗指标都是体现了社会平均水平的指标。

3. 预算定额的作用

（1）预算定额是编制施工图预算、确定建安工程造价的基础。
（2）预算定额是编制施工组织设计的依据。
（3）预算定额是工程结算的依据。
（4）预算定额是施工单位进行经济活动分析的依据。
（5）预算定额是编制概算定额的基础。
（6）预算定额是合理编制招标控制价、拦标价、投标报价的基础。

5. 预算定额的编制原则

为保证预算定额的质量，充分发挥预算定额的作用，使之在实际使用中简便、合理、有效，在编制工作中应遵循以下原则。

（1）取社会平均水平，贯彻“技术先进、经济合理”的原则。

（2）体现“简明扼要、项目齐全、使用方便、计算简单”的原则。

（3）统一性和差别性结合原则，地区定额应在全国统一定额的基础上，体现本地区的发展情况。

6. 预算定额的编制依据

（1）现行的劳动定额和施工定额。
（2）现行的设计规范、施工验收规范、质量评定标准和安全操作规程。
（3）具有代表性的典型工程施工图及有关图集。
（4）新技术、新结构、新材料和先进的施工方案等。
（5）有关科学实验、技术测定的统计、经验资料。
（6）现行的预算定额、材料预算价格及有关文件规定等。

7. 预算定额消耗指标的确定

1）人工消耗指标的确定

预算定额中人工消耗量是指完成某一计量单位的分项工程所需的各种用功数量的总和。定额人工工日不分公众、技术等级，一律采用综合工日表示。定额人工消耗指标量由基本用工、其他用工两部分组成。

（1）基本用工：指完成分项工程的主要用工量。例如砌筑各种墙体工程的砌砖、调制砂浆以及运输砖和砂浆的用工量。

$$基本用工工日数量=\sum(工序工程量\times 时间定额) \tag{3-13}$$

（2）其他用工：指辅助基本用工消耗的工日，按其工作内容不同分为以下三类：

① 辅助用工：指在劳动定额中未包括而预算定额中又必须考虑的辅助工序用工。例如：筛沙子、洗石、淋化石灰膏、电焊点火用工等。辅助用工量的计算公式如下：

辅助用工工日数量=∑（材料加工数量×时间定额） （3-14）

② 超运距用工：指超过劳动定额中规定的材料、成品、半成品运距的用工。超运距及超运距用工数量的计算公式如下：

超运距=预算定额规定规定的运距-劳动定额中已包括的运距

超运距用工数量=∑(超运距材料数量×时间定额） （3-15）

③ 人工幅度差用工：指在劳动定额中未包括、而在一般正常施工情况下又不可避免的一些零星用工，其内容如下：

a. 为各种专业工种之间的工序搭接及交叉、配合施工中不可避免的停歇时间。

b. 为施工机械在场内单位工程之间变换位置及在施工过程中移动临时水电线路引起的临时停水、停电所发生的不可避免的间歇时间。

c. 为施工过程中水电维修用工。

d. 为隐蔽工程验收等工程质量检查影响的操作时间。

e. 为现场内单位工程之间操作地点转移影响的操作时间。

f. 为施工过程中工种之间交叉作业造成的不可避免的剔凿、修复、清理等用工。

g. 为施工过程中不可避免的直接少量零星用工。

人工幅度差用工的计算方法是：

人工幅度差用工数量=（基本用工+超运距用工+辅助用工）×人工幅度差系数

国家现行规定的人工幅度差系数为 10% ~ 15%。

预算定额人工综合工日数按下式计算：

综合工日=∑(基本用工+超运距用工+辅助用工)×(1+人工幅度差系数） （3-16）

2）材料消耗指标的确定

材料消耗指标是指在节约和合理使用材料的条件下，生产单位合格产品所必需消耗的一定品种规格的材料、燃料、半成品或配件数量标准。

材料消耗量由材料的净用量和各种合理损耗组成，其中材料的净用量的计算在施工定额中已介绍。各种合理损耗是指在场内运输损耗和操作损耗，而场外运输损耗和工地仓库保管损耗则纳入材料预算价格中。

3）机械台班指标的确定

预算定额中的施工机械消耗指标，是以台班为单位进行计算，每一台班为 8 h 工作制。预算定额的机械化水平，应以多数施工企业采用的和已推广的先进施工方法为标准。预算定额中的机械台班消耗量按合理的施工方法取定并考虑增加了机械幅度差。

（1）机械幅度差：是指在劳动定额中未曾包括的，而机械在合理的施工组织条件下所必需的停歇时间，在编制预算定额时，应予以考虑。其中包括：

① 施工机械转移工作面及配套机械户型影响损失的时间。

② 在正常的施工情况下，机械施工中不可避免的工序间歇。

③ 检查工程质量影响机械操作的时间。

④ 临时水、电线路在施工中移动位置所发生的机械停歇时间。

⑤ 工程结尾时，工作量不饱满是所损失的时间。

机械幅度差系数一般根据测定和资料统计来取定，参见表 3-2。

表 3-2 机械幅度差系数

机械类别	机械幅度差系数	机械类别	机械幅度差系数	机械类别	机械幅度差系数
推土机	1.25	预应力拉伸机	1.66	震动打拔桩锤	1.43
装载机	1.43	钢绞线穿束机	1.66	潜水钻井机	1.43
羊足碾	1.43	自卸汽车	1.33	振冲器	1.43
强夯机械	1.43	机动翻斗机	1.48	全套管钻孔机	1.54
锻钎机、磨钻机	2.00	皮带运输机	1.54	水泵	2.00
铲运机	1.33	震动打拔桩机	1.43	自动埋弧焊机	1.66
平地机	1.54	汽车式钻孔机	1.43	柴油发电机组	1.25
凿岩机	2.00	混凝土抹平机	2.00	工程驳船	3.00
挖掘机	1.33	混凝土搅拌机（预制）	2.00	袋装砂井机	1.43
拖拉机	1.33	灰浆搅拌机	2.00	泥装泵、砂泵	2.00
夯土机	1.43	灌浆机、压浆机	2.00	电焊机、点焊机	1.66
装岩机	1.54	混凝土输送泵	1.33	气焊设备	1.66
水泥混凝土真空吸水机组	2.00	预应力钢绞线拉伸设备	1.66	空气压缩机	1.54
混凝土搅拌机（现浇）	2.50	波纹管卷制机	1.25	通风机	2.00
混凝土搅拌机（预制）	2.00	平板拖车组	2.00	钢筋加工机械	1.66
水泥喷枪	2.00	轨道拖车头	1.66	对焊机	2.00
混凝土搅拌运输车	1.33	液压千斤顶	2.50	破碎机、筛分机	1.43

（2）机械台班消耗指标的计算。

① 小组产量计算法：按小组日产量大小来计算耗用机械台班多少，计算公式如下：

$$\text{分项定额机械台班使用量}=\frac{\text{分项定额计量单位值}}{\text{小组产量}} \tag{3-17}$$

② 台班产量计算法：按台班产量大小来计算定额内机械消耗量大小，计算公式如下：

$$\text{定额台班用量}=\frac{\text{定额单位}}{\text{台班产量}}\times\text{机械幅度差系数} \tag{3-18}$$

（三）概算定额的编制

概算定额是以预算定额为基础，根据通用设计和标准图纸等，经过适当综合扩大而编制的，它是确定一定计量单位扩大分项工程的人工、材料和机械台班消耗量的标准。

1. 概算定额的内容

概算定额一般由目录、总说明、工程量计算规则、分部工程说明或章节说明，有关附录或附表等组成。

在总说明中主要阐明编制依据、使用范围、定额的作用及有关统一规定等。在分部工程说明中主要阐明有关工程量计算规则及本分部工程的有关规定等。在概算定额表中，分节定额的表头部分列出本节定额的工作内容及计量单位，表格中列出定额项目的人工、材料和机械台班消耗量指标。

2. 概算定额的编制依据

（1）现行的设计标准及规范、施工验收规范。

（2）现行的工程预算定额和施工定额。

（3）经过批准的标准设计和有代表性的设计图纸等。

（4）人工工资标准、材料预算价格和机械台班费用等。

（5）有关的工程概算、施工图预算、工程结算和工程决算等经济资料。

3. 概算定额的作用

（1）概算定额是在扩大初步设计阶段编制概算，技术设计阶段编制修正概算的主要依据。

（2）概算定额是编制工程主要材料申请计划的基础。

（3）概算定额是进行设计方案技术经济比较和选择的依据。

（4）概算定额是确定基本建设项目投资额、编制基本建设计划、实行基本假设大包干、控制基本建设投资和施工图预算造价的依据。

因此，正确合理地编制概算定额对提高设计概算的质量、加强基本建设经济管理、合理使用建设资金、降低建设成本、充分发挥投资效果等方面，都具有重要的作用。

4. 概算定额的编制方法

（1）概算定额幅度差的确定：由于概算定额是在预算定额基础上适当综合扩大的，因而在工程量取值、工程标准和施工方法等进行综合确定时，概、预算定额之间必然会产生并允许与预留一定的幅度差，以便依据概算定额编制的概算能够控制施工图预算。

（2）概算定额的编制原则、编制方法与预算定额基本相似，由于在可行性研究阶段及初步设计阶段，设计资料尚不如施工图设计阶段详细和准确，设计深度也有限，要求概算定额具有比预算定额更大的综合性，所包含的可变因素更多。因此，概算定额与预算定额之间允许有5%以内的幅度差。在水利工程中，从预算定额过渡到概算定额，一般采用的扩大系数为1.03。

（四）企业定额

1. 企业定额的性质及作用

企业定额是施工企业根据企业的施工技术和管理水平，以及有关工程造价资料制定的供本企业使用的人工、材料和机械台班消耗量标准，供企业内部进行经营管理、成本核算和投资报价的企业内部文件。

企业定额是企业直接生产工人在合理的施工组织和正常条件下，为完成单位合格产品或完成一定量的工作所耗用的人工、材料和机械台班作用量的标准数量。企业定额不仅能反映企业的劳动生产率和技术装备水平，同时也是衡量企业管理水平的标尺，是企业加强集约经营、精细管理的前提和主要手段，主要作用如下：

（1）企业定额是编制施工组织设计和施工作业计划的依据。

（2）企业定额是企业内部编制施工预算的统一标准，也是加强项目成本管理和主要经济指标考核的基础。

（3）企业定额是施工队和施工班组下达施工任务书和限额领料、计算施工工时和工人劳动报酬的依据。

（4）企业定额是企业走向市场参与竞争，加强工程成本管理，进行投标报价的主要依据。

2. 企业定额的构成及表现形式

企业定额的编制应根据自身的特点，遵循简单、明了、准确、适用的原则。企业定额的构成及表现形式因企业的性质不同、取得资料的详细程度不同、编制的目的不同、编制的方法不同而不同。其构成及表现形式主要有以下几种：

（1）企业劳动定额。

（2）企业材料消耗定额。

（3）企业机械台班使用定额。

（4）企业施工定额。

（5）企业定额估价表。

（6）企业定额标准。

（7）企业产品出厂价格。

（8）企业机械台班租赁价格。

3. 企业定额的确定

企业定额的确定实际是企业定额的编制过程。企业定额的编制过程是一个系统而又复杂的过程，一般包括以下步骤：

（1）制定《企业定额编制计划书》。

（2）搜集资料、调查、分析、测算和研究。

（3）拟定编制企业定额的工作方案与计划。

（4）审评及修改。

（5）定稿、刊发及组织实施。

五、工程实例

【例题 3-2】某渠道工程，采用浆砌石曲面护坡，设计砂浆强度等级为 M15，砌石等材料就近堆放，求每立方米浆砌石所需人工、材料预算用量。

【解】（1）选用定额。

查《水利建筑工程预算定额》编号 30017，如表 3-3 所示。

表 3-3 《浆砌块石》定额　　定额单位：100 m^3

项目	单位	护坡		护底	基础	挡土墙	桥闸墩
		平面	曲面				
工长	工时	16.8	19.2	14.9	13.3	16.2	17.7
高级工	工时						
中级工	工时	346.1	423.5	284.1	236.2	329.5	376.5
初级工	工时	475.8	515.7	443.9	415	464.6	490
合计	工时	838.7	958.4	742.9	664.5	810.3	884.2
块石	m^3	108	108	108	108	108	108
砂浆	m^3	35.3	35.3	35.3	34	34.4	34.8
其他材料费	%	0.5	0.5	0.5	0.5	0.5	0.5
砂浆搅拌机 0.4 m^3	台时	6.35	6.35	6.35	6.12	6.19	6.26
胶轮车	台时	158.68	158.68	158.68	155.52	156.49	157.46
编号		30017	30018	30019	30020	30021	30022

可以得出：每 100 m^3 砌体需要消耗人工合计为 958.4 工时，块石 108 m^3，砂浆为 35.3 m^3。砌石工程定额中已综合包含了拌浆、勾缝和 20 m 以内运料用工，所以不需要另计其他用工。

（2）确定砂浆材料预算用量。参考表 3-4。

表 3-4 《砌筑砂浆》定额　　定额单位：100 m^3

砂浆类别	砂浆强度等级	水泥/kg	砂/m^3	水/m^3
		32.5		
水泥砂浆	M5	211	1.13	0.127
	M7.5	261	1.11	0.157
	M10	305	1.10	0.183
	M12.5	352	1.08	0.211
	M15	405	1.07	0.243
	M20	457	1.06	0.274
	M25	522	1.05	0.313
	M30	606	0.99	0.364
	M40	740	0.97	0.444

根据设计砂浆强度等级，查表 3-4，水泥砂浆材料预算量为：水泥 405 kg，砂 1.07 m^3，水 0.243 m^3。

（3）计算每立方米浆砌石所需人工、材料用量。

人工：958.4÷100=9.584（工时）

块石：108÷100=1.08（m^3）

水泥：405×35.3÷100=142.965（kg）

砂：1.07×35.3÷100=0.377 8（m^3）

水：0.243×35.3÷100=0.086（m^3）

第三节 水利工程工程量清单计价规范

一、《水利工程工程量清单计价规范》简介

（一）清单计价名词解释

（1）工程量清单：表现招标工程的分类分项工程项目、措施项目、其他项目的名称和相应数量的明细清单。

（2）项目编码：采用 12 位阿拉伯数字表示（从左到右计位）。1 ~ 9 位为统一编码，其中 1、2 位为水利工程顺序码，3、4 位为专业工程顺序码，5、6 位为分类工程顺序码，7 ~ 9 位为分项工程顺序码，10 ~ 12 位为清单项目名称顺序码。

（3）工程单价：完成工程量清单中一个质量合格的规定计量单位项目所需的直接费（包括人工费、材料费、机械使用费和季节、夜间、高原、风沙等原因增加的直接费）、施工管理费、企业利润和税金，并考虑风险因素。

（4）措施项目：为完成工程项目施工，发生于该工程施工前和施工过程中招标人不要求列示工程量的施工措施项目。

（5）其他项目：为完成工程项目施工，发生于该工程施工前和施工过程中招标人要求计列的费用项目。

（6）零星工作项目（或称“计日工”，下同）：完成招标人提出的零星工作项目所需的人工、材料、机械单价。

（7）预留金（或称“暂定金额”，下同）：招标人为暂定项目和可能发生的合同变更而预留的金额。

企业定额：施工企业根据本企业的施工技术、生产效率和管理水平制定的，供本企业使用的，生产一个质量合格的规定计量单位项目所需的人工、材料和机械台时（班）消耗量。

（二）清单的制定、内容及适用范围

（1）《水利工程工程量清单计价规范》（GB 50501—2007）是根据建设部建标〔2006〕136 号“关于印发《2006 年工程建设标准规范制订、修订计划（第二批）》的通知”的有关要求，按照《中华人民共和国招标投标法》和《建设工程工程量清单计价规范》（GB 50500—2003），结合水利工程建设的特点制定的。

（2）《水利工程工程量清单计价规范》（GB 50501—2007）共分为五章和两个附录，包括总则、术语、工程量清单编制、工程量清单计价、工程量清单及其计价格式、附录 A 水利建筑工程工程量清单项目及计算规则、附录 B 水利安装工程工程量清单项目及计算规则等内容。

（3）《水利工程工程量清单计价规范》（GB 50501—2007）适用于水利枢纽、水力发电、引（调）水、供水、灌溉、河湖整治、堤防等新建、扩建、改建、加固工程的招标投标工程

量清单编制和计价活动。

（4）《水利工程工程量清单计价规范》（GB 50501—2007）中以黑体字标示的条文为强制性条文，必须严格执行。

（三）工程量清单组成

1. 分类分项工程量清单

（1）分类分项工程量清单应包括序号、项目编码、项目名称、计量单位、工程数量、主要技术条款编码和备注。

（2）分类分项工程量清单应根据本规范附录 A 和附录 B 规定的项目编码、项目名称、项目主要特征、计量单位、工程量计算规则、主要工作内容和一般适用范围进行编制。

（3）分类分项工程量清单的项目编码，一至九位应按本规范附录 A 和附录 B 的规定设置；十至十二位应根据招标工程的工程量清单项目名称由编制人设置，并应自 001 起顺序编码。

（4）分类分项工程量清单的项目名称应按下列规定确定：

① 项目名称应按附录 A 和附录 B 的项目名称及项目主要特征并结合招标工程的实际确定。

② 编制工程量清单，出现附录 A、附录 B 中未包括的项目时，编制人可作补充。

（5）分类分项工程量清单的计量单位应按本规范附录 A 和附录 B 中规定的计量单位确定。

（6）工程数量应按下列规定进行计算：

① 工程数量应按附录 A 和附录 B 中规定的工程量计算规则和相关条款说明计算。

② 工程数量的有效位数应遵守下列规定：

以“m^3”“m^2”“m”“kg”“个”“项”“根”“块”“台”“套”“组”“面”“只”“相”“站”“孔”“束”为单位的，应取整数；以“t”“km”为单位的，应保留小数点后两位数字，第三位数字四舍五入。

2. 措施项目清单

（1）措施项目清单，应根据招标工程的具体情况，参照表 3-5 中项目列项。

表 3-5　措施项目一览表

序号	项目名称
1	环境保护措施
2	文明施工措施
3	安全防护措施
4	小型临时工程
5	施工企业进退场费
6	大型施工设备安拆费
⋮	⋮

（2）编制措施项目清单，出现表 3-30 未列项目时，根据招标工程的规模、涵盖的内容等具体情况，编制人可作补充。

3. 其他项目清单

其他项目清单，暂列预留金一项，根据招标工程具体情况，编制人可作补充。

4. 零星工作项目清单

零星工作项目清单，编制人应根据招标工程具体情况，对工程实施过程中可能发生的变更或新增加的零星项目，列出人工（按工种）、材料（按名称和型号规格）、机械（按名称和型号规格）的计量单位，并随工程量清单发至投标人。

二、水利水电工程量清单的编制

（一）一般规定

（1）工程量清单应由具有编制招标文件能力的招标人，或受其委托具有相应资质的中介机构进行编制。

（2）工程量清单应作为招标文件的组成部分。

（3）工程量清单应由分类分项工程量清单、措施项目清单、其他项目清单和零星工作项目清单组成。

（二）工程量清单编制依据

（1）招标文件规定的相关内容。

（2）拟建工程设计施工图纸。

（3）施工现场的情况。

（4）统一的工程量计算规则、分部分项工程的项目划分、计量单位等。

（三）工程量清单编制原则

（1）满足建设工程施工招标的需要，能对工程造价进行合理确定和有效控制。

（2）做到四个统一，即统一项目编码、统一工程量计算规则、统一计量单位、统一项目名称。

（3）利于规范建筑市场的计价行为，促进企业经营管理、技术进步、增加市场上的竞争力。

（4）适当考虑我国目前工程造价管理工作现状，实行市场调节价。

（四）工程量清单标准格式

（1）工程量清单应采用统一格式。

（2）工程量清单格式应由下列内容组成：

① 封面，见表 3-6。

表 3-6　工程量清单封面格式

____________________________工程 工程量清单 合同编号:(招标项目合同号) 招　标　人:____________________________(单位盖章) 招标单位 法定代表人 (或委托代理人):____________________________(签字盖章) 中介机构 法定代表人 (或委托代理人):____________________________(签字盖章) 造价工程师 及注册证号:____________________________(签字盖执业专用章) 编　制　时　间:________________

② 填表须知。

a. 工程量清单及其计价格式中所有要求盖章、签字的地方，必须由规定的单位和人员盖章、签字（其中法定代表人也可由其受权委托的代理人签字、盖章）。

b. 工程量清单及其计价格式中的内容不得随意删除和涂改。

c. 工程量清单计价格式中列明的所有需要填报的单价和合价，投标人均应填报，未填报的单价和合价，视为此项费用已包含在工程量清单的其他单价和合价中。

d. 投标金额（价格）均应以__________币表示。

③ 总说明，见表 3-7。

表 3-7　总说明

合同编号:(招标项目合同号)

工程名称:(招标项目名称)　　　　第　　页、共　　页

④ 分类分项工程量清单，见表 3-8。

表 3-8 分类分项工程量清单

合同编号：（招标项目合同号）

工程名称：（招标项目名称） 第 页、共 页

序号	项目编码	项目名称	计量单位	工程数量	主要技术条款编码	备注
1		一级××项目				
1.1		二级××项目				
1.1.1		三级××项目				
	50××××××××××	最末一级项目				
1.1.2						
2		一级××项目				
2.1		二级××项目				
2.1.1		三级××项目				
	50××××××××××	最末一级项目				
2.1.2						

⑤ 措施项目清单，见表 3-9。

表 3-9 措施项目清单

合同编号：（招标项目合同号）

工程名称：（招标项目名称） 第 页、共 页

序号	项目名称	备注

⑥ 其他项目清单，见表 3-10。

表 3-10　其他项目清单

合同编号:（招标项目合同号）

工程名称:（招标项目名称）　　　　第　　页、共　　页

序号	项目名称	金额/元	备注

（7）零星工作项目清单，见表 3-11。

表 3-11 零星工作项目清单

合同编号：（招标项目合同号）

工程名称：（招标项目名称） 第 页、共 页

序号	名称	型号规格	计量单位	备注
1	人工			
2	材料			
3	机械			

⑧ 其他辅助表格。

a. 招标人供应材料价格表，见表 3-12。

表 3-12 招标人供应材料价格表

合同编号：（招标项目合同号）

工程名称：（招标项目名称） 第 页、共 页

序号	材料名称	型号规格	计量单位	供应价（元）	供应条件	备注

b. 招标人提供施工设备表，见表 3-13。

表 3-13　招标人提供施工设备表（参考格式）

合同编号:（招标项目合同号）

工程名称:（招标项目名称）　　　　第　页、共　页

序号	设备名称	型号规格	设备状况	设备所在地点	计量单位	数量	折旧费	备注
							元/台时（台班）	

c. 招标人提供施工设施表，见表 3-14。

表 3-14　招标人提供施工设施表（参考格式）

合同编号:（招标项目合同号）

工程名称:（招标项目名称）　　　　第　页、共　页

序号	项目名称	计量单位	数量	备注

（3）工程量清单格式的填写应符合下列规定：

① 工程量清单应由招标人编制。

② 填表须知除本规范内容外，招标人可根据具体情况进行补充。

③ 总说明填写。

a. 招标工程概况。

b. 工程招标范围。

c. 招标人供应的材料、施工设备、施工设施简要说明。

d. 其他需要说明的问题。

（3）分类分项工程量清单填写。

① 项目编码。按本规范规定填写，本规范附录 A 和附录 B 中项目编码以×××表示的 10 ~ 12 位由编制人自 001 起顺序编码。

② 项目名称。根据招标项目规模和范围，附录 A 和附录 B 的项目名称，参照行业有关规定，并结合工程实际情况设置。

③ 计量单位的选用和工程量的计算应符合本规范附录 A 和附录 B 的规定。

④ 主要技术条款编码。按招标文件中相应技术条款的编码填写。

（4）措施项目清单填写。按招标文件确定的措施项目名称填写。凡能列出工程数量并能按单价结算的措施项目，均应列入分类分项工程量清单。

（5）其他项目清单填写。按招标文件确定的其他项目名称、金额填写。

（6）零星工作项目清单填写。

① 名称及型号规格。人工按工种，材料按名称和型号规格，机械按名称和型号规格，分别填写。

② 计量单位。人工以工日或工时，材料以 t、m^3 等，机械以台时或台班，分别填写。

（7）招标人供应材料价格表填写。按表中材料名称、型号规格、计量单位和供应价填写，并在供应条件和备注栏内说明材料供应的边界条件。

（8）招标人提供施工设备表填写。按表中设备名称、型号规格、设备状况、设备所在地点、计量单位、数量和折旧费填写，并在备注栏内说明对投标人使用施工设备的要求。

（9）招标人提供施工设施表填写。按表中项目名称、计量单位和数量填写，并在备注栏内说明对投标人使用施工设施的要求。

第四章　水利水电工程计价方法

【学习目标】

1. 掌握水利工程概算组成。
2. 了解概算文件的组成及格式。
3. 熟悉水利工程工程清单计价的内容。
4. 掌握预付款、保留金的计量及支付。

第一节　水利水电工程设计概算编制

一、设计概算编制程序及方法

（一）水利工程概算的组成

工程部分、移民和环境两部分共同构成了水利工程概算。

工程部分包括建筑工程、机电设备及安装工程、金属结构设备及安装工程、施工临时工程、独立费用。

移民和环境部分包括水库移民征地补偿、水土保持工程、环境保护工程。

需要说明的是：移民和环境部分划分的各级项目应执行《水利工程建设征地移民补偿投资概（估）算编制规定》《水利工程环境保护设计概（估）算编制规定》和《水土保持工程概（估）算编制规定》。

（二）概算文件编制依据

（1）国家及省、自治区、直辖市颁发的有关法令法规、制度、规程。

（2）水利工程设计概算编制规定。

（3）水利建筑工程概算定额、水利水电设备安装工程概算定额、水利工程施工机械台时费定额和有关行业主管部门颁发的定额。

（4）水利工程设计工程量计算规则。

（5）初步设计文件及图纸。

（6）有关合同协议及资金筹集方案。

（7）其他相关规定。

（三）概算文件编制程序

1. 准备工作

（1）了解工程概况，包括工程位置、规模、枢纽布置、地质、水文情况、主要建筑物的结构形式和主要技术数据、施工总体布置、施工导流、对外交通条件、施工进度及主体工程施工方案等。

（2）拟定工作计划，确定编制原则和依据；确定计算基础单价的基本条件和参数；确定所采用的定额标准及有关数据；明确各专业提供的资料内容、深度要求和时间；落实编制进度及提交最后成果的时间；编制人员分工安排和提出计划工作量等。

2. 设计研究、搜集资料

主要对施工用的砂、石、土料储量、级配、料场位置、料场内外交通运输条件、开挖运输方式等进行了解，并搜集相关的物资、材料、税务、交通及设备价格材料，调查新技术、新工艺、新材料的有关价格等。

3. 编写概（估）算编制大纲

（1）确定编制依据、定额和计费标准。

（2）列出人工、主材等基础单价或计算条件。

（3）确定有关费用的收费标准和费率。

（4）其他应说明的问题。

4. 计算基础单价

基础单价是建安工程单价计算的依据和基本要素之一。应根据搜集到的各项资料，按工程所在地编制年价格水平，执行上级主管部门有关规定分析计算。

5. 划分工程项目、计算工程量

按照水利水电基本建设项目划分的规定将项目进行划分并按水利水电工程量计算规定计算工程量。合理的超挖、超填和施工附加量及各种损耗和体积变化等均已按现行规范计入有关概算定额，设计工程量不再另行计算。

6. 套用定额计算工程单价

在上述工作基础上，根据工程项目的施工组织设计、现行定额、费用标准和有关设备价格，分别编制工程单价。

7. 编制工程概算

（1）根据工程量、设备清单、工程单价和费用标准分别编制各部分概算。

（2）编制移民和环境部分概算。

（3）将建筑安装工程部分及移民和环境部分概算合成汇总为总概算。

（4）各级校审、装订成册、设计文件送交主管部分审查。

（四）水利水电工程设计概算编制方法

1. 建筑工程概算的编制方法

建筑工程概算编制的方法一般有单价法、指标法和百分率法三种形式。

单价法就是以工程量乘以工程单价来计算工程投资的方法，是建筑工程概算编制的主要方法。

2. 设备及安装工程概算的编制方法

设备购置概算是设备原价和设备运杂费总和。通用设备原价根据设备型号、规格、材质和数量按设计当年制造厂的销售价逐项计算，非标准设备原价根据设备类别、材质、结构的复杂程度和设备重量，以设计当年制造厂的销售现价进行计算。

设备运杂费一般按设备原价的百分率计算。

按占设备原价的百分比计算：

设备安装工程概算=设备原价×设备安装费率(%) （4-1）

设备安装费费率一般为3%～7%。

按每1 t设备安装概算价格计算：

设备安装工程概算=设备吨位×每1吨设备安装费 （4-2）

按台、座、m、m^3为单位计算安装概算。

二、设计概算文件组成与格式

（一）概算正件组成内容

1. 编制说明

（1）工程概况：流域、河系、兴建地点、对外交通条件、工程规模、工程效益、工程布置形式、主体建筑工程量、主要材料用量、施工总工期、施工总工时、施工平均人数和高峰人数、资金筹措情况和投资比例等。

（2）投资主要指标：工程总投资和静态总投资，年度价格指数，基本预备费率，建设期融资额度、利率和利息等。

（3）编制原则和依据：

① 概算编制原则和依据。

② 人工预算单价，主要材料，施工用电、水、风、砂石料等基础单价的计算依据。

③ 主要设备价格的编制依据。

④ 费用计算标准及依据。

⑤ 工程资金筹措方案。

（4）概算编制中其他应说明的问题。

（5）主要技术经济指标表。
（6）工程概算总表。

2. 工程部分概算表

1）概算表
（1）总概算表。
（2）建筑工程概算表。
（3）机电设备及安装工程概算表。
（4）金属结构设备及安装工程概算表。
（5）施工临时工程概算表。
（6）独立费用概算表。
（7）分年度投资表。
（8）资金流量表。
2）概算附表
（1）建筑工程单价汇总表。
（2）安装工程单间汇总表。
（3）主要材料预算价格汇总表。
（4）次要材料预算价格汇总表。
（5）施工机械台时费汇总表。
（6）主要工程量汇总表。
（7）主要材料量汇总表。
（8）工时数量汇总表。
（9）建设及施工场地征用数量汇总表。

（二）概算附件组成内容

（1）人工预算单价计算表。
（2）主要材料运输费用计算表。
（3）主要材料预算价格计算表。
（4）施工用电价格计算书。
（5）施工用水价格计算书。
（6）施工用风价格计算书。
（7）补充定额计算书。
（8）补充施工机械台时费计算书。
（9）砂石料单价计算书。
（10）混凝土材料单价计算表。
（11）建筑工程单价表。
（12）安装工程单价表。
（13）主要设备运杂费率计算书。
（14）临时房屋建筑工程投资计算书。

（15）独立费用计算书。

（16）分年度投资表。

（17）资金流量计算表。

（18）价差预备费计算表。

（19）建设期融资利息计算书。

（20）计算人工、材料、设备预算价格和费用依据的有关文件、询价标价资料及其他。

（三）概算表格

（1）工程概算总表，见表4-1。

表4-1　工程概算总表（万元）

序号	工程或费用名称	建安工程费	设备购置费	独立费用	合计
I	工程部分投资 ⋮ 静态总投资 ⋮ 总投资				
II	移民和环境投资 ⋮ 静态总投资 ⋮ 总投资				
III	工程投资总计				
	静态总投资				
	总投资				

（2）概算表，包括总概算表、建筑工程概算表、设备及安装工程概算表、分年度投资表、资金流量表。

① 总概算表，见表4-2。

表4-2　总概算表

序号	工程或费用名称	建安工程费	设备购置费	独立费用	合计	占一至五部分投资（%）
	各部分投资					
	一至五部分投资合计					
	基本预备费					
	静态总投资					
	价差预备费					
	建设期融资利息					
	⋮					
	总投资					

② 建筑工程概算表，见表4-3。该表适用于编制建筑工程概算、施工临时工程概算和独立费用概算。

表 4-3 建筑工程概算表

序号	工程或费用名称	单位	数量	单价/元	合计/元

③ 设备及安装工程概算表，见表 4-4。该表适用于编制机电和金属结构设备及安装工程概算。

表 4-4 设备及安装工程概算表

序号	名称及规格	单位	数量	单价/元		合计/元	
				设备费	安装费	设备费	安装费

④ 分年度投资表，见表 4-5。枢纽工程原则上按表 4-5 编制分年度投资、为编制资金流量表作准备。某些工程施工期较短可不编制资金流量表，因此其分年度投资表的项目可按工程部分总概算表的项目列入。

表 4-5 分年度投资表（万元）

项目	合计	建设工期/年					
		1	2	3	4	5	6
一、建筑工程							
1.建筑工程							
×××工程（一级项目）							
2.施工临时工程							
×××工程（一级项目）							
二、安装工程							
1.发电设备安装工程							
2.变电设备安装工程							
3.公用设备安装工程							
4.金属结构设备安装工程							
三、设备工程							
1.发电设备							
2.变电设备							
3.公用设备							
4.金属结构设备							
四、独立费用							
1.建筑管理费							
2.生产准备费							
3.科研勘测设计费							
4.建设及施工场地征用费							
5.其他							
一至四部分合计							

⑤资金流量表，见表 4-6。

表 4-6 资金流量表

项目	合计	建设工期/年					
		1	2	3	4	5	6
一、建筑工程							
分年度资金流量							
×××工程							
⋮							
二、安装工程							
分年度资金流量							
三、设备工程							
分年度资金流量							
四、独立费用							
分年度资金流量							
一至四部分合计							
分年度资金流量							
基本预备费							
静态总投资							
价差预备费							
建设期融资利息							
总投资							

（3）概算附表。

概算附表包括建筑工程单价汇总表、安装工程单价汇总表、主要材料预算价格汇总表、次要材料预算价格汇总表、施工机械台时费汇总表、主要工程量汇总表、主要材料量汇总表、工时数量汇总表、建设及施工场地征用数量汇总表。

①建筑工程单价汇总表，见表 4-7。

表 4-7 建筑工程单价汇总表

序号	名称	单位	单价	其中							
				人工费	材料费	机械使用费	其他直接费	现场经费	间接费	企业利润	税金

②安装工程单价汇总表，见表 4-8。

表 4-8 安装工程单价汇总表

序号	名称	单位	单价	其中								
				人工费	材料费	机械使用费	装置性材料费	其他直接费	现场经费	间接费	企业利润	税金

③ 主要材料预算价格汇总表，见表 4-9。

表 4-9 主要材料预算价格

序号	名称及规格	单位	预算价格	其中			
				原价	运杂费	运输保险费	采购及保管费

④ 次要材料预算价格汇总表，见表 4-10。

表 4-10 次要材料预算价格汇总表

序号	名称及规格	单位	原价	运杂费	合计

⑤ 施工机械台时费汇总表，见表 4-11。

表 4-11 施工机械台时费汇总表

序号	名称及规格	台时费	其中				
			折旧费	修理及替换设备费	安拆费	人工费	动力燃料费

⑥ 主要工程量汇总表，见表 4-12。

表 4-12　主要工程量汇总表

序号	项目	土石方明挖/m^3	石方洞挖/m^3	土石方填筑/m^3	混凝土/m^3	模板/m^3	钢筋/t	帷幕灌浆/m	固结灌浆/m

⑦ 主要材料量汇总表，见表 4-13。

表 4-13　主要材料量汇总表

序号	项目	水泥/t	钢筋/t	钢材/	木材/m^2	炸药/t	沥青/t	粉煤灰/t	汽油/t	柴油/t

⑧ 工时数量汇总表，见表 4-14。

表 4-14　工时数量汇总表

序号	项目	工时数量	备注

⑨ 建设及施工场地征用数量汇总表，见表 4-15。

表 4-15　建设及施工场地征用数量汇总表

序号	项目	占地面积/亩	备注

注：1 亩=1/15 公顷。

（4）概算附件附表。

概算附件附表包括人工预算单价计算表、主要材料运输费用计算表、主要材料预算价格计算表、混凝土材料单价计算表、建筑工程单价表、安装工程单价表、资金流量计算表、主要技术经济指标表。

① 人工预算单价计算表，见表 4-16。

表 4-16 人工预算单价计算表

地区 类别		定额人工等级	
序号	项目	计算式	单价/元
1	基本工资		
2	辅助工资		
(1)	地区津贴		
(2)	施工津贴		
(3)	夜餐津贴		
(4)	节日加班津贴		
3	工资附加费		
(1)	职工福利基金		
(2)	工会经费		
(3)	养老保险费		
(4)	医疗保险费		
(5)	工伤保险费		
(6)	职工失业保险基金		
(7)	住房公积金		
4	人工工日预算单价		
5	人工工时预算单价		

② 主要材料运输费用计算表，见表 4-17。

表 4-17 主要材料运输费用计算表

<table>
<tr><td>编号</td><td>1</td><td>2</td><td>3</td><td>材料名称</td><td colspan="3"></td><td>材料编号</td><td></td></tr>
<tr><td>交货条件</td><td></td><td></td><td></td><td>运输方式</td><td>汽车</td><td>火车</td><td>船运</td><td colspan="2">火车</td></tr>
<tr><td>交货地点</td><td></td><td></td><td></td><td>货物等级</td><td></td><td></td><td></td><td>整车</td><td>零担</td></tr>
<tr><td>交货比例/%</td><td></td><td></td><td></td><td>装载系数</td><td></td><td></td><td></td><td></td><td></td></tr>
<tr><td>编号</td><td colspan="2">运输费用项目</td><td colspan="2">运输起讫地点</td><td colspan="2">运输距离</td><td colspan="2">计算公式</td><td>合计/元</td></tr>
<tr><td rowspan="5">1</td><td colspan="2">铁路运杂费</td><td colspan="2"></td><td colspan="2"></td><td colspan="2"></td><td></td></tr>
<tr><td colspan="2">公路运杂费</td><td colspan="2"></td><td colspan="2"></td><td colspan="2"></td><td></td></tr>
<tr><td colspan="2">水路运杂费</td><td colspan="2"></td><td colspan="2"></td><td colspan="2"></td><td></td></tr>
<tr><td colspan="2">场内运杂费</td><td colspan="2"></td><td colspan="2"></td><td colspan="2"></td><td></td></tr>
<tr><td colspan="2">综合运杂费</td><td colspan="2"></td><td colspan="2"></td><td colspan="2"></td><td></td></tr>
<tr><td rowspan="5">2</td><td colspan="2">铁路运杂费</td><td colspan="2"></td><td colspan="2"></td><td colspan="2"></td><td></td></tr>
<tr><td colspan="2">公路运杂费</td><td colspan="2"></td><td colspan="2"></td><td colspan="2"></td><td></td></tr>
<tr><td colspan="2">水路运杂费</td><td colspan="2"></td><td colspan="2"></td><td colspan="2"></td><td></td></tr>
<tr><td colspan="2">场内运杂费</td><td colspan="2"></td><td colspan="2"></td><td colspan="2"></td><td></td></tr>
<tr><td colspan="2">综合运杂费</td><td colspan="2"></td><td colspan="2"></td><td colspan="2"></td><td></td></tr>
<tr><td rowspan="5">3</td><td colspan="2">铁路运杂费</td><td colspan="2"></td><td colspan="2"></td><td colspan="2"></td><td></td></tr>
<tr><td colspan="2">公路运杂费</td><td colspan="2"></td><td colspan="2"></td><td colspan="2"></td><td></td></tr>
<tr><td colspan="2">水路运杂费</td><td colspan="2"></td><td colspan="2"></td><td colspan="2"></td><td></td></tr>
<tr><td colspan="2">场内运杂费</td><td colspan="2"></td><td colspan="2"></td><td colspan="2"></td><td></td></tr>
<tr><td colspan="2">综合运杂费</td><td colspan="2"></td><td colspan="2"></td><td colspan="2"></td><td></td></tr>
<tr><td colspan="5">每吨运杂费</td><td colspan="5"></td></tr>
</table>

③ 主要材料预算价格计算表，见表 4-18。

表 4-18　主要材料预算价格计算

编号	名称及规格	单位	原价依据	单位毛重	每吨运费	价格/元					
						原价	运杂费	采购及保管费	运到工地分仓库价格	保险费	预算价格

④ 混凝土材料单价计算表，见表 4-19。

表 4-19　混凝土材料单价计算表

编号	混凝土标号	水泥强度等级	级配	预算量					
				水泥/kg	掺合料/kg	砂/m^3	外加剂/kg	水/kg	单价/元

⑤ 建筑工程单价表，见表 4-20。

表 4-20　建筑工程单价表

定额编号：　　　　　　　　　　　　项目：　　　　　　　　　　　　定额单位：

编号	名称	单位	数量	单价/元	合计/元

⑥ 安装工程单价表，见表 4-21。

表 4-21　安装工程单价表

定额编号：　　　　　　　　　　　　项目：　　　　　　　　　　　　定额单位：

编号	名称	单位	数量	单价/元	合计/元

⑦ 资金流量计算表，见表 4-22。

表 4-22 资金流量计算表

项目	合计	建设工期/年					
		1	2	3	4	5	6
一、建筑工程							
（一）×××工程							
1.分年度完成工作量							
2.预付款							
3.扣回预付款							
4.保留金							
5.偿还保留金							
（二）×××工程							
⋮							
二、安装工程							
1.分年度完成安装费							
2.预付款							
3.扣回预付款							
4.保留金							
5.偿还保留金							
三、设备工程							
1.分年度完成设备费							
2.预付款							
3.扣回预付款							
4.保留金							
5.偿还保留金							
四、独立费用							
1.分年度费用							
2.保留金							
3.偿还保留金							
一至四部分合计							
1.分年度工作量							
2.预付款							
3.扣回预付款							
4.保留金							
5.偿还保留金							
基本预备费							
静态总投资							
价差预备费							
建设期融资利息							
总投资							

⑧ 主要技术经济指标表，可根据工程具体情况进行编制反映出主要技术经济指标即可。

三、水利水电工程各部分概算编制

（一）建筑工程概算编制

建筑工程按主体建筑工程、交通工程、房屋建筑工程、外部供电线路工程、其他建筑工程的分类，采用不同的方法进行编制。

（1）主体建筑工程。

① 主体建筑工程概算按设计工程量乘以工程单价进行编制。

② 主体建筑工程量应根据《水利工程设计工程量计算规则》，按项目划分要求，计算到三级项目。

③ 若设计对混凝土施工有温度控制要求，应根据相应措施要求，计算温控措施费用；也可以对指标分析确定之后，按建筑物混凝土方量进行计算。

④ 细部结构工程，应按照水工建筑工程细部结构指标表 4-23 确定。

表 4-23 水工建筑工程细部结构指标表

项目名称	混凝土重力坝、重力拱坝、宽缝重力坝、支墩坝	混凝土双曲拱坝	土坝、堆石坝	水闸	冲砂闸、泄洪闸	进水口、进水塔	溢洪道	隧洞	竖井、调压井
单位	元/m^3（坝体方）	元/m^3（坝体方）	元/m^3（坝体方）	元/m^3（混凝土）	元/m^3（混凝土）	元/m^3（混凝土）	元/m^3（混凝土）	元/m^3（混凝土）	元/m^3（混凝土）
综合指标	11.9	12.6	0.84	35	30.8	14	13.3	11.2	14
项目名称	高压管道	地面厂房	地下厂房	地面升压变电站	船闸	明渠（衬砌）			
单位	元/m^3（混凝土）	元/m^3（混凝土）	元/m^3（混凝土）	元/m^3（混凝土）	元/m^3（混凝土）	元/m^3（混凝土）			
综合指标	27.3	42	24.5	15.4	21.7	6.2			

（2）交通工程。

这一部分的投资按照设计工程量乘以单价进行计算，也可以根据工程所在地地区造价指标或有关实际资料，采用扩大单位指标编制。

（3）房屋建筑工程。

① 水利工程的永久房屋建筑面积，若是用于生产各管理办公，应由设计单位按有关规定，结合工程规模确定；若是用于生活文化福利建筑工程，在充分考虑国家现行房改政策的前提下，按主体建筑工程投资的百分率计算。百分率表见表 4-24。

② 室外工程投资：一般按房屋建筑投资的 10%～15%计算。

（4）供电线路工程。

该工程需根据设计的电压等级、线路架设长度及所需设备的变配电设施要求，采用工程所在地区造价指标或有关实际资料计算。

表 4-24　主体建筑工程投资百分率表

工程名称	分类	百分率
枢纽工程	50 000 万元≥投资	1.5%～2.0%
	100 000 万元≥投资>50 000 万元	1.1%～1.5%
	100 000 万元<投资	0.8%～1.1%
引水及河道工程		0.5%～0.8%
备注	在每一分类中，投资小或工程位置偏远着取大值；反之，取小值	

（5）其他建筑工程。

① 内外部观测工程按建筑工程属性处理：内外部观测工程项目投资按设计资料计算。如果没有设计资料时，可根据坝型或其他工程形式，按照主体建筑工程投资的百分率计算，见表 4-25。

表 4-25　其他建筑工程参照百分率

项目名称	百分率
当地材料坝	0.9%～1.1%
混凝土坝	1.1%～1.3%
引水式电站（引水建筑物）	1.1%～1.3%
堤防工程	0.2%～0.3%

② 动力线路、照明线路、通信线路等工程投资按设计工程量乘以单价或采用扩大单位指标编制。

③ 其余各项按设计要求分析计算。

（二）机电设备及安装工程部分

机电设备及安装工程投资由设备费和安装工程费两部分组成。

设备费包括设备原价、运杂费、运输保险费、采购及保管费、运杂综合费率、交通工具购置费。

安装工程费按照设备数量乘以安装单间进行计算。

（三）金属结构设备及安装工程部分

这一部分的编制方法与机电设备及安装工程部分相同。

（四）施工临时工程部分

（1）导流工程：按照设计工程量乘以工程单价进行计算。

（2）施工交通工程：按照设计工程量乘以单价进行计算，也可根据工程所在地区造价指标或有关实际资料，采用扩大单位指标编制。

（3）施工场外供电工程：按照设计的电压等级、线路架设长度及所需配备的变配电设施要求，采用工程所在地区造价指标或有关实际资料计算。

（4）施工房屋建筑工程：包括施工仓库和办公、生活及文化福利建筑两部分。不包括列入临时设施和其他施工临时工程项目内的电、风、水、通信系统，砂石料系统，混凝土拌和及浇筑系统，木工、钢筋、机修等辅助加工厂，混凝土预制构件厂，混凝土制冷、供热系统，施工排水等生产用房。

① 施工仓库：建筑面积由施工组织设计确定，单位造价指标根据当地生活福利建筑的相应造价水平确定。

② 办公、生活及文化福利建筑：

a. 枢纽工程和大型引水工程，按照公式（4-3）计算：

$$I=\frac{A\cdot U\cdot P}{N\cdot L}\cdot K_1\cdot K_2\cdot K_3 \tag{4-3}$$

式中 I——房屋建筑工程投资。

A——建安工作量，按工程一至四部分建安工作量（不包括办公、生活及文化福利建筑和其他施工临时工程）之和乘以（1+其他施工临时工程百分率）计算。

U——人均建筑面积综合指标，按 12 ~ 15 m^2/人标准计算。

P——单位造价指标，参考工程所在地区的永久房屋造价指标（元/m^2）计算。

N——施工年限，按施工组织设计确定的合理工期计算。

L——全员劳动生产率，一般不低于 60 000 ~ 100 000 元/（人・年），施工机械化程度高取大值，反之取小值。

K_1——施工高峰人数调整系数，取 1.10。

K_2——室外工程系数，取 1.10 ~ 1.15，地形条件差的可取大值，反之取小值。

K_3——单位造价指标调整系数，按不同施工年限，采用表 4-26 中的调整系数。

表 4-26 单位造价指标调整系数表

工期	2 年以内	2 ~ 3 年	3 ~ 5 年	5 ~ 8 年	8 ~ 11 年
系数	0.25	0.40	0.55	0.70	0.80

b. 河湖整治工程、灌溉工程、堤防工程、改扩建与加固工程按一至四部分建安工作量的百分率计算，见表 4-27。

表 4-27 建安工程量百分率计算

工期	百分率
≤3 年	1.5% ~ 2.0%
＞3 年	1.0% ~ 1.5%

（5）其他施工临时工程

按照工程一至四部分建安工程量（不包括其他施工临时工程）之和的百分率计算。

① 枢纽工程和引水工程为 3.0% ~ 4.0%。

② 河道工程为 0.5% ~ 1%。

（五）独立费用概算编制

独立费用指不属于永久工程和临时工程基本建设工作的费用，包括建设管理费、生产及管理单位准备费、科研勘测设计费和其他费用四项内容。这一部分费用数额与工程项目中的各个单项或单位工程不构成直接联系，无法纳入间接费，只能单独列项计算，在计算时应严格执行主管部门颁发的有关规定。目前，水利水电工程概算执行水利部水总〔2000〕116号文件有关规定，其他费用所包含内容如下：

（1）建设管理费：包括建设单位开办费、建设单位经常费、工程监理费、项目建设管理费、建设及施工场地征用费及联合试运转费六项内容。

（2）生产管理单位准备费：包括生产及管理单位提前进场费、生产职工培训费、管理用具购置费、备品备件购置费、工器具及生产家具购置费、管理单位运行启动费等。

（3）科研勘测设计费：包括科学研究试验费、规划统筹费和勘测设计费。

（4）其他费用：包括技术装备补贴费、施工企业基地建设补贴费、定额编制管理费、工程质量监督费、施工期运行费、供电补贴费、工程保险和其他税费等内容。

各项费用具体计算参照有关文件规定。

四、水利工程总概算编制

（一）分年度投资

分年度投资是根据施工组织设计确定的施工进度和合理工期而计算出的工程各年度预计完成的投资额。

1. 建筑工程

（1）建筑工程分年度投资表应根据施工进度的安排，对主要工程按各单项工程分年度完成的工程量和相应的工程单价计算。对于次要的和其他工程，根据施工进度，按各年所占完成投资的比例，分摊到各年度投资表中。

（2）建筑工程分年度投资的编制至少应按二级项目中的主要工程项目分别反映各自的建筑工作量。

2. 设备及安装工程

设备及安装工程分年度投资应根据施工组织设计确定的设备安装进度计算各年预计完成的设备费和安装费。

3. 费用

根据费用的性质和费用发生的时段，按相应年度分别进行计算。

（二）资金流量

资金流量是为满足工程项目在建设过程中各时段的资金需求，按工程建设所需资金投入时间计算的各年度使用的资金量。资金流量表的编制以分年度投资表为依据，按建筑安装、永久设备工程和独立费用三种类型分别计算。本资金流量计算办法主要用于初步设计概算。

1. 建筑及安装工程资金流量

（1）建筑工程可根据分年度投资表的项目划分，考虑一级项目中的主要工程项目，以归项划分后各年度建筑工作量作为计算资金流量的依据。

（2）资金流量是在原分年度投资的基础上，考虑预付款、预付款的扣回、保留金和保留金的偿还等编制出的分年度资金安排。

（3）预付款一般可划分工程预付款和工程材料预付款两部分。

① 工程预付款按划分的单个工程项目的建安工作量的 10%～20%计算，工期在 3 年以内的工程全部安排在第一年，工期在 3 年以上的可安排在前两年。工程预付款的扣回从完成建安工作量的 30%起开始，按完成建安工作量的 20%～30%扣回至预付款全部回收完毕为止。

对于需要购置特殊施工机械设备或施工难度较大的项目，工程预付款可取大值，其他项目取中值或小值。

② 工程材料预付款，水利工程一般规模较大，所需材料的种类及数量较多，提前备料所需资金较大，因此考虑向承包商支付一定数量的材料预付款，可按分年度投资中次年完成建安工作量的 20% 在本年提前支付，并于次年扣回，依次类推，直至本项目竣工。河道工程和灌溉工程等不计此项预付款。

（4）保留金：一般按建安工作量的 2.5%计算。在概算资金流量计算是：按分项工程分年度完成建安工作量的 5% 扣留至该项工程全部建安工作量的 2.5% 时终止（即完成建安工作量的 50%时），并将扣留的保留金 100% 计入该项工程终止后一年（如该年已超出总工期，则此项保留金计入工程的最后一年）的资金流量表内。

2. 永久设备工程资金流量

永久设备工程资金流量计算，划分为主要设备和一般设备两种类型分别计算。

（1）主要设备的资金流量计算，按设备到货周期确定各年资金流量比例，具体比例见表 4-28。

表 4-28　各年资金流量比例

到货周期	第 1 年	第 2 年	第 3 年	第 4 年	第 5 年	第 6 年
1 年	15%	75%	10%			
2 年	15%	25%	50%	10%		
3 年	15%	25%	10%	40%	10%	
4 年	15%	25%	10%	10%	30%	10%

主要设备为水轮发电机组、大型水泵、大型电机、主阀、主变压器、桥机、门机、高压断路器或高压组合电器、金属结构闸门启闭设备等。

（2）其他设备，资金流量按到货前一年预付 15%定金，到货年支付 85%的剩余价款。

3. 独立费用资金流量

独立费用流量主要是勘测设计费的支付方式应考虑质量保证金的要求，其他项目则均按分年投资表的资金安排计算。

（1）可行性研究和初步设计阶段勘测设计费按合理工期分年平均计算。

（2）技施阶段勘测设计费的 95%按合理工期分年平均计算，其余 5%的勘测设计费用作为设计保证金，计入最后一年的资金流量表内。

（三）总概算编制顺序

（1）基本预备费：根据规定的费率，按上述分部工程概算第一部分至第四部分（以下简称一至五部分）投资合计数（依据分年度投资表）的百分率计算。

（2）价差预备费：按照合理建设工期和资金流量表的静态投资（含基本预备费）根据国家发改委发布的物价指数按有关公式进行计算。

（3）建设期融资利息：根据合理建设工期、资金流量表、建设融资利率及有关公式进行计算。

（4）静态总投资：由一至四部分投资与基本预备费之和构成。

（5）总投资：工程一至四部分投资、基本预备费、价差预备费、建设期融资利息之和构成总投资。

编制总概算表时，在第四部分独立费用之后，按顺序计算列示下列项目：

（1）一至五部分投资合计。

（2）基本预备费。

（3）静态总投资。

（4）价差预备费。

（5）建设期融资利息。

（6）总投资。

（四）总概算编制表格

1. 主要表格

主要表格有总概算表、建筑工程概算表、设备及安装工程概算表、分年度投资表、资金流量表、建筑工程单价汇总表、安装工程单价汇总表、主要材料预算价格汇总表、次要材料预算价格汇总表、施工机械台时汇总表、主要工程量汇总表、主要材料量汇总表、工时数量汇总表、建设及施工场地数量汇总表。表格样式见初步概算文件的组成及编制。

2. 表格填写说明

（1）建筑工程概算表：第 2 栏填至项目划分第三级项目。

（2）设备及安装工程概算表：第 2 栏填至项目划分第三级项目。

（3）分年度投资表：枢纽工程按此表编制，项目划分至一级项目，为编制资金流量表做准备。某些工程施工期比较短可以不编制资金流量表，其分年度投资表的项目可按总概算表的项目列入。

（4）次要材料预算价格汇总表：第 4 栏为次要材料工程所在地市场供应价格；第 5 栏列出供应地点至工程仓库的运杂费用。

（5）主要工程量汇总表、主要材料量汇总表和工时数量汇总表：统计范围均为主体建筑工程和施工导流工程；各表第 2 栏可按不同情况填列项目划分第一级和第二级项目。

第二节　工程量清单计价及格式

一、工程量清单计价

（1）实行工程量清单计价招标投标的水利工程，其招标标底、投标报价的编制，合同价款的确定与调整，以及工程价款的结算，均应按本规范执行。

（2）工程量清单计价应包括按招标文件规定完成工程量清单所列项目的全部费用，包括分类分项工程费、措施项目费和其他项目费。

（3）分类分项工程量清单计价应采用工程单价计价。

（4）分类分项工程量清单的工程单价，应根据 GB 50501—2007《水利工程工程量清单计价规范》规定的工程单价组成内容，按招标设计文件、图纸、附录 A 和附录 B 中的“主要工作内容”确定，除另有规定外，对有效工程量以外的超挖、超填工程量，施工附加量，加工、运输损耗量等，所消耗的人工、材料和机械费用，均应摊入相应有效工程量的工程单价之内。

（5）措施项目清单的金额，应根据招标文件的要求以及工程的施工方案，以每一项措施项目为单位，按项计价。

（6）其他项目清单由招标人按估算金额确定。

（7）零星工作项目清单的单价由投标人确定。

（8）按照招标文件的规定，根据招标项目涵盖的内容，投标人一般应编制以下基础单价，作为编制分类分项工程单价的依据。

① 人工费单价。

② 主要材料预算价格。

③ 电、风、水单价。

④ 砂石料单价。

⑤ 块石、料石单价。

⑥ 混凝土配合比材料费。

⑦ 施工机械台时（班）费。

（9）招标工程如设标底，标底应根据招标文件中的工程量清单和有关要求、施工现场情况、合理的施工方案、工程单价组成内容、社会平均生产力水平、按市场价格进行编制。

（10）投标报价应根据招标文件中的工程量清单和有关要求，施工现场情况，以及拟定的施工方案，依据企业定额，按市场价格进行编制。

（11）工程量清单的合同结算工程量，除另有约定外，应按《水利工程工程量清单计价规范》（GB 50501—2007）及合同文件约定的有效工程量进行计算。合同履行过程中需要变更工程单价时，按《水利工程工程量清单计价规范》（GB 50501—2007）和合同约定的变更处理程序办理。

二、工程量清单计价格式

（1）工程量清单计价应采用统一格式，填写工程量清单报价表。

（2）工程量清单报价表应由下列内容组成：

① 封面，见表 4-29。

表 4-29 封面

________________________工程

工程量清单报价表

合同编号：（投标项目合同号）

投 标 人：________________________（单位盖章）

法定代表人（或委托代理人）：________________________（签字盖章）

造价工程师及注册证号：________________________（签字盖执业专用章）

编制时间：________________

② 投标总价，见表 4-30。

表 4-30 投标总价

投 标 总 价

工程名称：________________

合同编号：________________

投标总价（小写）：________________

（大写）：________________

投 标 人：________________（单位盖章）

法定代表人（或委托代理人）：________________（签字盖章）

编制时间：____________

③ 工程项目总价表，见表 4-31。

表 4-31 工程项目总价表

合同编号：（投标项目合同号）

工程名称：（投标项目名称）　　第　页、共　页

序号	工程项目名称	金额/元
1	一级××项目	
2	二级××项目	
××	一级××项目	
××	二级××项目	
	合计	

法定代表人

（或委托代理人）：________________签字

④ 分类分项工程量清单计价表，见表 4-32。

表 4-32　分类分项工程量清单计价表

合同编号：（投标项目合同号）

工程名称：（投标项目名称）　　　　第　页、共　页

序号	项目编码	项目名称	计量单位	工程数量	单价/元	合价/元	主要技术条款编码
1		一级××项目					
1.1		二级××项目					
1.1.1		三级××项目					
	50××××××××××	最末一级项目					
1.1.2							
2		一级××项目					
2.1		二级××项目					
2.1.1		三级××项目					
	50××××××××××	最末一级项目					
2.1.2							
		合计					

法定代表人

（或委托代理人）：________签字

⑤ 措施项目清单计价表，见表 4-33。

表 4-33　措施项目清单计价表

合同编号：（投标项目合同号）

工程名称：（投标项目名称）　　　　第　页、共　页

序号	项目名称	金额/元

法定代表人

（或委托代理人）：________签字

⑥ 其他项目清单计价表，见表 4-34。

表 4-34 其他项目清单计价表

合同编号：（投标项目合同号）

工程名称：（投标项目名称） 第 页、共 页

序号	项目名称	金额/元	备注
	合计		

法定代表人

（或委托代理人）：________________ 签字

⑦ 零星工作项目计价表，见表 4-35。

表 4-35 零星工作项目计价表

合同编号：（投标项目合同号）

工程名称：（投标项目名称） 第 页、共 页

序号	名称	型号规格	计量单位	单价/元	备注
1	人工				
2	材料				
3	机械				

法定代表人

（或委托代理人）：________________ 签字

⑧ 工程单价汇总表，见表 4-36。

表 4-36 工程单价汇总表

合同编号：（投标项目合同号）

工程名称：（投标项目名称） 第 页、共 页

序号	项目编码	项目名称	计量单位	人工费	材料费	机械使用费	施工管理费	企业利润	税金	合计
1		建筑工程								
1.1		土方开挖工程								
1.1.1	500101××××××									
1.1.2										
2		安装工程								
2.1		机电设备安装工程								
2.1.1	500201××××××									
2.1.2										

法定代表人

（或委托代理人）：________________签字

⑨ 工程单价费（税）率汇总表，见表 4-37。

表 4-37 工程单价费（税）率汇总表

合同编号：（投标项目合同号）

工程名称：（投标项目名称） 第 页、共 页

序号	工程类别	工程单价费（税）率/%			备注
		施工管理费	企业利润	税金	
一	建筑工程				
二	安装工程				

法定代表人

（或委托代理人）：________________签字

⑩ 投标人生产电、风、水、砂石基础单价汇总表，见表 4-38。

表 4-38 投标人生产电、风、水、砂石基础单价汇总表

合同编号：（投标项目合同号）

工程名称：（投标项目名称） 第 页、共 页

单位：元

序号	名称	型号规格	计量单位	人工费	材料费	机械使用费				合计	备注

法定代表人

（或委托代理人）：________签字

⑪ 投标人生产混凝土配合比材料费表，见表 4-39。

表 4-39 投标人生产混凝土配合比材料费表

合同编号：（投标项目合同号）

工程名称：（投标项目名称） 第 页、共 页

序号	工程部位	混凝土强度等	水泥强度等级	级配	水灰比	坍落度	预算材料量/（kg/m^3）						单价/（元/m^3）	备注
							水泥	砂	石					

法定代表人

（或委托代理人）：________签字

⑫ 招标人供应材料价格汇总表，见表 4-40。

表 4-40 招标人供应材料价格汇总表

合同编号：（投标项目合同号）

工程名称：（投标项目名称） 第 页、共 页

序号	材料名称	型号规格	计量单位	供应价/元	预算价/元

法定代表人

（或委托代理人）：________签字

⑬ 投标人自行采购主要材料预算价格汇总表，见表 4-41。

表 4-41 投标人自行采购主要材料预算价格汇总表

合同编号：（投标项目合同号）

工程名称：（投标项目名称） 第 页、共 页

序号	材料名称	型号规格	计量单位	预算价/元	备注

法定代表人

（或委托代理人）：__________签字

⑭ 招标人提供施工机械台时（班）费汇总表，见表 4-42。

表 4-42 招标人提供施工机械台时（班）费汇总表

合同编号：（投标项目合同号）

工程名称：（投标项目名称） 第 页、共 页

单位：元/台时（班）

序号	机械名称	型号规格	招标人收取的折旧费	投标人应计算的费用									合计
				维修费	安拆费	人工	柴油	电				小计	

法定代表人

（或委托代理人）：__________签字

⑮ 投标人自备施工机械台时（班）费汇总表，见表 4-43。

表 4-43　投标人自备施工机械台时（班）费汇总表

合同编号：（投标项目合同号）

工程名称：（投标项目名称）　　　　　　　　　　　　第　页、共　页

单位：元/台时（班）

序号	机械名称	型号规格	一类费用				二类费用							合计
			折旧费	维修费	安拆费	小计	人工	柴油	电				小计	

法定代表人

（或委托代理人）：____________签字

⑯ 总价项目分类分项工程分解表，见表 4-44。

⑰ 工程单价计算表。

表 4-44　工程单价计算表

____________工程

单价编号：　　　　　　　　　　　　　　　　　　定额单位：

施工方法：						
序号	名称	型号规格	计量单位	数量	单价/元	合价/元
1	直接费					
1.1	人工费					
1.2	材料费					
1.3	机械使用费					
2	施工管理费					
3	企业利润					
4	税金					
	合计					
	单价					

法定代表人

（或委托代理人）：____________签字

（3）工程量清单报价表的填写应符合下列规定：

① 工程量清单报价表的内容应由投标人填写。

② 投标人不得随意增加、删除或涂改招标人提供的工程量清单中的任何内容。

③ 工程量清单报价表中所有要求盖章、签字的地方，必须由规定的单位和人员盖章、签字（其中法定代表人也可由其授权委托的代理人签字、盖章）。

④ 投标总价应按工程项目总价表合计金额填写。

⑤ 工程项目总价表填写。表中一级项目名称按招标人提供的招标项目工程量清单中的相应名称填写，并按分类分项工程量清单计价表中相应项目合计金额填写。

⑥ 分类分项工程量清单计价表填写。

a. 表中的序号、项目编码、项目名称、计量单位、工程数量、主要技术条款编码，按招标人提供的分类分项工程量清单中的相应内容填写。

b. 表中列明的所有需要填写的单价和合价，投标人均应填写；未填写的单价和合价，视为此项费用已包含在工程量清单的其他单价和合价中。

⑦ 措施项目清单计价表填写。表中的序号、项目名称，按招标人提供的措施项目清单中的相应内容填写，并填写相应措施项目的金额和合计金额。

⑧ 其他项目清单计价表填写。表中的序号、项目名称、金额，按招标人提供的其他项目清单中的相应内容填写。

⑨ 零星工作项目计价表填写。表中的序号、人工、材料、机械的名称、型号规格以及计量单位，按招标人提供的零星工作项目清单中的相应内容填写，并填写相应项目单价。

⑩ 辅助表格填写。

a. 工程单价汇总表，按工程单价计算表中的相应内容、价格（费率）填写。

b. 工程单价费（税）率汇总表，按工程单价计算表中的相应费（税）率填写。

c. 投标人生产电、风、水、砂石基础单价汇总表，按基础单价分析计算成果的相应内容、价格填写，并附相应基础单价的分析计算书。

d. 投标人生产混凝土配合比材料费表，按表中工程部位、混凝土和水泥强度等级、级配、水灰比、坍落度、相应材料用量和单价填写，填写的单价必须与工程单价计算表中采用的相应混凝土材料单价一致。

e. 招标人供应材料价格汇总表，按招标人供应的材料名称、型号规格、计量单位和供应价填写，并填写经分析计算后的相应材料预算价格，填写的预算价格必须与工程单价计算表中采用的相应材料预算价格一致。

f. 投标人自行采购主要材料预算价格汇总表，按表中的序号、材料名称、型号规格、计量单位和预算价填写，填写的预算价必须与工程单价计算表中采用的相应材料预算价格一致。

g. 招标人提供施工机械台时（班）费汇总表，按招标人提供的机械名称、型号规格和招标人收取的台时（班）折旧费填写；投标人填写的台时（班）费用合计金额必须与工程单价计算表中相应的施工机械台时（班）费单价一致。

h. 投标人自备施工机械台时（班）费汇总表，按表中的序号、机械名称、型号规格、一类费用和二类费用填写，填写的台时（班）费合计金额必须与工程单价计算表中相应的施工机械台时（班）费单价一致。

i. 工程单价计算表，按表中的施工方法、序号、名称、型号规格、计量单位、数量、单价、合价填写，填写的人工、材料和机械等基础价格，必须与基础材料单价汇总表、主要材料预算价格汇总表及施工机械台时（班）费汇总表中的单价相一致，填写的施工管理费、企业利润和税金等费（税）率必须与工程单价费（税）率汇总表中的费（税）率相一致。凡投标金额小于投标总报价万分之五及以下的工程项目，投标人可不编报工程单价计算表。

（4）总价项目一般不再分设分类分项工程项目，若招标人要求投标人填写总价项目分类分项工程分解表，其表式同分类分项工程量清单计价表。

（5）工程量清单计价格式应随招标文件发至投标人。

三、工程量计量与支付

（一）工程量计量

1. 完成工程量的计量

（1）承包人应按合同规定的计量办法，按月对已完成的质量合格的工程进行准确计量，并在每月末随同月付款申请单，按照《合同范本》中《工程量清单》的项目分项向监理人提交完成工程量月报表和有关计量资料。

每月月末承包人向监理人提交月付款申请单时，应同时提交完成工程量月报表，其计量周期可视具体工程和财务报表制度由监理人与承包人商定，一般可定在上月 26 日至本月 25 日。若工程项目较多，监理人与承包人协商后也可以先由承包人向监理人提交完成工程量月报表，经监理人核实同意后，返回承包人，再由承包人据此提交月付款申请单。

（2）监理人对承包人提交的工程量月报表进行复核，以确定当月完成的工程量，如有疑问，可以要求承包人派员与监理人共同复核，并可要求承包人按规定进行抽样复测，此时承包人应指派代表协助监理人进行复核并按监理人的要求提供补充的计量资料。

（3）若承包人未按监理人的要求派代表参加复核，则监理人复核修正的工程量应视为承包人实际完成的准确工程量。

（4）监理人认为有必要时，可要求与承包人联合进行测量计量，承包人应遵照执行。

（5）承包人完成了《合同范本》中《工程量清单》每个项目的全部工程量后，监理人应要求承包人派员共同对每个项目的历次计量报表进行汇总和通过测量核实该项目的最终结算工程量，并可要求承包人提供补充计量资料，以确定该项目最后一次进度付款的准确工程量。如承包人未按监理人的要求派员参加，则监理人最终核实的工程量应被视为该项目完成的准确工程量。

2. 工程量计量方法

1）说明

（1）所有工程项目的计量方法均应符合本技术条款各章的规定，承包人应自供一切计量设备和用具，并保证计量设备和用具符合国家度量衡标准的精度要求。

（2）凡超出施工图纸和本技术条款规定的计量范围以外的长度、面积或体积，均不予计量或计算。

（3）实物工程量的计量，应由承包人应用标准的计量设备进行称量或计算，并经监理人签认后，列入承包人的每月工程量报表。

2）质量计量的计算

（1）凡以质量计量的材料，应由承包人合格的称量人员使用经国家计量监督部门检验合格的称量器，在规定的地点进行称量。

（2）钢材的计量应按施工图纸所示的净值计量。钢筋应按监理人批准的钢筋下料表，以直径和长度计算，不计入钢筋损耗和架设定位的附加钢筋量；预应力钢绞线、预应力钢筋和预应力钢丝的工程量，按锚固长度与工作长度之和计算重量；钢板和型钢钢材按制成件的成型净尺寸和使用钢材规格的标准单位重量计算其工程量，不计其下料损耗量和施工安装等所需的附加钢材用量。施工附加量均不单独计量，而应包括在有关钢筋、钢材和预应力钢材等各自的单价中。

3. 面积计量的计算

结构面积的计算，应按施工图纸所示结构物尺寸线或监理人指示在现场实际量测的结构物净尺寸线进行计算。

4. 体积计量的计算

（1）结构物体积计量的计算，应按施工图纸所示轮廓线内的实际工程量或按监理人指示在现场量测的净尺寸线进行计算。经监理人批准，大体积混凝土中所设体积小于 0.1 m^3 的孔洞、排水管、预埋管和凹槽等工程量不予扣除，按施工图纸和指示要求对临时孔洞进行回填的工程量不重复计量。

（2）混凝土工程量的计量，应按监理人签认的已完工程的净尺寸计算；土石方填筑工程量的计量，应按完工验收时实测的工程量进行最终计量。

5. 长度计量的计算

所有以延米计量的结构物，除施工图纸另有规定，应按平行于结构物位置的纵向轴线或基础方向的长度计算。

（二）预付款

1. 工程预付款

（1）工程预付款是发包人为了帮助承包人解决资金周转困难的一种无息贷款，主要供承包人为添置本合同工程施工设备以及承包人需要预先垫支的部分费用。按合同规定，工程预付款需在以后的进度付款中扣还。

（2）工程预付款的总金额应不低于合同价格的 10%，分两次支付给承包人。第一次预付款的金额应不低于工程预付款总金额的 40%，工程预付款总金额的额度和分次付款比例在专用合同条款中规定，工程预付款专用于《合同范本》工程。

（3）第一次预付款在协议书签订后 21 天内，由承包人向发包人提交了经发包人认可的工程预付款保函，并经监理人出具付款证书报送发包人批准后予以支付。工程预付款保函在预付款被发包人扣回前一直有效，担保金额为本次预付款金额，但可根据以后预付款扣回的金额相应递减。

（4）第二次预付款需待承包人主要设备进入工地后，其估算价值已达到本次预付款金额时，由承包人提出书面申请，经监理人核实后出具付款证书报送发包人，发包人收到监理人出具的付款证书后 14 天内支付给承包人。

（5）工程预付款由发包人从月进度付款中扣回。在合同累计完成金额达到专用合同条款规定的数额时开始扣款，直至合同累计完成金额达到专用合同条款规定的数额时全部扣清。在每次进度付款时，累计扣回的金额按公式（4-4）计算：

$$R=\frac{A}{(F_2-F_1)S}(C-F_1S) \tag{4-4}$$

式中 R——每次进度付款中累计扣回的金额；

A——工程预付款总金额；

S——合同价格；

C——合同累计完成金额；

F_1——按专用合同条款规定开始扣款时合同累计完成金额达到合同价格的比例；

F_2——按专用合同条款规定全部扣清时合同累计完成金额达到合同价格的比例。

2. 工程材料预付款

（1）专用合同条款中规定的工程主要材料到达工地并满足一下条件后，承包人可向监理人提交材料预付款支付申请单，要求给予材料预付款。

① 材料的质量和储存条件符合《合同范本》中《技术条款》的要求。

② 材料已到达工地，并经承包人和监理人共同验点入库。

③ 承包人应按监理人的要求提交了材料的订货单、收据或价格证明文件。

（2）预付款金额为经监理人审核后的实际材料价的 90%，在月进度付款中支付。

（3）预付款从付款月后的 6 个月内在月进度付款中每月按该预付款金额的 1/6 平均扣还。

上述材料不宜大宗采购后在工地仓库存放过久，应尽快用于工程，以免材料变质和锈蚀。由于形成工程后，承包人即可从发包人处得到工程付款，故本款按材料使用的大致周期规定该预付款从付款月后 6 个月内扣清。

如若工程合同中包含有价值较高、由承包人负责采购的工程设备时，发包人还应支付工程设备预付款，此时，应在专用合同条款中另做补充规定。

（三）工程进度付款

1. 月进度付款申请单

承包人应在每月末按监理人规定的格式提交月进度付款申请单（一式四份），并附有规定的完成工程量月报表。该申请单应包括以下内容：

（1）已完成的《工程量清单》中的工程项目及其项目的应付金额。

（2）经监理人签认的当月计日工支付凭证标明的应付金额。

（3）按规定的工程材料预付款金额。

（4）根据规定的价格调整金额。

（5）根据合同规定承包人应用权得到的其他金额。

（6）扣除按规定应由发包人扣还的工程预付款和工程材料预付款金额。

（7）扣除按规定应由发包人扣留的保留金金额。

（8）扣除按合同规定应由承包人付给发包人的其他金额。

大中型水利水电工程的主体工程施工工期较长，为了使承包人能及时得到工程价款，解决其资金周转的困难，一般均采用按月结算支付工程价款的办法。结合月进度付款对工程进度和质量进行定期检查和控制是监理人监理工程实施的一项有效措施。

上述第（5）和（8）项所指的其他金额指的是包括变更及以往付款中的差错和质量复查不合格的等原因引起的工程价款调整。

2. 月进度付款证书

监理人收到承包人提交的月进度付款申请单和完成工程量月报表后，对承包人完成的工程形象、项目、质量、数量以及各项价款的计算进行核查，若有疑问时，可要求承包人派员与监理人共同复核，最后应按监理人的核查结果出具付款证书，提出应到期支付给承包人的金额。

3. 工程进度付款的修正和更改

监理人有权通过对以往历次已签证的月进度付款证书的汇总和复核中发现的错、漏或重复进行修正或更改；承包人也有权提出此类修正或更改。经双方复核同意的此类修正过更改，应列入月进度付款证书予以支付或扣除。

4. 支付时间

发包人收到监理人签证的月进度证书并审批后支付给承包人，支付时间不应超过监理人收到月进度付款申请单后 28 天。若不按期支付，则应从逾期第一天起按专用合同条款中规定的逾期付款违约金付给承包人。

5. 总价承包项目的支付

承包人应在签订协议书后的 28 天内将总价承包项目的分解表提交监理人审批，批准后的分解表作为合同支付依据。该分解表列出了总价承包项目的所属子项和分阶段需支付的金额。发包人将根据实际完成情况与其他项目一起在月进度付款中分次支付，是承包人能及时得到工程价款。

（四）保留金

保留金主要用于承包人履行属于其自身责任的工程缺陷修补，为监理人有效监督承包人圆满完成缺陷修补工作提供资金保证。保留金总额一般可为合同价格的 2.5% ~ 5%，从第一个月开始在给承包人的月进度付款中（不包括预付款和价格调整金额）扣留 5% ~ 10%，直至扣款总额达到规定的保留金总额为止。

（1）监理人应从第一个月开始，在给承包人的月进度付款中扣留按专用合同规定百分比的金额作为保留金（其计算额度不包括预付款和价格调整金额），直至扣留的保留金总额达到专用合同条款规定的数额为止。

（2）在签发本合同工程移交证书后14天内，由监理人出具保留金付款证书，发包人将保留金总额的一半支付给承包人。

（3）在单位工程验收并签发移交证书后，将其相应的保留金总额的一半在月进度付款中支付给承包人。

（4）监理人在本合同全部工程的保修期满时，出具为支付剩余保留金的付款证书。发包人应在收到上述付款证书后14天内将剩余的保留金支付给承包人。若保修期满时尚需承包人完成剩余工作，则监理人有权在付款证书中扣留与剩余工作所需金额相应的保留金余额。

（五）完工结算

工程完工后应清理支付账目，包括已完工程尚未支付的价款、保留金的清退以及其他按合同规定需结算的账目。

1. 完工付款申请单

在本合同工程移交证书颁发后的28天内，承包人应按监理人批准的格式提交一份完工付款申请书（一式4份），并附有下面内容的详细证明文件。

（1）至移交证书注明的完工日期为止，根据合同所累计完成的全部工程价款金额。

（2）承包人认为根据合同应支付给它的追加金额和其他金额。

2. 完工付款证书及支付时间

监理人应在收到承包人提交的完工付款申请单后的28天内完成复核，并与承包人协商修改后，在完工付款申请单上签字和出具完工付款证书报送发包人审批。发包人应在收到上述完工付款证书后的42天内审批后支付给承包人。若发包人不按期支付，则应按规定的相同办法将逾期付款违约金加付给承包人。

（六）最终结清

1. 最终付款申请单

（1）承包人在收到按规定颁发的保修责任终止证书后的28天内，按监理人批准的格式向监理人提交一份最终付款申请书（一式四份），该申请书应包括以下内容，并附有有关的证明文件。

① 按合同规定已经完成的全部工程价款金额。

② 按合同规定应付给承包人的追加金额。

③ 承包人认为应付的其他金额。

（2）若监理人对最终付款申请单中的某些内容有异议，有权要求承包人进行修改和提供充分资料，直至监理人同意后，由承包人再次提交经修改后的最终付款申请单。

2. 结清单

承包人向监理人提交最终付款申请单的同时，应向发包人提交一份结清单，并将结清单的副本提交监理人。该结清单应证实最终付款申请单的总金额是根据合同规定应付给承包人的全部款项的最终结算金额。但结清单只在承包人收到退还履约担保证件和发包人已向承包人付清监理人出具的最终付款证书中应付的金额后才生效。

3. 最终付款证书和支付时间

监理人收到经其同意的最终付款申请单和结清单副本后的 14 天内，出具一份最终付款证书报送发包人审批。最终付款证书应说明：

（1）按合同规定和其他情况应最终支付给承包人的合同总金额。

（2）发包人已支付的所有金额以及发包人有权得到的全部金额。

发包人审查最终付款证书后，若确认还应向承包人付款，则应在收到该证书后的 42 天内支付给承包人。若确认承包人应向发包人付款，则发包人应通知承包人，承包人应在收到通知后的 42 天内付还给发包人。不论是发包人或承包人，若不按期支付，均应按规定的办法将逾期付款违约金加付给对方。

若发包人和承包人未能就最终付款取得一致意见，且在短期内难以解决，监理人应将双方已同意的部分出具临时付款证书报送发包人审批后支付。对于未取得一致的付款内容，合同双方仍可继续进行协商，也可提交争议调解组调解解决。发包人不能因双方尚有不一致的付款内容而搁置已取得同意部分的支付。若应由承包人向发包人付款，承包人也应将已取得同意的部分付还发包人。

第五章 土石方开挖工程计价

【学习目标】

1. 熟悉土方和石方开挖工程的分类和单价构成，计量与支付。

2. 掌握土方和石方开挖工程的设置及工程量计算规则，定额工程量计算中概预算定额应用及两者的区别。

3. 掌握土方和石方开挖工程单价编制及应注意的问题。

水利水电工程建设中，因工程建设规模较民建大，涉及土石方开挖工程的施工项目数量非常多，如：建筑物基础、边坡、渠道和洞井的开挖，土料经人工或机械开挖、运输、碾压等工序可筑成堤坝、挡土墙、围堰等水工建筑物，特别是大型工程中的土石坝工程、堤防工程、灌溉渠道工程土方开挖、填筑工程量更大，因此根据具体情况合理计算、确定土方工程单价更具有十分重要的意义。

土石方工程包括土石方开挖工程和土石方填筑工程；其中，土石方开挖工程可进一步分为土方开挖工程和石方开挖工程。本章首先介绍土方开挖工程和石方开挖工程计价的相关知识。

第一节 土方开挖工程计价

一、土方开挖工程概述

土方开挖工程按施工方法可分为人力施工和机械施工两种，由于机械施工效率高且成本低，故绝大多数采用机械施工，人力施工因效率低且成本高，只有工作面狭窄或施工机械进入困难的部位才采用，如小断面沟槽开挖、陡坡上的小型土方开挖等。

编制土方开挖工程单价应考虑的有关因素：土方开挖一般为明挖，主要由开挖和运输两大主要工序组成。土方开挖、运输单价一般合并为综合单价计算，也可以分别计算再相加。若只有开挖后就近堆放，则只计算开挖费用即可，具体情况要具体分析。

（一）土方开挖

土方开挖工效与土类级别、运输距离、开挖深度、施工条件等有关。土方的开挖单价包括挖松、就近堆放、修正断面等工序的费用。

影响土方开挖工序的主要因素如下：

（1）土的级别。土石方开挖工程应按照不同土壤、岩石类别分项列示。土壤、岩石的分类应根据地质专业提供的资料确定相应的土石方级别。岩石级别的划分，地质部门按 12 类划分；但概预算定额中，除冻土外，土质级别及岩石级别均按土石 16 类分级法划分，其中前四级划分土质类别，见表 5-7，土质类别越高，开挖深度越深，开挖断面越窄，运输距离越大，开挖难度越大，工效越低，单价相应越高；后 12 级划分岩石类别见表 5-9。

（2）设计要求的开挖形状。设计有形状要求的沟、渠、坑等都会影响工效，尤其断面越小，深度越深时，机械开挖效率越低。因此定额往往按沟、渠、坑等分节，各节再分别按其宽度、面积等划分子目。

（3）施工条件。不良施工条件，如水下开挖、冰冻都将严重影响开挖的工效。

（二）土方运输

土方运输方式有人工挑（抬）运输、胶轮车运输和机械运输。土方的运输单价包括集料、装土、运土、卸土、卸土场整理等工序的费用。影响土方运输的主要因素如下：

（1）运土距离。运土的距离越长，所需的时间也越长，但在一定的起始范围内，不是直线的反比关系，而是对数的曲线关系。

（2）土的级别。从运输角度看，土的级别越高，其密度（t/m^3）也越大，由于土石方都习惯采用体积作为单位，所以土的级别越高，运输每立方米的产量越低。

（3）施工条件。装卸车的条件、路况（交通条件）、卸土场（堆方形式、弃料场的容量）的条件等都影响运土的工效。

另外，还要考虑土方挖装机械的影响，土方挖装常用机械有：单斗挖掘机、装载机、推土机、铲运机、自卸汽车、铁路机车、带式输送机、拖拉机和卷扬机等，在使用时应根据施工组织设计并考虑经济性后合理选择。

综上所述，土方开挖的定额大多按上述的参数来划分节和子目，因此，相关参数的正确确定和定额的合理使用是土方开挖工程单价编制的关键。

（三）土方开挖工程单价编制步骤

（1）根据设计资料，明确土方开挖种类。现行定额按开挖形状分为一般土方、渠道土方、沟槽土方、平洞土方、柱坑土方开挖等。

（2）明确运输距离。根据土料场、弃渣场的规划及施工道路布置情况，确定运输距离，也就是根据施工组织设计所确定的料场规划（包括料场位置、场内道路布置、至开挖区和填筑区的距离等条件）计算加权后的综合平均运距。

（3）根据地质资料明确土的级别。

（4）明确土方开挖的施工方法。要根据设计开挖断面形状、尺寸、地形条件、设计开挖强度等因素确定采用人力挖运还是机械挖运，并选定土方挖运机械及其容量（选择既能满足施工强度要求，又能达到费用最省，这是一个关于方案比选的问题，需要我们造价专业的人员根据方案结合具体情况分析对比后确定）。

（5）根据以上参数，选定相应定额，对与定额内容不相符的部分进行调整，最后根据有关基础资料，编制工程单价。

（四）编制土方开挖工程单价应注意的问题

（1）土方开挖工程定额中使用最多的是大型施工机械定额，使用定额时，首先要认真阅读总说明、章说明及各节定额的工作内容及适用范围。只有理解定额、熟悉定额，才能正确使用定额。

（2）土方开挖工程定额计量单位，除注明者外，均按自然方计算。自然方是指未经扰动的自然状态的土方；松方是指自然方经人工或机械开挖而松动过的土方。

（3）挖掘机、轮斗挖掘机或装载机挖土（含渠道土方）汽车运输各节已包括卸料场配备的推土机定额在内。

（4）挖掘机、装载机挖土定额是按挖装自然方拟定的，如挖装松土时，人工及挖装机械乘 0.85 调整系数。

（5）推土机的推土距离和铲运机的铲运距离，是指取土中心至卸土中心的平均距离。推土机推土定额系按推自然方拟定的，如推松土时，定额乘 0.80 调整系数。

（6）平洞、斜井土方开挖定额中的通风机台时量，是按一个工作面长度 200 m 以内考虑，如超过 200 m，应按定额乘调整系数（用插入法计算）进行调整。

二、项目设置及工程量计算规则

土方开挖工程项目的设置必须与概预算定额子目划分相适应。

土方开挖工程共设置有 10 个项目：场地平整，一般土方开挖，渠道土方开挖，沟、槽土方开挖，坑土方开挖，砂砾石开挖，平洞土方开挖，斜洞土方开挖，竖井土方开挖，其他土方开挖工程。

土方开挖工程工程量清单的项目编码、项目名称、计量单位、工程量计算规则及主要工作内容，应按表 5-1 的规定执行。

表 5-1　土方开挖工程（编码 500101）

<table>
<tr><th>项目编码</th><th>项目名称</th><th>项目主要特征</th><th>计量单位</th><th>工程量计算规则</th><th>主要工作内容</th><th>一般适用范围</th></tr>
<tr><td>500101001×××</td><td>场地平整</td><td>1.土类分级
2.土量平衡
3.运距</td><td>m^2</td><td>按招标设计图示场地平整面积计量</td><td>1.测量放线标点
2.清除植被及废弃物处理
3.推、挖、填、压、找平
4.弃土（取土）装、运、卸</td><td>挖（填）平均厚度在 0.5 m 以内</td></tr>
<tr><td>500101002×××</td><td>一般土方开挖</td><td>1.土类分级
2.开挖厚度
3.运距</td><td rowspan="3">m^3</td><td rowspan="3">按招标设计图示尺寸计算的有效自然方体积计量</td><td rowspan="3">1.测量放线标点
2.处理渗水、积水
3.支撑挡土板
4.挖、装、运、卸
5.弃土场平整</td><td>除渠道、沟、槽、坑土方开挖以外的一般性土方明挖</td></tr>
<tr><td>500101003×××</td><td>渠道土方开挖</td><td rowspan="2">1.土类分级
2.断面形式及尺寸
3.运距</td><td>底宽＞3 m、长度＞3 倍宽度的土方明挖</td></tr>
<tr><td>500101004×××</td><td>沟、槽土方开挖</td><td>底宽≤3 m、长度＞3 倍宽度的土方明挖</td></tr>
</table>

续表

项目编码	项目名称	项目主要特征	计量单位	工程量计算规则	主要工作内容	一般适用范围
500101005×××	坑土方开挖					底宽≤3 m、长度≤3 倍宽度、深度小于等于上口短边或直径的土方明挖
500101006×××	砂砾石开挖	1.土类分级 2.土石分界线 3.开挖厚度 4.运距	m^3		1.测量放线标点，校验土石分界线 2.挖、装、运、卸 3.弃土场平整	岩层上部的风化砂土层或砂卵石层明挖
500101007×××	平洞土方开挖	1.土类分级 2.断面形式及尺寸 3.洞（井）长度 4.运距			1.测量放线标点 2.处理渗水、积水 3.通风、照明 4.挖、装、运、卸 5.安全处理 6.弃土场平整	水平夹角≤6°的土方洞挖
500101008×××	斜洞土方开挖					水平夹角 6°～75°的土方洞挖
500101009×××	竖井土方开挖					水平夹角>75°、深度大于上口短边或直径的土方井挖
500101010×××	其他土方开挖工程					

注：表中项目编码以×××表示的十至十二位由编制人自 001 起顺序编码，如坝基覆盖层一般土方开挖为 500101002001、溢洪道覆盖层一般土方开挖为 500101002002、进水口覆盖层一般土方开挖为 500101002003 等等，依此类推。

其他相关问题应按下列规定处理：

（1）土方开挖工程的土类分级，按表 5-7 确定。

（2）土方开挖工程工程量清单项目的工程量计算规则。按招标设计图示轮廓尺寸范围以内的有效自然方体积计量。施工过程中增加的超挖量和施工附加量所发生的费用，应摊入有效工程量的工程单价中。

（3）夹有孤石的土方开挖，大于 0.7 m^3 的孤石按石方开挖计量。

（4）土方开挖工程均包括弃土运输的工作内容，开挖与运输不在同一标段的工程，应分别选取开挖与运输的工作内容计量。

三、计量与支付

（1）土方明挖的计量和支付应按不同工程项目以及施工图纸所示的不同区域和不同高程分别列项，以立方米（m^3）为单位计量，并按《工程量清单》中各相应项目的每立方米单价进行计量和支付。

（2）植被清理工作内容，其所需的全部清理费用应分摊在《工程量清单》相应的土方明挖项目的每立方米单价中，不再单独进行计量和支付。

（3）土方明挖的单价应包括土方的开挖、装卸、运输及其表土开挖、植被清理、边坡整治、基础和边坡面的检查和验收以及地面平整等全部费用。

（4）土方明挖开始前，承包人应按监理人指示测量开挖区的地形和计量剖面，报监理人复核，并应按施工图纸或监理人批准的开挖线进行工程量的计量。承包人所有计量测量成果都必须经监理人签认。超出支付线的任何超挖工程量的费用均应包括在《工程量清单》所列工程量的每立方米单价中，发包人不再另行支付。

（5）在施工前或在开挖过程中，监理人对施工图纸作出的修改，其相应的工程量应按监理人签发的设计修改图进行计算，属于变更范畴的应按《合同范本》中《通用合同条款》第三十九条规定办理。

（6）除施工图纸中标明或监理人指定作为永久性排水工程的设施外，一切为土方明挖所需的临时性排水费用（包括排水设备的采购、安装、运行和维修等），均应包括在《工程量清单》各土方明挖项目的单价中。

（7）除合同另有规定外，承包人对土料场或砂砾料场进行复核和复勘的费用以及取样试验的所需费用，均已包括在《工程量清单》各开挖项目的每立方米单价中。

（8）除合同另有规定外，开采土料或砂砾料场，而使用开采设施和设备的全部人工和使用设备的费用包括取土、含水量调整、弃土处理、土料运输和堆放等，均应包含在土石方填筑工程和混凝土工程相应项目的每立方米单价中。

（9）除合同另有规定外，料场开采结束后，承包人根据合同规定进行的开采区清理的费用，已包括在《工程量清单》所列项目的每平方米（或立方米）单价中。

四、定额工程量计算

（一）概算定额的应用

土方开挖工程概算定额包括土方开挖和运输定额，共计 52 节，905 个子目。

土方开挖工程概算定额的一般规定如下：

（1）土方定额的计量单位，除注明外，均按自然方计算。

（2）土方定额的名称：

自然方：指未经扰动的自然状态的土方。

松方：指自然方经人工或机械开挖而松动过的土方。

实方：指填筑（回填）并经过压实后的成品方。

（3）土类级别划分，除冻土外，均按土石十六级分类法的前四级划分土类级别。

（4）土方开挖工程，除定额规定的工作内容外，还包括挖小排水沟、修坡、清除场地草皮杂物、交通指挥、安全设施及取土场和卸土场的小路修筑与维护等所需的人工和费用。

（5）一般土方开挖定额，适用于一般明挖土方工程和上口宽超过 16 m 的渠道及上口面积大于 80 m^2 柱坑土方工程。

（6）渠道土方开挖定额，适用于上口宽小于或等于 16 m 的梯形断面、长条形、底边需要修整的渠道土方工程。

（7）沟槽土方开挖定额，适用于上口宽小于或等于 8 m 的矩形断面或边坡陡于 1∶0.5 的梯形断面，长度大于宽度 3 倍的长条形，只修底不修边坡的土方工程，如截水墙、齿墙等各类墙基和电缆沟等。

（8）柱坑土方开挖定额，适用于上口面积小于或等于 80 m^2、长度小于宽度 3 倍、深度小于上口短边长度或直径、四侧垂直或边坡陡于 1∶0.5、不修边坡只修底的坑挖工程，如集水坑、柱坑、机座等工程。

（9）平洞土方开挖定额，适用于水平夹角小于或等于 6°，断面积大于 2.5 m^2 的各型隧洞洞挖工程。

（10）斜井土方开挖定额，适用于水平夹角为 6°至 75°，断面积大于 2.5 m^2 的洞挖工程。

（11）竖井土方开挖定额，适用于水平夹角大于 75°，断面积大于 2.5 m^2，深度大于上口短边长度或直径的洞挖工程，如抽水井、闸门井、交通井、通风井等。

（12）砂砾（卵）石开挖和运输，按Ⅳ类土定额计算，见表 5-1。

（13）管道沟土方开挖，若采用《水利建筑工程概算定额》第一部分第 39、40、41 节定额，不需要修边修底时，每 100 m^3 减少下列工时：

Ⅰ ~ Ⅱ类土：13.1 工时；Ⅲ类土：14.4 工时；Ⅳ类土：15.7 工时。

（14）（推土机的推土距离和铲运机的铲运距离是指取土中心至卸土中心的平均距离。推土机推松土时，定额乘以 0.8 的系数。

（15）挖掘机、轮斗挖掘机或装载机挖装土料（含渠道土方）汽车运输各节已包括卸料场配备的推土机定额在内。

（16）挖掘机、装载机挖装土料自卸汽车运输定额，系指挖装自然方拟定，如挖装松土时，其中人工及挖装机械乘 0.85 系数。

（17）土方洞挖定额中《水利建筑工程概算定额》第 6、7 节及第 22 节至 24 节定额中轴流通风机台时数量，是按一个工作面长 200 m 拟定的，如超过 200 m，定额乘表 5-2 系数。

表 5-2　定额系数

隧洞工作面长/m	调整系数	隧洞工作面长/m	调整系数
200	1.00	700	2.28
300	1.33	800	2.50
400	1.50	900	2.78
500	1.80	1000	3.00
600	2.00		

（二）预算定额的应用

土方开挖工程预算定额包含在《水利建筑工程预算定额》第一章土方工程中，土方工程定额包括土方开挖、运输、压实等定额，共计 49 节、477 个子目，适用于水利建筑工程的土方工程。

土方开挖工程预算定额的一般规定如下：

（1）沟槽土方开挖定额，适用于上口宽小于或等于 4 m 的矩形断面或边坡陡于 1∶0.5 的梯形断面，长度大于宽度 3 倍的长条形，只修底不修边坡的土方工程，如截水墙、齿墙等各类墙基和电缆沟等。

（2）采用《水利建筑工程预算定额》——39、40、41 节定额，不需要修边修底时，每 100 m^3 减少人工 14 工时。

（3）挖掘机、轮半挖掘机或装载机挖装土（含渠道土方）自卸汽车运输各节，适用于Ⅲ

类土。Ⅰ、Ⅱ类土和Ⅳ类土按表 5-3 所列系数进行调整。

表 5-3 Ⅰ、Ⅱ、Ⅲ和Ⅳ类土调整系数

项目	人工	机械
Ⅰ、Ⅱ类土	0.91	0.91
Ⅲ类土	1	1
Ⅳ类土	1.09	1.09

（4）人工装土，机动翻斗车、手扶拖拉机、中型拖拉机、自卸汽车、载重汽车运输各节若要考虑挖土，挖土按表 5-4 计算。

表 5-4 人工挖一般土方

适用范围：一般土方开挖　　（单位：100 m^3）　　工作内容：挖松、就近堆放

项目	单位	土类级别		
		Ⅰ～Ⅱ类	Ⅲ	Ⅳ
工长	工时	0.8	1.6	2.7
高级工	工时			
中级工	工时			
初级工	工时	41.2	80.3	134.5
合计	工时	42.0	81.9	137.2
零星材料费	%	5	5	5
编号		10001	10002	10003

（5）压实定额适用于水利筑坝工程和堤、堰填筑工程。压实定额均按压实成品方计。根据技术要求和施工必须增加的损耗，在计算压实工程的备料量和运输量时，按下式计算：

每 100 压实成品方需要的自然放量=（100+A）×（设计干密度/天然干密度）　　（5-1）

综合系数 A，包括开挖、上坝运输、雨后清理、边坡削坡、接缝削坡、施工深陷、取土坑、试验坑和不可避免的压坏等损耗因素。根据不同的施工方法和坝料按表 5-5 选取 A 值，使用时不再调整。

表 5-5 综合系数 A 值损耗因素

项　目	A/%
机械填筑混合坝坝体土料	5.86
机械填筑均质坝坝体土料	4.93
机械填筑心（斜）墙土料	5.70
人工填筑坝体土料	3.43
人工填筑心（斜）墙土料	3.43
坝体砂砾料、反滤料	2.20
坝体堆石料	1.40

（6）其他参考——概算定额土方开挖工程中的 1～6、8～12、14～17 条。

（三）定额工程量计算常用数据

（1）土石方松实系数换算可参考表 5-6。

表 5-6　土石方松实系数换算表

项目	自然方	松方	实方	码方
土方	1	1.33	0.85	
石方	1	1.53	1.31	
砂方	1	1.07	0.94	
混合料	1	1.19	0.88	
块石	1	1.75	1.43	1.67

注：① 松实系数是指土石料体积的比例关系，供一般土石方工程换算时参考；
② 块石实方指堆石坝坝体方，块石松方即块石堆方。

（2）一般工程土类分级表见表 5-7。

表 5-7　一般工程土类分级表

土质级别	土质名称	自然湿容重（kN/m³）	外形特征	开挖方法
Ⅰ	1.砂土 2.种植土	16.19～17.17	疏松，黏着力差或易透水，略有黏性	用锹或略加脚踩开挖
Ⅱ	1.壤土 2.淤泥 3.含壤种植土	17.17～18.15	开挖时能成块，并易打碎	用锹需用脚踩开挖
Ⅲ	1.黏土 2.干燥黄土 3.干淤泥 4.含少量砾石黏土	17.66～19.13	黏手，看不见砂粒或干硬	用锹需用力加脚踩开挖
Ⅳ	1.坚硬黏土 2.砾质黏土 3.含卵石黏土	18.64～20.60	土壤结构坚硬，将土分裂后成块状或含黏粒砾石较多	用镐、三齿耙撬挖

（3）岩石十二类分级与十六类分级对照见表 5-8。

表 5-8　岩石十二类分级与十六类分级对照表

十二类分级			十六类分级		
岩石级别	可钻性/（m/h）	一次提钻长度/m	岩石级别	可钻性/（m/h）	一次提钻长度/m
Ⅳ	1.6	1.7	Ⅴ	1.6	1.7
Ⅴ	1.15	1.5	Ⅵ Ⅵ	1.2 1.0	1.5 1.4
Ⅵ	0.82	1.3	VIII	0.85	1.3
Ⅶ	0.57	1.1	Ⅸ Ⅹ	0.72 0.55	1.2 1.1
VIII	0.38	0.85	Ⅺ	0.38	0.85
Ⅸ	0.25	0.65	Ⅻ	0.25	0.65
Ⅹ	0.15	0.5	VIII ⅩⅣ	0.18 0.13	0.55 0.40
Ⅻ	0.09	0.32	ⅩⅤ	0.09	0.32
	0.045	0.16	ⅩⅥ	0.045	0.16

（4）岩石类别分级见表表 5-9。

表 5-9　岩石类别分级表

岩石级别	岩石名称	实体岩石自然湿度时的平均容重（kN/m^3）	净钻时间/（min/m）用直径 30 mm 合金钻头，凿岩机打眼（工作气压为 0.46 MPa）	极限抗压强度/MPa	坚固系数 f
V	1.砂藻土及软的白垩岩	14.72	≤3.5（淬火钻头）	≤19.61	1.5～2
	2.硬的石炭纪黏土	19.13			
	3.胶结不紧的砾岩	18.64～21.58			
	4.各种不坚实的页岩	19.62			
Ⅵ	1.软的有孔隙的节理多的石灰岩及贝壳石灰岩	21.58	4（3.5～4.5）（淬火钻头）	19.61～39.23	2～4
	2.密实的白垩岩	25.51			
	3.中等坚实的页岩	26.49			
	4.中等坚实的泥灰岩	22.56			
Ⅶ	1.水成岩卵石经石灰质胶结而成的砾岩	21.58	6（4.5～7）（淬火钻头）	39.23～58.84	4～6
	2.风化的节理多的黏土质砂岩	21.58			
	3.坚硬的泥质页岩	27.47			
	4.坚实的泥灰岩	24.53			
Ⅷ	1.角砾状花岗岩	22.56	6.8（5.7～7.7）	58.84～78.46	6～8
	2.泥灰质石灰岩	22.56			
	3. 黏土质砂岩	21.58			
	4.云母页岩及砂质岩石	22.56			
	5.硬石膏	28.45			
Ⅸ	1.软的风化较甚的花岗岩、片麻岩及正长岩	24.53	8.5（7.8～9.2）	78.46～98.07	8～10
	2.滑石质的蛇纹岩	23.54			
	3.密实的石灰岩	24.53			
	4.水成岩卵石经硅质胶结的砾岩	24.53			
	5.砂岩	24.53			
	6.砂质石灰质的页岩	24.53			
Ⅹ	1.白云岩	26.49	10（9.3～10.8）	98.07～117.68	10～12
	2.坚实的石灰岩	26.49			
	3.大理石	26.49			
	4.石灰质胶结的质密的砂岩	25.51			
	5.坚硬的砂质页岩	25.51			

续表

岩石级别	岩石名称	实体岩石自然湿度时的平均容重（kN/m³）	净钻时间/（min/m）用直径 30 mm 合金钻头，凿岩机打眼（工作气压为 0.46 MPa）	极限抗压强度/MPa	坚固系数 f
XI	1.粗粒花岗岩	27.47	11.2（10.9～11.5）	117.68～137.30	12～14
	2.特别坚实的白云岩	28.45			
	3.蛇纹岩	25.51			
	4.火成岩卵石经石灰质胶结的砾岩	27.47			
	5.石灰质胶结的坚实的砂岩	26.49			
	6.粗粒正长岩	26.49			
XII	1.有风化痕迹的安山岩及玄武岩	26.49	12.2（11.6～13.3）	137.30～156.91	14～16
	2.片麻岩、粗面岩	25.51			
	3.特别坚实的石灰岩	28.45			
	4.火成岩卵石经硅质胶结的砾岩	25.51			
XIII	1.中粒花岗岩	30.41	14.1（13.1～14.8）	156.91～176.53	16～18
	2.坚实的片麻岩	27.47			
	3.辉绿岩	26.49			
	4.玢岩	24.53			
	5.坚实的粗面岩	27.47			
	6.中粒正长岩	27.47			
XIV	1.特别坚实的细粒花岗岩	32.37	15.5（14.9～18.2）	176.53～196.14	18～20
	2.花岗片麻岩	28.45			
	3.闪长岩	28.45			
	4.最坚实的石灰岩	30.41			
	5.坚实的玢岩	26.49			
XV	1.安山岩、玄武岩、坚实的角闪岩	30.41	20（18.3～24）	196.14～245.18	20～25
	2.最坚实的辉绿岩及闪长岩	28.45			
	3.坚实的辉长岩及石灰岩	27.47			
XVI	1.钙钠长石质橄榄石质玄武岩	32.37	＞24	＞245.18	＞25
	2.特别坚实的辉长岩、辉绿岩、石英岩及玢岩	29.43			

（5）大型土（石）方工程工程量横截面计算法。横截面计算方法适用于地形起伏变化较大或形状狭长地带。

其方法是：首先根据地形图和总平面图，将要计算的场地划分成若干个横截面，相邻两个横截面的距离视地形变化而定。在地形起伏变化大的地段，布置密一些（即距离短一些），反之则可适当长一些。如线路断面在平坦地区，可取 50 m 一个，山坡地区可取 20 m 一个，遇到变化大的地段再加测断面，然后实测每个断面特征点的标高，量出各点之间的距离（如果测区已有比较精确的大比例尺地形图，也可在图上设置横断面，用比例尺直接量取距离，按等高线求高程，方法简捷，就其精度来说，没有实测的高）。按比例尺把每个横截面绘制到厘米方格纸上，并套上相应的设计断面，则自然地面和设计地面两轮廓线之间的部分，就是需要计算施工的部分。

具体计算步骤如下：

① 划分横截面：根据地形图（或直接测量）及竖向布置图，将要计算的场地划分为横截面 $A—A'$，$B—B'$，$C—C'$，…，或划分为垂直等高线，或垂直主要建筑物的边长；横截面之间的间距可不等，地形变化复杂的间距宜小，反之宜大一些，但最大不宜大于 100 m。

② 画截面图形：按比例绘制每个横截面的自然地面和设计地面的轮廓线。设计地面与自然地面轮廓线之间的部分，即为填方和挖方的截面。

③ 计算截面面积：按表 5-10 的面积计算公式，计算每个截面的填方和挖方的横截面积。

表 5-10 常用横截面计算公式

序号	图示	面积计算公式
1	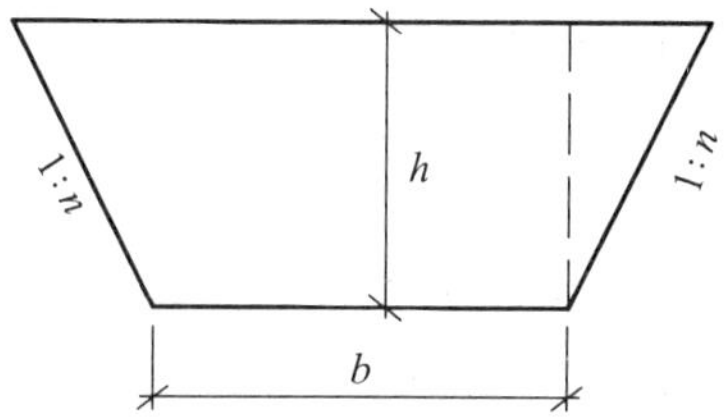	$F = h(b+nh)$
2	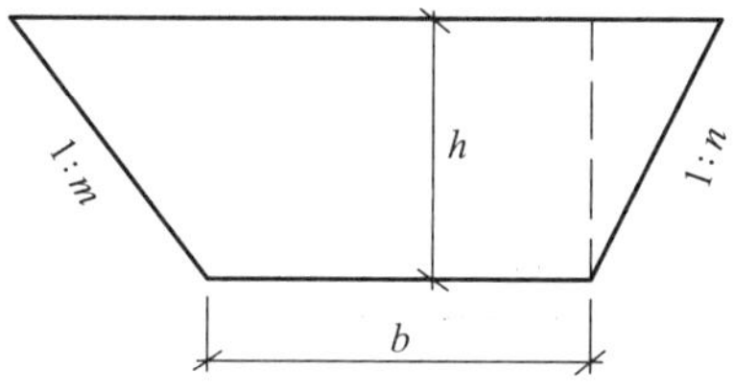	$F = h[b+\frac{(m+n)h}{2}]$
3	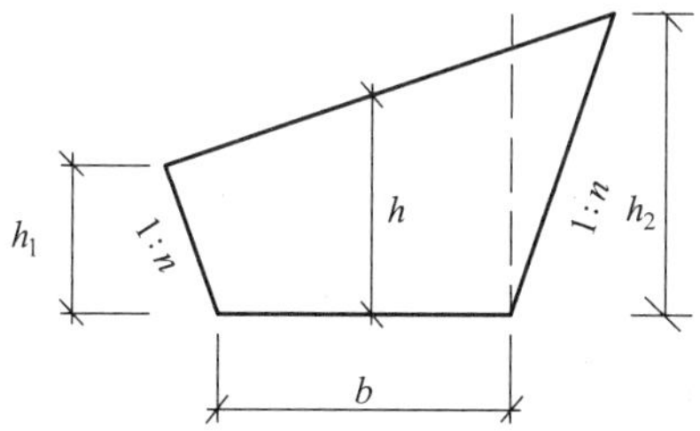	$F = b\frac{h_1+h_2}{2}+nh_1h_2$
4	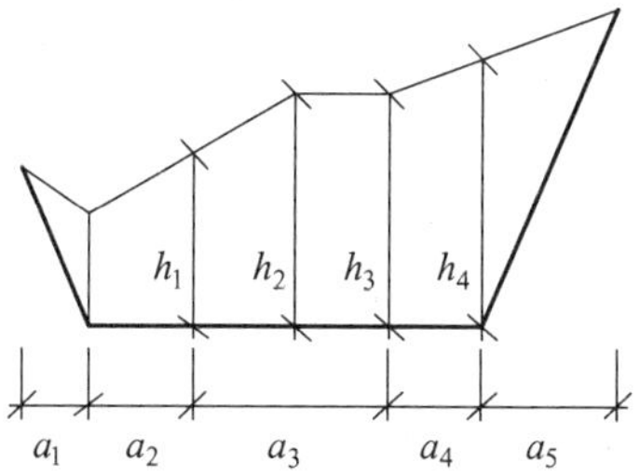	$F=h_1\frac{b_1+b_2}{2}+h_2\frac{b_2+b_3}{2}+h_3\frac{b_3+b_4}{2}+h_4\frac{b_4+b_5}{2}$

续表

序号	图示	面积计算公式
5	h_0 h_1 h_2 h_3 h_4 h_5 h_6 h_n a a a a a a a	$F=\frac{1}{2}a(h_0+2h+h_n)$ $h=h_1+h_2+h_3+\cdots+h_n$

h_1

④ 计算土方量，根据截面面积计算土方量：

$$V=\frac{1}{2}(F_1+F_2)\cdot L \tag{5-2}$$

式中 V——表示相邻两截面间的土方量（m^3）；

F_1、F_2——相邻梁截面的挖（填）方截面积（m^2）；

L——表示相邻截面间的间距（m）。

⑤ 按土方量汇总（表 5-11）。如图 5-1 中 $A—A'$所示，设桩号 0+0.00 的填方横截面积为 2.80 m²，挖方横截面积为 3.90 m²；$B—B'$中，设桩号 0+0.00 的填方横截面积为 2.35 m²，挖方横截面积为 6.75 m²，两桩间的距离为 20 m，则其挖填方量分别为：

$$V_{挖方}=\frac{1}{2}(3.90+6.75)\times 20=106.5(m^3) \tag{5-3}$$

$$V_{填方}=\frac{1}{2}(2.80+2.35)\times 20=51.5(m^3) \tag{5-4}$$

表 5-11 土方量汇总表

断面	填方面积/m²	挖方面积/m²	截面间距/m	填方体积/m³	挖方体积/m³
$A—A'$	2.80	3.90	20	28	39
$B—B'$	2.35	6.75	20	23.5	67.5
合计				51.5	16.5

（6）大型土（石）方工程工程量方格网计算法。

① 根据需要平整区域的地形图（或直接测量地形）划分方格网。方格的大小视地形变化的复杂程度及计算要求的经度不同而不同，一般方格的大小为 20 m×20 m（也可 10 m×10 m）。然后按设计（总图或竖向布置图），在方格网上套画出方格角点的设计标高（即施工后需达到的高度）和自然标高（原地形高度）。设计标高与自然标高之差即为施工高度，“-”表示挖方，“+”表示填方。

② 当方格内相邻两角一为填方，一为挖方时，则应按比例分配计算出两角之间不挖不填的“零”点位置，并标于方格边上。再将各“零”点用直线连起来，就可将建筑场地划分为填、挖方区。

③ 土石方工程量的计算公式可参照表 5-12 进行。如遇陡坡等突然变化起伏地段，由于高低悬殊，采用本方法也难计算准确时，就视具体情况另行补充计算。

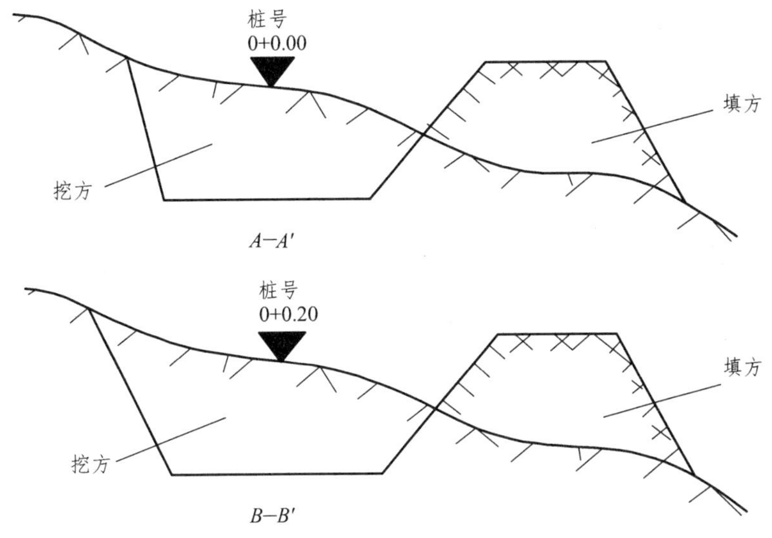

图 5-1 横断面土方量挖填示意图

表 5-12 方格网点常用计算公式

序号	图示	面积计算公式
1		方格内四角全为挖方或填方： $V=\frac{1}{4}a^2(h_1+h_2+h_3+h_4)$
2		三角锥体，且当三角锥体全为挖方或填方： $F=\frac{1}{2}a^2, V=\frac{1}{6}a^2(h_1+h_2+h_3)$
3		方格网内，一对角线为零线，另两角点一为挖方，一为填方： $F_{挖}=F_{填}=\frac{1}{2}a^2$， $V_{挖}=\frac{1}{6}a^2h_1$，$V_{填}=\frac{1}{6}a^2h_2$

续表

序号	图示	面积计算公式
4	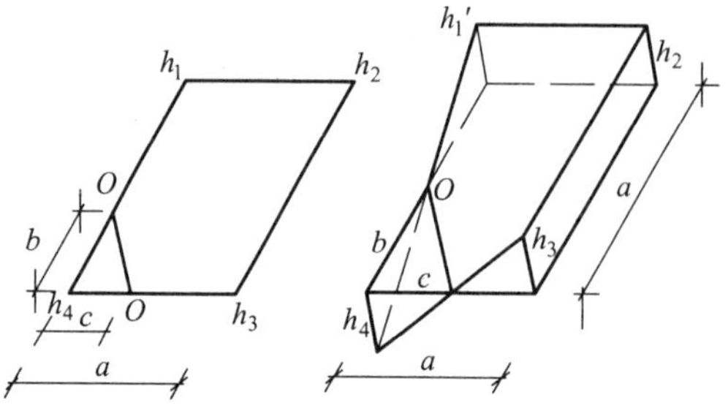	方格网内，三角为挖（填）方，一角为填（挖）方： $b=\frac{ah_4}{h_1+h_4};c=\frac{ah_4}{h_3+h_4}$; $F_{填}=\frac{1}{2}bc;F_{挖}=a^2-\frac{1}{2}bc$; $V_{填}=\frac{1}{6}h_4bc=\frac{1}{6}\frac{a^2h_4^{\ 3}}{(h_1+h_4)(h_3+h_4)}$; $V_{挖}=\frac{1}{6}a^2-(2h_1+h_2+2h_3-h_4)+V_{填}$
5	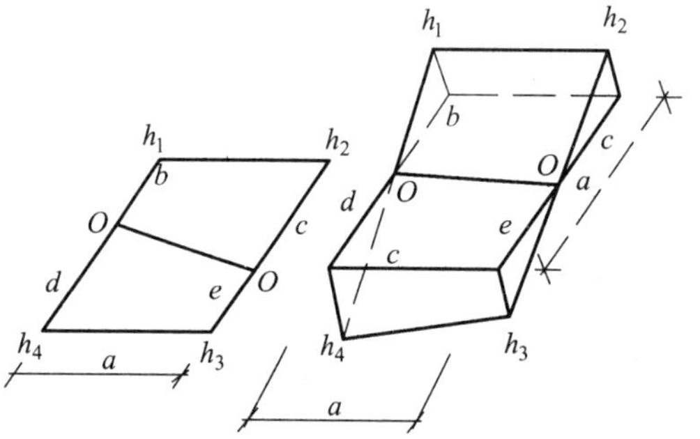	方格网内，两角为挖，两角为填 $b=\frac{ah_1}{h_1+h_4};c=\frac{ah_2}{h_2+h_3}$; $d=a-b;c=a-e$; $F_{填}=\frac{1}{2}(b+c)\ a;F_{挖}=\frac{1}{2}(d+e)\ a$; $V_{挖}=\frac{1}{4}a(h_1+h_2)\cdot\frac{1}{2}(b+c)$ $=\frac{1}{8}a(h_1+h_2)\cdot(b+c)$； $V_{填}=\frac{1}{4}a(h_3+h_4)\cdot\frac{1}{2}(d+e)$ $=\frac{1}{8}a(h_3+h_4)\cdot(d+e)$

④ 将挖方区、填方区所有方格计算出的工程量汇总，即得到该建筑场地的土石方挖、填方工程量总量。

（7）挖沟槽土石方工程量计算。

外墙沟槽：$V_{挖}=S_{断}\cdot L_{外中}$ （5-5）

内墙沟槽：$V_{挖}=S_{断}\cdot L_{基底净长}$ （5-6）

管道沟槽：$V_{挖}=S_{断}\cdot L_{中}$ （5-7）

其中，沟槽断面有如下形式：

① 钢筋混凝土基础有垫层时：

a. 两面放坡，如图 5-2（a）所示。

$$S_{断}=[(b+2\times0.3)+mh]\cdot h+(b'+2\times0.1)\cdot h' \quad (5\text{-}8)$$

b. 不放坡无挡土板，如图 5-2（b）所示。

$$S_{断}=(b+2\times0.3)\cdot h+(b'+2\times0.1)\cdot h' \quad (5\text{-}9)$$

c. 不放坡加两面挡土板，如图 5-2（c）所示。

$$S_{断}=(b+2\times0.3+2\times0.1)\cdot h+(b'+2\times0.1)\cdot h' \quad (5\text{-}10)$$

d. 一面放坡一面挡土板，如图 5-2（d）所示。

$$S_{断}=[b+2\times0.3+0.1+0.5mh]\cdot h+(b'+2\times0.1)\cdot h' \quad (5\text{-}11)$$

② 基础有其他垫层时：

a. 两面放坡，如图 5-2（e）所示。

$$S_{断}=(b'+mh)\cdot h+b'\cdot h' \quad (5\text{-}12)$$

b. 不放坡无挡土板，如图 5-2（f）所示。

$$S_{断}=b'(h+h') \quad (5\text{-}13)$$

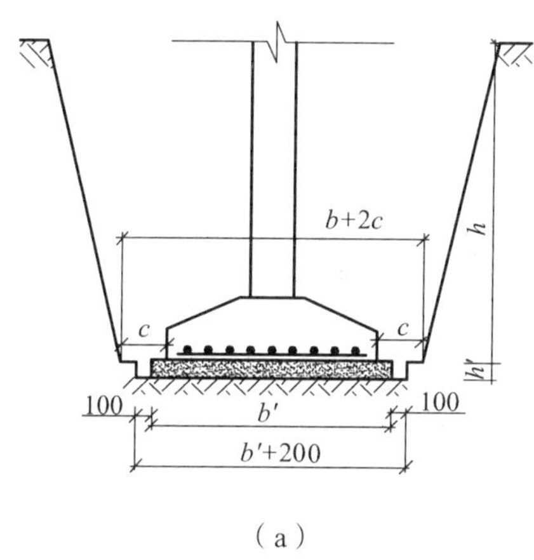

（a）

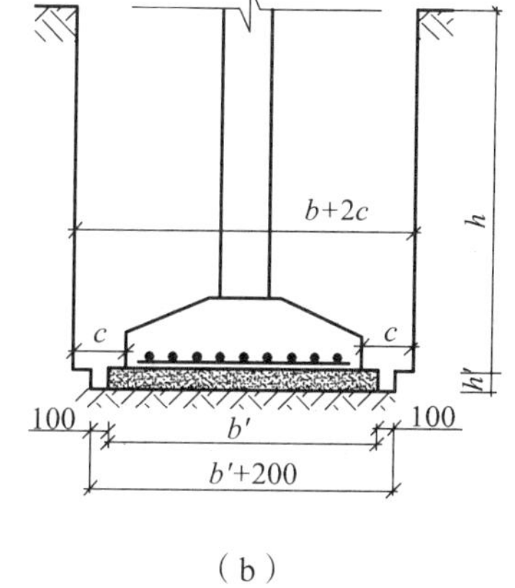

（b）

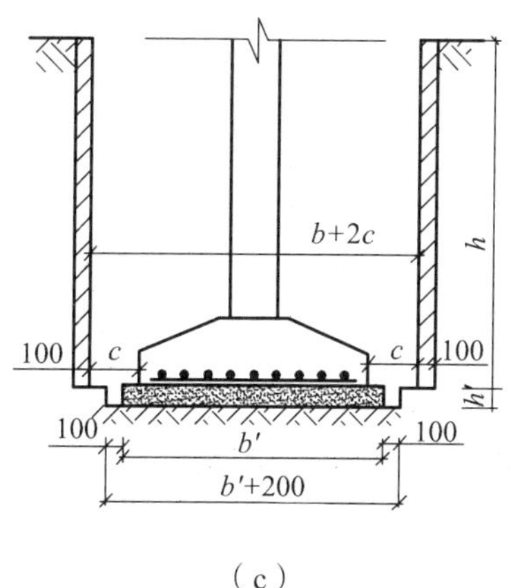

（c）

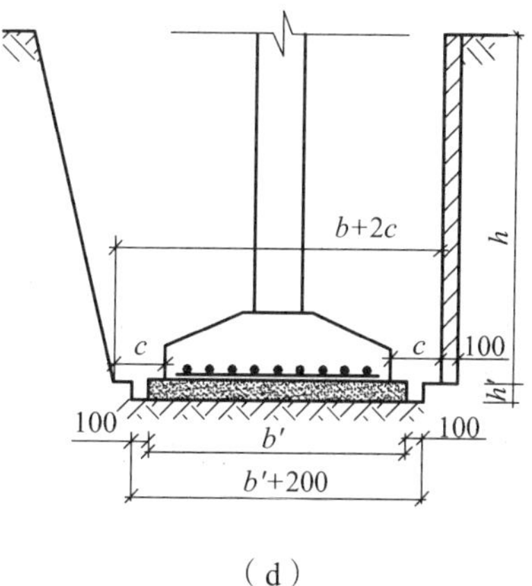

（d）

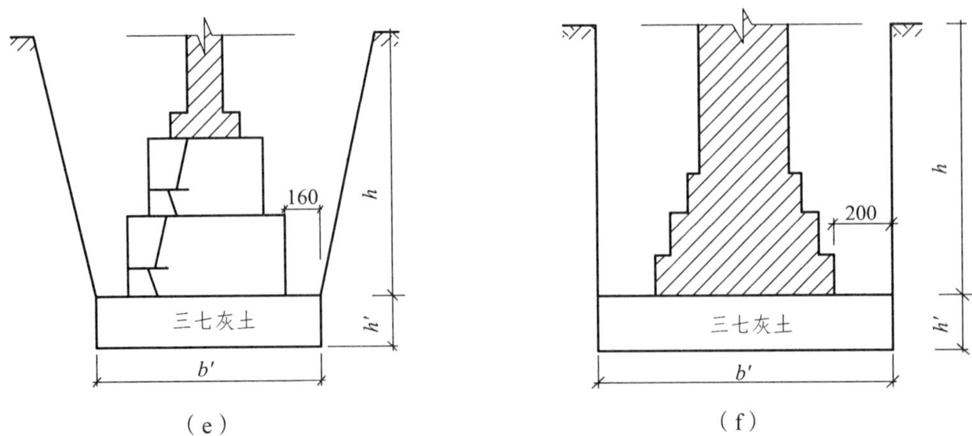

图 5-2　沟槽断面示意图（有垫层时）

③ 基础无垫层时：

a. 两面放坡，如图 5-3（a）所示。

$$S_{断}=[(b+2c)+mh]\cdot h \tag{5-14}$$

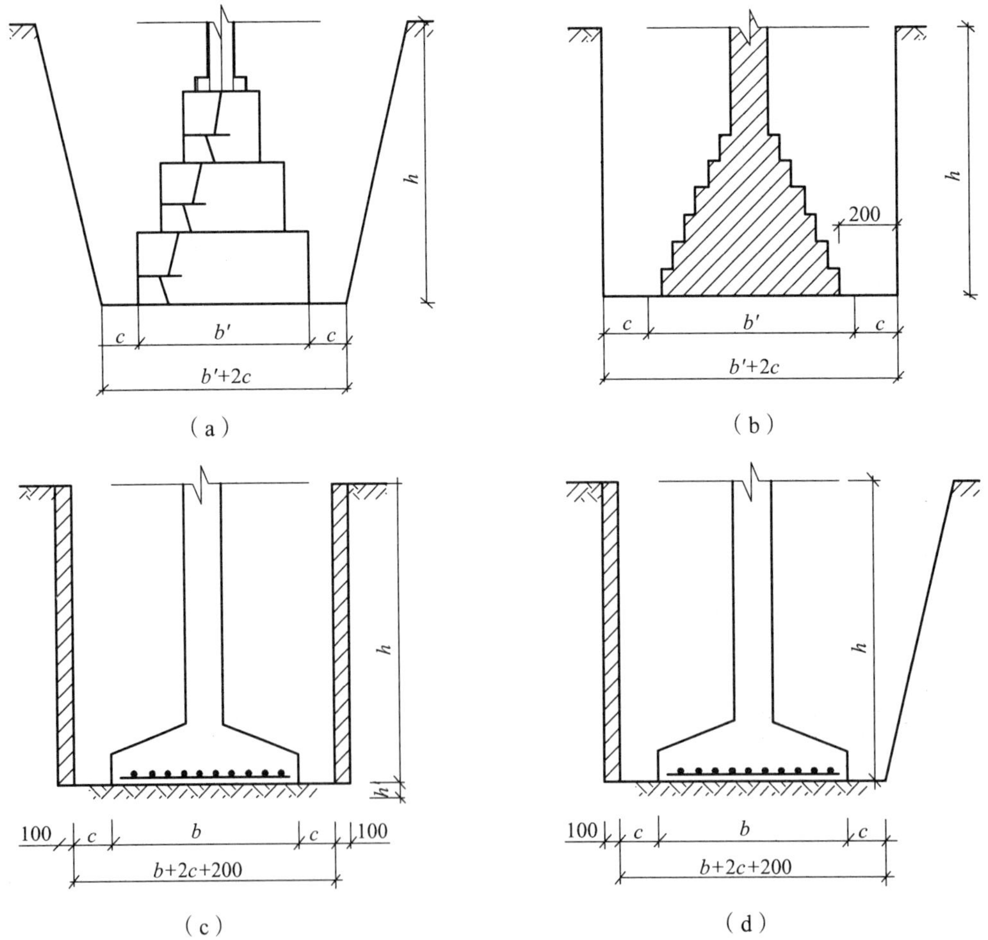

(a)　(b)

(c)　(d)

图 5-3　沟槽断面示意图（无垫层时）

b. 不放坡无挡土板，如图 5-3（b）所示。

$$S_{断}=(b+2c)\cdot h \tag{5-15}$$

c. 不放坡加两面挡土板，如图 5-3（c）所示。

$$S_{断}=(b+2c+2\times 0.1)\cdot h \tag{5-16}$$

d. 一面放坡一面挡土板，如图 5-3（d）所示。

$$S_{断}=(b+2c+0.1+0.5mh)\cdot h \tag{5-17}$$

式中 $S_{断}$——沟槽断面面积；

m——放坡系数；

c——工作面宽度；

h——从室外设计地面至基础深度，即垫层上基槽开挖深度；

h'——基础垫层高度；

b——基础地面宽度；

b'——基础垫层宽度。

（8）边坡土方工程量计算。

为了保持土体的稳定性和施工安全，挖方和填方的周边都应修筑成适当的边坡。土体边坡示意图如图 5-4（a）所示。图中的 m 为边皮底的宽度 b 与边坡高度 h 的比，称为坡度系数。当边坡高度为已知时，所需边皮底宽 b 即等于 mh（1∶m=h∶b）。若边坡高度较大，可在满足土体稳定的条件下，根据不同的土层及其所受的压力，将边坡修筑成折线形，如图 5-4（b）所示，以减小土方工程量。

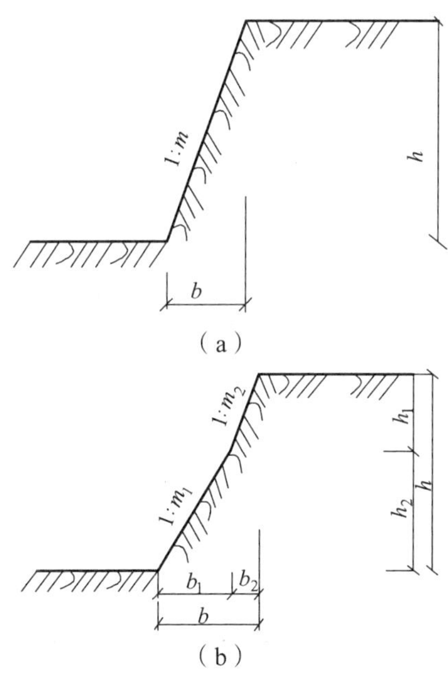

图 5-4 土体边坡示意图

边坡的坡度系数（边坡宽度：边坡高度）根据不同的填挖高度（深度）、土的物理性质和工程的重要性，在设计文件中应有明确的规定。常用的挖方边坡坡度和填方高度限值，见表5-13和表5-14。

表 5-13　水文地质条件良好时永久性土方构筑物挖方的边坡坡度

序号	挖方性质	边坡坡度
1	在天然湿度、层理均匀、不易膨胀的黏土、粉质黏土、粉土和砂土（不包括细砂、粉砂）内挖方，深度不超过3 m	1∶1～1∶1.25
2	土质同上，深度为3～12 m	1∶1.25～1∶1.50
3	干燥地区内土质结构未经破坏的干燥黄土及类黄土，深度不超过12 m	1∶0.1～1∶1.25
4	在碎石和泥灰岩土内的挖方，深度不超过 12 m，根据土的性质，层理特性	1∶0.5～1∶1. 50

表 5-14　填方边坡为 1∶1.5 时的高度限值

序号	土的种类	填方高度/m
1	黏土类土、黄土、类黄土	6
2	粉质黏土、泥灰岩土	6～7
3	粉土	6～8
4	中砂和粗砂	10
5	砾石和碎石土	10～12
6	易风化的岩石	12

五、工程实例

【例 5-1】某灌溉工程采用 1 m^3 液压反铲挖掘机挖渠道土方，8 t 自卸汽车运输 1.5 km 弃料，土质为Ⅲ类土。人工、机械单价见表 5-15，其他直接费率为 5%，现场经费费率为 4%，间接费率为 4%，利润率为 7%，税率为 3.22%。试计算土方开挖运输综合概算单价。

表 5-15　人工、机械台时单价汇总表

序号	名称	单位	单价/元
1	初级工	工时	2.56
2	液压反铲挖掘机 1 m^3	台时	152.38
3	推土机 59 kw	台时	77.84
4	自卸汽车 8 t	台时	110.66
5	胶轮车	台时	0.95

【解】土方开挖运输定额采用《水利建筑工程概算定额》10874～10875 子目，见表 5-16；该计算过程见表 5-17，得土方开挖运输综合概算单价为 15.28 元/m^3。

表 5-16　《水利建筑工程概算定额》10874～10875 子目

III 类土　　　　　　　　　　　　　　　　单位：100 m^3

项目	单位	运距					增运
		1	2	3	4	5	1 km
工长	工时						
高级工	工时						
中级工	工时						
初级工	工时	41.8	41.8	41.8	41.8	41.8	
合计	工时	41.8	41.8	41.8	41.8	41.8	
零星材料	%	3	3	3	3	3	
反铲挖掘机 1 m^3	台时	1.06	1.06	1.06	1.06	1.06	
推土机 59 kW	台时	0.53	0.53	0.53	0.53	0.53	
自卸汽车 5 t	台时	10.43	13.65	16.62	19.43	22.11	2.47
8 t	台时	6.90	8.91	10.77	12.52	14.19	1.55
10 t	台时	6.42	8.13	9.70	11.18	12.60	1.30
胶轮车	台时	9.93	9.93	9.93	9.93	9.93	
编号		10874	10875	10876	10877	10878	10879

表 5-17　土方开挖运输单价表

施工方法：1 m^3 液压反铲挖掘机挖装，10 t 自卸汽车运输，运距 1.5 km					
定额编号	10874～10875	适用范围	上口宽小于 16 m 的土渠	定额单位	100 m^3（自然方）
定额依据	——1 m^3 液压反铲挖掘机挖渠道土方		土的级别	III类土	
工作内容	机械开挖、装汽车运输、人工配合挖保护层、胶轮车倒运土 50 m，修边、修底等				
编号	名称及规格	单位	数　量	单价/元	合计/元
一	直接工程费				1 330.52
（一）	直接费				1 220.66
（1）	人工费（初级工）	工时	41.8	2.56	107.01
（2）	材料费（零星材料费）	人工费、机械费	1 185.11	35.55	
（3）	机械使用费				1 078.10
	液压反铲挖掘机 1 m^3	台时	1.06	152.38	161.52
	推土机 59 kw	台时	0.53	77.84	41.26
	自卸汽车 8 t	台时	7.91	110.66	875.32
	胶轮车		9.93	0.95	9.43
（二）	其他直接费	%	5	1 220.66	61.03
（三）	现场经费	%	4	1 220.66	48.83
二	间接费	%	4	1 330.52	53.22
三	企业利润	%	7	1 383.74	96.86
四	税金	%	3.22	1 480.60	47.68
	合计				1 528.28

第二节　石方开挖工程计价

一、石方开挖工程概述

石方开挖工程包括建筑物、构筑物的石方开挖、运输等内容。具体来说，石方开挖工程主要由开挖、运输和支护三大主要工序组成。石方开挖工程单价的编制，应首先确定建筑物各施工部位的岩石级别、开挖、运输方法、采用的机械设备及运输距离，按照定额计算工程单价。

（一）石方开挖

1. 石方开挖分类

石方的开挖按施工方法可分为人工打孔、钻孔爆破和掘进机开挖等。三种方法的特点如下：

（1）人工打孔：耗工费时，适用于有特殊要求的开挖部位。

（2）钻孔爆破是一种传统的石方开挖方法，在水利工程施工中的使用很广泛。开挖方法有浅孔爆破法、深孔爆破法、洞室爆破法和控制爆破法（定向、光面、预裂、静态爆破等）。

（3）掘进机开挖是一种新型的开挖专用设备，相对于传统的钻孔爆破来说，在开挖过程中对岩石进行纯机械的切割或挤压破碎，能保证各项作业平行连续进行，施工安全，工效较高，但费用高，一次性投入大。该法在有条件的地方进行隧洞开挖使用。

水利工程石方量大、开挖集中，且要求岩基完整，一般采用分层开挖，预留保护层，浅孔爆破，尽可能在开挖边界进行预裂爆破。

石方开挖按施工条件分为明挖石方（一般石方开挖、基础石方开挖等露天开挖）和暗挖石方（地下厂房、洞井石方开挖）两大类。要根据不同的岩石级别、工程部位、施工方法来分项。如大坝基础石方开挖，可按覆盖层开挖、坡面石方开挖、基础石方开挖等进行分项。

石方开挖机械通常包括钻孔机械、装载机械和运输机械三大类。

① 钻孔机械：一般分为凿岩机（分手持式风钻、气腿式风钻）、凿岩台车（分掘进台车、露天凿岩台车和井下凿岩台车）、潜孔钻等。

② 装载机械：主要有单斗挖掘机、装岩机、耙式装载机。

③ 运输机械：有载重汽车、自卸汽车。

石方开挖爆破材料包括炸药和起爆材料。

① 炸药。石方开挖的炸药有露天硝铵炸药、铵油炸药、岩石铵沥蜡炸药、胶质硝酸甘油炸药、高威力硝铵炸药、浆状炸药、水胶炸药、乳胶炸药等。

② 起爆材料。用于石方开挖中的起爆材料有导爆索、塑料导爆管、雷管、导火线等。

2. 影响开挖工序的因素

若采用钻孔爆破，石方的开挖工序可细分为钻孔、装药、爆破、翻渣、清面、修整断面、安全处理、挖排水沟坑等工序。开挖工序的工效主要受岩石级别、设计对开挖形状及开挖面的要求等因素的影响。

（1）岩石级别：目前水利工程按岩石自然湿度时的平均容重（kg/m^3）、极限抗压强度（MPa）、强度系数（普氏系数 f）、净钻时间（min/m）来划分岩石的级别，共分为十二个等级，即十六类划分法的五至十六类，适用于所有水利工程的石方工程。岩石的级别越高，其强度越高，钻孔的阻力越大，工效越低。岩石的级别越高，对爆破的抵抗力也越大，所需的炸药也越多。只有合理地确定岩石级别，才能正确地选择岩石的爆破方法、合理选择爆破参数。所以岩石级别是影响开挖工效的主要因素之一。

（2）设计对开挖形状及开挖面的要求：设计对有形状要求的开挖，如沟、槽、坑、洞、井等，其爆破系数（每平方米工作面上的炮孔数）较没有形状要求的一般石方开挖要大得多，对于小断面的开挖尤甚。爆破系数越大，爆破效率越低，耗用爆破器材（炸药、雷管、导线）也越多。设计对开挖面有要求（如设计对建基面的损伤限制，对开挖面平整度的要求等）时，为了满足这些要求，对钻孔、爆破、清理等工序必须在施工方法和施工工艺上采取措施。例如：为了限制爆破对建基面的损伤，往往在建基面以上设置一定厚度的保护层，保护层开挖一般多采用浅孔小炮，爆破系数很高，爆破效率很低，有的甚至不允许放炮而必须采用人工开挖。有的部位为了保证开挖面对平整度的要求，需在开挖前进行预裂爆破后再进行开挖。

所以设计对开挖形状及开挖面的要求，也是影响开挖工效的主要因素之一。因此，石方开挖定额大多按开挖形状及部位分节，各节再按岩石级别分子目。

3. 编制石方开挖单价时应注意的问题

（1）基础石方和坡面石方开挖定额应根据设计开挖线的垂直平均深度选用；明挖石方定额中的开挖定额梯段高度是综合考虑的，使用定额时无须调整。

（2）石方开挖各节定额中，均包括了允许的超挖量和合理的施工附加量用工、材料、机械。使用本定额时，不得在工程量计算中另行计取超挖量和施工附加量。

① 定额中的超挖量：由于岩石开挖具有一定的不规则性，实际开挖出的断面很难完全与设计开挖断面一致，而施工规范又不允许欠挖，为保证达到设计开挖断面，就存在实际开挖断面大于设计开挖断面的情况，这超出设计开挖断面的工程量称为超挖量。

定额中超挖量是按《水工建筑物岩石基础开挖工程施工技术规范》（SL 47—94）和《水工建筑物地下工程开挖施工技术规范》（SD J212—83）规定的范围确定的。根据规定，定额中的超挖量（△）控制标准见表 5-18。超挖量与设计开挖工程量的比值即为超挖百分率，断面越小，超挖百分率越大。

表 5-18 超挖量控制标准

<table>
<tr><td rowspan="3">开挖形式</td><td colspan="4">明挖</td><td rowspan="3">洞挖</td></tr>
<tr><td rowspan="2">平面</td><td colspan="3">边坡</td></tr>
<tr><td>高度<8 m</td><td>高度 8～15 m</td><td>高度 16～30 m</td></tr>
<tr><td>超挖量（△）</td><td>20 cm</td><td>≤20 cm</td><td>≤30 cm</td><td>≤50 cm</td><td>≤20 cm</td></tr>
</table>

② 定额中的施工附加量：指为满足施工需要而必须额外增加的工作量，主要包括：因洞井开挖断面小，运输不方便，需扩大洞井尺寸而增加的工程量；在放炮时，施工人员及设备需有躲避的地方而增加的工程量；工具需要地方存放，需要挖洞而增加的工程量；洞内需要

照明，需要存放照明设备而扩大断面而增加的工程量；需设置临时的排水沟；因洞长在洞内需专放变压器而增加的工程量。

施工附加量因建筑物的类别及形式而异，如小断面隧洞施工附加量大，而大断面隧洞施工附加量相对来说则很小，具体计算时，应根据实际资料进行分析确定。

（3）石方开挖定额，均已按各部位的不同要求，根据规范的规定，分别按一定比例考虑了底部保护层、坡面保护层开挖、预裂爆破、光面爆破等因素，编制单价时不再调整。

保护层石方开挖，是指设计不允许破坏岩石结构的石方开挖，如坝基、坝肩、消能坑等与岩基连接部分石方开挖。保护层开挖分底部保护层开挖和坡面保护层开挖，当自然地面与水平面的倾角≤20°时，为底部保护层开挖；自然地面倾角>20°时，为坡面保护层开挖。保护层开挖需用浅孔小炮，以保护建基面岩石不被破坏。

（4）岩石级别调整系数：如实际施工中遇到高于 XIV 级（十六级）岩石时，可按相应定额中的 XIII ~ XIV级（十三到十四级）岩石开采定额，乘系数进行调整。

（5）石方开挖定额中的其他（零星）材料费：石方开挖定额中的其他（零星）材料费指除定额中已列示的炸药、雷管、导电（火）线、导爆管（索）、钻头以外的零星材料，包括：脚手架、排架、操作平台、棚架、漏斗等的搭拆摊销，冲击器、钻杆、空心钢的摊销费，炮泥、燃香、火柴等次要材料费；其他材料费按占主材费的百分数计算，零星材料费按占人工费、机械费之和的百分数计算。

（6）石方开挖定额中的其他机械费：定额中的机械指完成该定额子目工作内容所需的机械消耗量，由主要机械和次要机械组成，主要机械以台（组）时表示，次要机械以其他机械费的形式出现，其他机械费按占主要机械的百分数表示。其他机械费指风钻施工中的修钎设备、用于场内运输的载重汽车及数量不大的一些零星机械等。

（7）石方开挖定额中所列的“合金钻头”是指风钻（手持式、气腿式）用的钻头，“钻头”指液压履带钻或液压凿岩台车用的钻头。合金钻头数量，包括重复使用的次数在内，因此要把修磨费计入材料预算价格。

（8）石方开挖定额中的炸药，一般情况应根据不同施工条件和开挖部位按下述品种。规格选取：一般石方开挖，按 2#岩石铵梯炸药选用；边坡、槽、坑、基础石方开挖按 2#岩石铵梯炸药和 4#抗水岩石铵梯炸药各半选用；平洞、斜井、竖井、地下厂房石方开挖按 4#抗水岩石铵梯炸药选用。

（9）洞井挖石方定额中的通风机台时量是按一个工作面长度 400 m 拟定，如超过 400 m，应（用插入法计算）进行调整。

（二）石方运输

1. 运输方案的选择

石方的运输工序中，可采用人力和机械运输。石方运输方案的选择，应根据施工工期、运输数量、运距远近等因素，选择既能满足施工强度要求，又能做到费用最省的最优方案。人力运输（挑抬、双胶轮车、轻轨斗车）适用于工作面狭小、运距短、施工强度低的工程或工程部位；运输机械有自卸汽车、电瓶车、内燃机车等，自卸汽车运输的适应性较大，工效高，一般工程均可采用；电瓶车可用于洞井出渣；内燃机适用于较长距离的运输，在中小型工程中还常常采用手扶拖拉机运输。在做方案和单价分析时，应注意采用方案的全部工程投资进行比较。如内燃机车的运输单价较低，但其轨道的建造、运行管理（道口、道岔）、维护等费用支出较大，在做方案和单价分析时，应以采用方案的全部工程投资进行比较，经过全面分析后方可确定，以取得最佳的经济效益。

2. 影响石方运输的主要因素

影响石方运输工效的主要因素，与土方工程基本相同，不再赘述。

3. 运输距离的确定

（1）水平运输距离的确定：水平运输距离是指从取料中心至卸料中心的全距离，例如坝基开挖的面积很大，应以坝基面积的中心点至弃渣场的中心点的距离作为水平运输距离。

（2）石渣运输距离计算时，一般机械运输石渣时坡度已考虑在内。洞内运距按工作面长度的一半计算。若一个工程有几个弃渣场，而运输距离又不一样时，可按弃渣量比例算出加权平均运距，也可按各渣场运距及弃渣量分别计算。

4. 编制石方运输单价时应注意的问题

（1）石方运输单价与开挖综合单价。在概算中，石方运输费用不单独表示，而是在开挖费用中体现。在概算定额开挖各节定额子目中均列有“石渣运输”项目。该项目的数量，已包括完成每一定额单位有效实体所需增加的超挖量、施工附加量及施工损耗的数量。为统一表现形式，编制概算单价时，一般应根据施工组织设计选定的运输方式，按定额规定的每立方米石碴运输定额中的人工、机械数量直接计入石方开挖概算单价；也可按石碴运输量乘以每立方米石碴运输费用（仅计算直接费）计算开挖综合单价。

现行预算定额的石方开挖各定额子目，其工料机用量只包括完成每一定额单位设计断面工程量所需的消耗量，未包括所需增加的超挖量及施工附加量的消耗量。编制石方开挖预算时，应按设计断面工程量列项计算。施工规范允许范围以内的超挖量及施工附加量不单独列项计算，其所需增加的费用在石方开挖工程综合预算单价内考虑。如计算隧洞石方开挖工程预算单价时，设计断面的工程量、施工附加量应套用隧洞石方开挖定额计算，施工规范允许范围以内的超挖量应套用隧洞超挖石方定额计算，并按占设计断面工程量的比例，将超挖量、施工附加量的工料机用量摊入设计开挖断面隧洞石方开挖定额内，计算隧洞石方开挖（含石渣运输）综合预算单价。

（2）洞内运输与洞外运输。各节运输定额，一般都有“露天”和“洞内”两部分内容。当有洞内外连续运输时，应分别套用定额。洞内运输部分，套用“洞内”运输定额的“基本运距”（装运卸）及“增运”子目；洞外运输部分，套用“露天”定额的“增运”子目（仅有运输工序）。当洞内、洞外为非连续运输（如洞内为胶轮车，洞外为自卸汽车）时，则洞外运输部分应套用“露天”定额的“基本运距”及“增运”子目。

（三）支撑与支护

为防止边坡或隧洞在开挖工程中因山岩压力变化而发生软弱破碎地层的坍塌，避免个别石块跌落，确保施工安全，必须对开挖后的空间进行必要的临时支撑或支护，以确保施工顺利进行。临时支撑的类型主要有：木支撑、钢支撑及预制混凝土或钢筋混凝土支撑；支护的方式主要有：锚杆支护、喷混凝土支护、预应力锚束、锚杆和各种喷混凝土的组合等。

综上，编制石方开挖工程概算单价应遵循以下原则：

（1）根据岩石名称、外形特征、颗粒组成、饱和极限抗压强度、可钻性等地勘资料，合理确定岩石级别。

（2）严格按设计开挖断面尺寸、开挖与出渣方式、运输距离等，正确套用相应定额子目，编制单价时不得任意调整定额水平和扩大技术条件，以维护定额的严肃性。

二、项目设置及工程量计算规则

石方开挖工程共设置有 13 个项目：一般石方开挖，坡面石方开挖，渠道石方开挖，沟、槽石方开挖，坑石方开挖，保护层石方开挖，平洞石方开挖，斜洞石方开挖，竖井石方开挖，洞室石方开挖，窑洞石方开挖，预裂爆破，其他石方开挖。

石方开挖工程的工程量清单的项目编码、项目名称、计量单位、工程量计算规则及主要工作内容，应按表 5-19 的规定执行。

表 5-19　石方开挖工程（编码 500102）

项目编码	项目名称	项目主要特征	计量单位	工程量计算规则	主要工作内容	一般适用范围
500102001×××	一般石方开挖	1.岩石级别 2.钻爆特性 3.运距	m^3	按招标设计图示尺寸计算的有效自然方体积计量	1.测量放线标点 2.钻孔、爆破 3.安全处理 4.解小、清理 5.装、运、卸 6.施工排水 7.渣场平整	除坡面、渠道、沟、槽、坑和保护层石方开挖以外的一般性石方明挖
00102002×××	坡面石方开挖					倾角 >20°、厚度 ≤5 m 的石方明挖
500102003×××	渠道石方开挖	1.岩石级别 2.断面形式及尺寸				底宽 >7 m、长度 >3 倍宽度的石方明挖
500102004×××	沟、槽石方开挖	3.钻爆特性				底宽 ≤7 m、长度 >3 倍宽度的石方明挖
500102005×××	坑石方开挖	4.运距				底宽 ≤7 m、长度 ≤3 倍宽度、深度 ≤上口短边或直径的石方明挖
500102006×××	保护层石方开挖	1.岩石级别 2.开挖尺寸 3.钻爆特性 4.运距				平面、坡面、立面的保护层石方明挖

续表

项目编码	项目名称	项目主要特征	计量单位	工程量计算规则	主要工作内容	一般适用范围
500102007×××	平洞石方开挖	1.岩石级别及围岩类别 2.地质及水文地质特性 3.断面形式及尺寸 4.钻爆特性 5.运距	m^3	按招标设计图示尺寸计算的有效自然方体积计量	1.测量放线标点 2.钻孔、爆破 3.通风散烟、照明 4.安全处理 5.解小、清理 6.装、运、卸 7.施工排水 8.渣场平整	水平夹角≤6°的石方洞挖
500102008×××	斜洞石方开挖					水平夹角6°~75°的石方洞挖
500102009×××	竖井石方开挖					水平夹角>75°、深度大于上口短边或直径的石方井挖
500102010×××	洞室石方开挖					开挖横断面较大，且轴线长度与宽度之比小于10，如地下厂房、地下开关站、地下调压室等的石方洞挖
500102011×××	窑洞石方开挖					
500102012×××	预裂爆破	1.岩石级别 2.钻孔角度 3.钻爆特性	m^2	按招标设计图示尺寸计算的面积计量	1.测量放线标点 2.钻孔、爆破 3.清理	
500102013×××	其他石方开挖		m^3			

其他相关问题应按下列规定处理：

（1）石方开挖工程的岩石级别，按表5-9确定。

（2）石方开挖工程工程量清单项目的工程量计算规则。按招标设计图示轮廓尺寸计算的有效自然方体积计量。施工过程中增加的超挖量和施工附加量所发生的费用，应摊入有效工程量的工程单价中。

（3）石方开挖均包括弃渣运输的工作内容，开挖与运输不在同一标段的工程，应分别选取开挖与运输的工作内容计量。

三、计量与支付

（1）当按发包人要求将表土覆盖层和石方明挖分别开挖时，应以现场实际的地形和断面测量成果，分别以每立方米为单位计算表土覆盖层及石方明挖工程量，分别按工程量清单所列项目的每立方米单价支付。其单价中包括表土覆盖层和石方明挖的开挖、地基清理及平整、运输、堆存、检测试验和质量检查、验收等全部人工、材料和使用设备等一切费用。

（2）当发包人不要求对表土和岩石分开开挖时，其土石方开挖的支付应以现场实际的地形和断面测量成果，经监理人对地形测量和地质情况进行鉴定后确定的土石方比例，以立方米（m^3）为单位计量，并分别按《工程量清单》所列项目的土方和石方的每立方米单价进行计量和支付。

（3）利用开挖料作为永久或临时工程混凝土骨料和填筑料时，进入存料场以前的开挖运输费用不应在混凝土骨料开采和土石坝填筑料费用中重复计算。利用开挖料直接上坝时，还应扣除至存料场的运输及堆存费用。

（4）基础清理的费用应包含在相应的开挖费用中，不单独列项支付。

（5）除施工图纸中已标明或监理人指定作为永久性工程排水设施外，一切为石方明挖所需的临时性排水设施（包括排水设备的采购、安装、运行和维修、拆除等）均包括在《工程量清单》的相应开挖项目的单价中，不单独列项支付。

（6）石料场开采的混凝土粗细骨料的全部人工和设备运行费用，均分摊在《工程量清单》所列各建筑物混凝土每立方米单价中。

（7）石料场开采和生产的坝体（或围堰）反滤料、过渡料和填筑料的全部人工和使用设备的费用，应分摊在《工程量清单》所列的坝体（围堰）填筑料每立方米单价中。

（8）石料场开采过程中的弃料或废料的运输、堆放和处理的一切费用，均分摊在混凝土骨料和土石坝填筑料的每立方米单价中。

（9）石料场开采结束后，承包人对取料区域的边坡、地面进行整治所需的费用，已包括在《工程量清单》所列的每平方米（或立方米）单价中。

（10）除合同另有规定外，承包人对石料场进行复核、复勘、取样试验和地质测绘所需的费用以及工程完建后的料场整治和清理的费用均已包括在《工程量清单》各开挖项目的每立方米单价中。

四、定额工程量计算

（一）概算定额的应用

石方开挖工程概算定额包括一般石方、基础石方、沟槽、柱坑、平洞、斜井、竖井、地下厂房等石方开挖以及石渣运输定额，共计 46 节，569 个子目。

石方开挖工程概算定额的一般规定如下：

（1）石方开挖定额的计量单位，除注明外，均按自然方计算。

（2）石方开挖定额的工作内容，均包括钻孔、爆破、撬移、解小、翻渣、清面、修整断面、安全处理、挖排水沟坑等。并按各部位的不同要求，根据规范规定，考虑了保护层开挖等措施。使用定额时均不作调整。

（3）一般石方开挖定额，适用于一般明挖石方和底宽超过 7 m 的沟槽石方、上口面积大于 160 m^2 的坑挖石方，以及倾角小于或等于 20°并垂直于设计面平均厚度大于 5 m 的坡面石方等开挖工程。

（4）一般坡面石方开挖定额，适用于设计倾角大于 20°、垂直于设计面的平均厚度小于或等于 5 m 的石方开挖工程。

（5）沟槽石方开挖定额，适用于底宽小于或等于 7 m，两侧垂直或有边坡的长条形石方开挖工程。如渠道、截水槽、排水沟、地槽等。

（6）坡面沟槽石方开挖定额，适用于槽底轴线与水平夹角大于20°的沟槽石方开挖工程。

（7）坑石方开挖定额，适用于上口面积小于或等于 160 m^2、深度小于或等于上口短边长度或直径的石方开挖工程。如墩基、柱基、机座、混凝土基坑、集水坑等。

（8）基础石方开挖定额，适用于不同开挖深度的基础石方开挖工程。如混凝土坝、水闸、溢洪道、厂房、消力池等基础石方开挖工程。其中潜孔钻钻孔定额系按 100 型潜孔钻拟定，使用时不作调整。

（9）平洞石方开挖定额，适用于水平夹角小于或等于6°的洞挖工程。

（10）斜井石方开挖定额，适用于水平夹角为45°至75°的井挖工程。水平夹角6°~45°的斜井，按斜井石方开挖定额乘0.9系数计算。

（11）竖井石方开挖定额，适用于水平夹角大于75°、上口面积大于5 m^2、深度大于上口短边长度或直径的洞挖工程。如调压井、闸门井等。

（12）洞井石方开挖定额中通风机台时量系按一个工作面长度400 m拟定。如工作面长度超过400 m时，应按表5-20系数调整通风机台时定额量。

表 5-20　通风机调整系数表

工作面长度/m	系数	工作面长度/m	系数	工作面长度/m	系数
400	1.00	1 000	1.80	1 600	2.50
500	1.20	1 100	1.91	1 700	2.65
600	1.33	1 200	2.00	1 800	2.78
700	1.43	1 300	2.15	1 900	2.90
800	1.50	1 400	2.29	2 000	3.00
900	1.67	1 500	2.40		

（13）地下厂房石方开挖定额，适用于地下厂房或窑洞式厂房开挖工程。

（14）平洞、斜井、竖井等各节石方开挖定额的开挖断面，系指设计开挖断面。

（15）石方开挖定额中所列“合金钻头”，系指风钻（手持式、气腿式）所用的钻头；“钻头”系指液压履带钻或液压凿岩台车所用的钻头。

（16）炸药按1~9 kg包装的炸药价格计算，其代表型号规格如下：

① 一般石方开挖：2号岩石铵梯炸药。

② 边坡、槽、坑、基础石方开挖：2号岩石铵梯炸药和4号抗水岩石铵梯炸药各半计算。

③ 洞挖（平洞、斜井、竖井、地下厂房石方开挖）按4号抗水岩石铵梯炸药计算。

（17）当岩石级别高于XⅣ级时，按各节XⅢ~XⅣ级岩石开挖定额，乘表5-21系数进行调整。

表 5-21　定额调整系数

项　目	系　数		
	人工	材料	机械
风钻为主各节定额	1.30	1.10	1.40
潜孔钻为主各节定额	1.20	1.10	1.30
液压钻多臂钻为主各节定额	1.15	1.10	1.15

（18）挖掘机或装载机装石渣汽车运输定额，其露天与洞内定额的区分，按挖掘机或装载

机装车地点确定。

（19）《水利建筑工程概算定额》二-30 节平洞石渣运输、二-31 节斜井石渣运输、二-32 节竖井石渣运输定额中的绞车规格，按表 5-22、表 5-23 选用。

表 5-22 竖井绞车选型表

<table>
<tr><td>竖井井深/m</td><td></td><td>≤50</td><td>50 ~ 100</td><td>>100</td></tr>
<tr><td rowspan="2">单筒绞车</td><td>卷筒 Φ（m）×B（m）</td><td colspan="2">2.0×1.5</td><td rowspan="4">参考冶金，煤炭建井定额</td></tr>
<tr><td>功率/kW</td><td>30</td><td>55</td></tr>
<tr><td rowspan="2">双筒绞车</td><td>卷筒 Φ（m）×B（m）</td><td colspan="2">2.0×1.5</td></tr>
<tr><td>功率/kW</td><td colspan="2">30</td></tr>
</table>

表 5-23 斜井绞车选型表

<table>
<tr><td colspan="3">斜井井深/m</td><td>≤140</td><td>140 ~ 300</td><td>300 ~ 500</td><td>500 ~ 700</td><td>700 ~ 900</td></tr>
<tr><td rowspan="6">单筒绞车</td><td rowspan="2">≤10°</td><td>卷筒 Φ（m）×B（m）</td><td colspan="3">1.2×1.0</td><td colspan="2">1.6×1.2</td></tr>
<tr><td>功率/kW</td><td colspan="3">30</td><td colspan="2">75</td></tr>
<tr><td rowspan="2">10° ~ 20°</td><td>卷筒 Φ（m）×B（m）</td><td colspan="3">1.2×1.0</td><td colspan="2">1.6×1.2</td></tr>
<tr><td>功率/kW</td><td colspan="2">30</td><td colspan="2">75</td><td>110</td></tr>
<tr><td rowspan="2">20° ~ 30°</td><td>卷筒 Φ（m）×B（m）</td><td colspan="2">1.2×1.0</td><td colspan="2">1.6×1.2</td><td>2.0×1.5</td></tr>
<tr><td>功率/kW</td><td colspan="2">30</td><td>75</td><td>110</td><td>155</td></tr>
<tr><td rowspan="6">双筒绞车</td><td rowspan="2">≤10°</td><td>卷筒 Φ（m）×B（m）</td><td colspan="3">1.2×1.0</td><td colspan="2">1.6×1.2</td></tr>
<tr><td>功率/kW</td><td colspan="3">30</td><td colspan="2">75</td></tr>
<tr><td rowspan="2">10° ~ 20°</td><td>卷筒 Φ（m）×B（m）</td><td colspan="3">1.2×1.0</td><td colspan="2">1.6×1.2</td></tr>
<tr><td>功率/kW）</td><td colspan="2">30</td><td>75</td><td>110</td><td>155</td></tr>
<tr><td rowspan="2">20° ~ 30°</td><td>卷筒 Φ（m）×B（m）</td><td colspan="2">1.2×1.0</td><td colspan="2">1.6×1.2</td><td>2.0×1.5</td></tr>
<tr><td>功率/kW</td><td>30</td><td>55</td><td colspan="2">110</td><td>155</td></tr>
</table>

（二）预算定额的应用

石方开挖工程预算定额包含在《水利建筑工程预算定额》第二章石方工程中，石方工程定额包括一般石方、保护层、沟槽、坑挖、平洞、斜井、竖井、预裂爆破等石方开挖和石渣运输定额，共计 56 节、588 个子目。

石方开挖工程预算定额的一般规定如下：

（1）一般石方开挖定额，适用于一般明挖石方工程；底宽超过 7 m 的沟槽；上口大于 160 m^2 的石方坑挖工程；倾角小于或等于 20°，开挖厚度大于 5 m（垂直于设计面的平均厚度）的破面石方开挖。

（2）一般破面石方开挖定额，适用于设计倾角大于 20°和厚度 5 m 以内的石方开挖。

（3）保护层石开挖定额，适用于设计规定不允许破坏岩层结构的石方开挖工程，如河床坝基、两岸坝基、发电厂基础、消能池、廊道等工程连接岩基部分，厚度按设计规定计算。

（4）沟槽石方开挖定额，适用于底宽小于或等于 7 m、两侧垂直或有边坡的长条形石方开挖工程。如渠道、截水槽、排水沟、地槽等。底宽超过 7 m 的按一般石方开挖定额计算，有保护层的，按一般石方和保护层比例综合计算。

（5）坡面沟槽石方开挖定额，适用于槽底轴线与水平夹角大于 20°的沟槽石方开挖工程。

（6）坑石方开挖定额，适用于上口面积小于或等于 160 m²、深度小于或等于上口短边长度或直径的工程。如集水坑、墩基、柱基、机座、混凝土基坑等。上口面积大于 160 m² 的坑挖工程按一般石方开挖定额计算，有保护层的，按一般石方和保护层比例综合计算。

（7）平洞石方开挖定额，适用于洞轴线与水平夹角小于或等于 6°的洞挖工程。

（8）斜井石方开挖定额，适用于水平夹角为 45°～75°的井挖工程。水平夹角 6°～45°的斜井，按斜井石方开挖定额乘 0.90 系数计算。

（9）竖井石方开挖定额，适用于水平夹角大于 75°、上口面积大于 5 m²、深度大于上口短边长度或直径的石方开挖工程。如调压井、闸门井等。

（10）洞、井石方开挖定额中各子目标示的断面积系指设计开挖断面积，不包括超挖部分。规范允许超挖部分的工程量，应执行《水利建筑工程预算定额》二-29、30、31 节超挖定额。

（11）平洞、斜井、竖井、地下厂房石方开挖已考虑光面爆破。

（12）炸药价格的计取：

① 一般石方开挖，按 2 号岩石铵锑炸药计算。

② 边坡、坑、沟槽、保护层石方开挖，按 2 号岩石铵锑炸药和 4 号抗水岩石铵锑炸药各半计算。

③ 洞挖（平洞、斜井、竖井、地下厂房）按 4 号抗水岩石铵锑炸药计算。

（13）炸药加工费（大包改小）所需工料已包括在《水利建筑工程预算定额》中。炸药预算价格一律按 1～9 kg 包装的炸药计算。

（14）石方洞（井）开挖中通风机台时量系按一个工作面长 400 m 拟定。若超过 400 m，按表 5-16 通风系数表计算。

（15）挖掘机或装载机装石渣、自卸汽车运输定额露天与洞内的区分，按挖掘机或装载机装车地点确定。

（16）当岩石级别大于XⅤ级时，可按相应各节XⅢ~XⅣ级岩石的定额乘以表 5-17 调整系数计算。

（17）预裂爆破、防震孔、插筋孔均适用于露天施工，若为地下工程，定额中人工、机械应乘以 1.15 系数。

（18）斜井或竖井井石渣运输定额中的绞车规格按表 5-18、表 5-19 选择。

（19）连续运输时分别套用定额中子目。洞内运输套用洞内运输定额中的“基本运距”及“增运”子目，洞外套用露天定额中“基本运距”及“增运”子目。

（三）定额工程量计算常用数据

石方开挖爆破每 1 m³ 耗炸药量见表 5-24。

表 5-24 石方开挖爆破每 1 m³ 耗炸药量表

炮眼种类		炮眼耗药量				平洞及隧洞耗药量			
炮眼深度/m		1～1.5		1.5～2.5		1～1.5		1.5～2.5	
岩石种类		软石	坚石	软石	坚石	软石	坚石	软石	坚石
炸药种类	TNT	0.30	0.25	0.35	0.30	0.35	0.30	0.40	0.35
	露天铵锑	0.40	0.35	0.45	0.40	0.45	0.40	0.50	0.45
	岩石铵锑	0.45	0.40	0.48	0.45	0.50	0.48	0.53	0.50
	黑炸药	0.50	0.55	0.55	0.60	0.55	0.60	0.65	0.68

五、工程实例

【例 5-2】某枢纽工程一般石方开挖，采用手风钻爆破，1 m^3 油动挖掘机 8 t 自卸汽车 3 km 弃渣，岩石类别为Ⅹ级，人工、机械单价见表 5-25，其他直接费率为 2.5%，现场经费费率为 9%，间接费率为 9%，利润率为 7%，税率为 3.22%。试计算石方开挖运输综合概算单价。

表 5-25 人工、材料及机械台时单价汇总表

序号	名称	单位	单价/元	序号	名称	单位	单价/元
1	工长	工时	7.15	7	导线 电线	m	0.50
2	中级工	工时	5.68	8	液压反铲挖掘机 1 m^3	台时	135.75
3	初级工	工时	3.16	9	推土机 88 kw	台时	104.62
4	合金钻头	个	80	10	自卸汽车 8 t	台时	78.35
5	炸药	kg	5.00	11	手持式风钻头	台时	25.82
6	雷管	个	0.80				

【解】(1) 石渣运输单价计算采用《水利建筑工程概算定额》20459 子目，计算过程见表 5-26，得石渣运输直接费 19.47 元/m^3。

表 5-26 石渣运输单价表

施工方法：1 m^3 挖掘机挖装，8 t 自卸汽车运输，运距 3 km					
定额编号	20459	适用范围	露天作业	定额单位	100 m^3（自然方）
定额依据	二——一般石方开挖——风钻钻孔		岩石的级别	Ⅹ级	
工作内容	挖装、运输、卸除、空回				
编号	名称及规格	单位	数量	单价/元	合计/元
一	直接工程费				
(一)	直接费				1947.12
(1)	人工费（初级工）	工时	18.7	3.04	56.85
(2)	材料费（零星材料费）	人工费、机械费之和的 2%		1 908.94	38.18
(3)	机械使用费				1 852.09
	挖掘机 1 m^3	台时	2.82	135.75	382.82
	推土机 88 kW	台时	1.41	104.62	147.51
	自卸汽车 8 t	台时	16.87	78.35	1321.76

(2) 石方开挖定额采用《水利建筑工程概算定额》20002 子目，计算过程见表 5-27，得石方开挖运输计算综合概算单价为 41.62 元/m^3。

表 5-27 石方开挖单价表

<table>
<tr><td colspan="6">施工方法：手风钻钻孔爆破，岩石级别X级</td></tr>
<tr><td>定额编号</td><td>20002</td><td>适用范围</td><td></td><td>定额单位</td><td>100 m³（自然方）</td></tr>
<tr><td>定额依据</td><td colspan="3">二—— 一般石方开挖—— 风钻钻孔</td><td>岩石的级别</td><td>X级</td></tr>
<tr><td>工作内容</td><td colspan="5">挖装、运输、卸除、空回</td></tr>
<tr><td>编号</td><td>名称及规格</td><td>单位</td><td>数　量</td><td>单价（元）</td><td>合计/元</td></tr>
<tr><td>一</td><td>直接工程费</td><td></td><td></td><td></td><td>3 448.62</td></tr>
<tr><td>（一）</td><td>直接费</td><td></td><td></td><td></td><td>3 092.94</td></tr>
<tr><td>（1）</td><td>人工费</td><td>工时</td><td></td><td></td><td>351.58</td></tr>
<tr><td></td><td>工长</td><td>工时</td><td>2</td><td>7.15</td><td>14.30</td></tr>
<tr><td></td><td>中级工</td><td>工时</td><td>18.1</td><td>5.68</td><td>102.81</td></tr>
<tr><td></td><td>初级工</td><td>工时</td><td>74.2</td><td>3.16</td><td>234.47</td></tr>
<tr><td>（2）</td><td>材料费</td><td></td><td></td><td></td><td>485.57</td></tr>
<tr><td></td><td>合金钻头</td><td>个</td><td>1.74</td><td>80</td><td>139.20</td></tr>
<tr><td></td><td>炸药</td><td>kg</td><td>34</td><td>5.00</td><td>170.00</td></tr>
<tr><td></td><td>雷管</td><td>个</td><td>31</td><td>0.80</td><td>24.80</td></tr>
<tr><td></td><td>导线 电线</td><td>m</td><td>155</td><td>0.50</td><td>77.50</td></tr>
<tr><td></td><td>其他材料费</td><td colspan="2">主要材料费之和的 18%</td><td>411.50</td><td>74.07</td></tr>
<tr><td>（3）</td><td>机械使用费</td><td></td><td></td><td></td><td>230.91</td></tr>
<tr><td></td><td>手持式风钻</td><td>台时</td><td>8.13</td><td>25.82</td><td>209.92</td></tr>
<tr><td></td><td>其他机械使用费</td><td colspan="2">主要机械费之和的 10%</td><td>209.92</td><td>20.99</td></tr>
<tr><td>（4）</td><td>石渣运输</td><td>m3</td><td>104</td><td>19.47</td><td>2024.88</td></tr>
<tr><td>（二）</td><td>其他直接费</td><td>%</td><td>2.5</td><td>3 092.94</td><td>77.32</td></tr>
<tr><td>（三）</td><td>现场经费</td><td>%</td><td>9</td><td>3 092.94</td><td>278.36</td></tr>
<tr><td>二</td><td>间接费</td><td>%</td><td>9</td><td>3 448.62</td><td>310.38</td></tr>
<tr><td>三</td><td>企业利润</td><td>%</td><td>7</td><td>3 759.00</td><td>263.13</td></tr>
<tr><td>四</td><td>税金</td><td>%</td><td>3.22</td><td>4 022.13</td><td>139.51</td></tr>
<tr><td></td><td>合计</td><td></td><td></td><td></td><td>4 161.64</td></tr>
</table>

第六章　土石方填筑工程计价

【学习目标】

1. 熟悉土方填筑工程和堆石坝填筑工程单价的构成，土石方填筑工程的计量与支付。

2. 掌握土石方填筑工程的设置及工程量计算规则，定额工程量计算中概预算定额的应用及两者的区别。

3. 掌握土方填筑工程单价编制及应注意的问题。

第一节　土石方填筑工程概述

土石填筑工程主要有砌筑工程、土方填筑工程、堆石坝填筑工程。其中砌石工程计价在第八章阐述。

一、土方填筑工程

水利水电工程中，土坝、堤防、道路、围堰等施工往往需要大量的土石填筑。土石填筑工程一般分为土石坝（堤）填筑和一般土石方回填两种。两者的施工工艺大致相同，比较而言，土石坝（堤）填筑对土料及碾压的要求更高。

编制土方填筑工程应考虑以下因素：土石填筑由土料开采运输、压实两大工序组成。土方填筑单价包括土料开采运输单价和压实单价两部分。

1. 土料开采运输单价

土料开采运输单价是指自土料场开采运输土料至填筑工作面每立方米土料的费用。它是由覆盖层清除摊销单价和开采运输单价组成，在土石坝物料压实（填筑）概算综合单价中以“土料运输（自然方）” 单价（元/ m^3）的形式表示（只计直接费）。

其中，覆盖层清除摊销单价，是指每立方米自然方土料应分摊的覆盖层清除（包括土料处理）费用。覆盖层摊销单价计算主要有两种方法：

（1）覆盖层清除摊销单价（元/m^{3}自然方）=覆盖层清除费用（元）/土料总方量（m^{3}自然方）　　（6-1）

式中：清除总费用可套用土方开挖工程定额进行计算。

（2）覆盖层清除摊销单价（元/m^{3}自然方）=覆盖层清除单价×摊销比例（%）　　（6-2）

式中：摊销比例（%）=覆盖层清除方量（m^3 自然方）/土料总方量（m^3 自然方）×100% （6-3）

开采运输单价，同土方开挖工程。应根据设计确定的土料级别、挖运机械、运输距离选用相应的定额计算。

土石料开采运输单价编制时应注意以下问题：

（1）料场覆盖层清理。水利工程土石填筑需要大量的土石料或砂砾料，需勘察有足够储量的料场供料。根据填筑土料的质量要求，料场上的杂树、杂草、不合格的表土等都必须予以清除，清除所需的人工、机械、材料等费用，应按相应比例摊入土石料单价中。

（2）土料开采运输。土料的开采运输，应根据工程规模，尽量采用大料场、大设备，以及提高机械生产效率，降低土料成本。土料的开采运输单价的编制与土方开挖工程相同，应根据设计确定的土料级别、挖运机械、运输距离选用相应的定额计算。只是当土料含水量不符合规定时需要增加处理费用，同时需要考虑土料损耗和体积变化因素。

（3）土料处理费用计算。当土料的含水量不符合规定标准时，应采取挖排水沟、扩大取土面积、分层取土等措施，如仍不能满足设计要求，则应采取降低含水量（翻晒、分区集中堆存等）或加水处理措施。

（4）土料损耗和体积变化。土料损耗包括开采、运输、雨后清理、削坡、沉陷等损耗，以及超填和施工附加量。

体积变化指土料的设计干密度和天然干密度之间的关系。例如设计要求坝体干密度为 1.670 t/m^3，而天然干密度为 1.400 t/m^3，则折实系数为 1.670/1.400=1.193，亦即该设计要求的 1 m^3 坝体实方，需 1.193 m^3 自然方才能满足。从定额（或单价）的意义来讲，土方开挖、运输的人工、材料、机械台时的数量（或单价）应扩大 1.193 倍。

2. 压实单价

土石方压实机械有羊足碾、气胎碾、平碾、振动碾等。常用的施工方法有：

（1）碾压法：靠碾滚本身重量对静荷重的作用，使土粒相互移动而达到密实。常采用羊足碾、气胎碾、平碾等机械，适用范围较广。

（2）夯实法：靠夯体下落动荷重的作用，使土粒位置重新排列而达到密实。适用于无黏性土，能压实较厚的土层，所需工作面较小。

（3）振动法：借助振动机械的振动作用，使土粒发生相对位移而得到压实。主要机械为振动碾，适用于无黏性土和砂砾石等土质及设计干密度要求较高时采用。

影响压实工效的主要因素有土（石）料种类、级别、设计要求、碾压工作面等。土方压实定额大多按这些影响因素划分子目。

（1）土料种类、级别。土的种类一般有土料、砂砾料、土石渣料等。土料种类、级别对土方压实工效有较大的影响。

（2）设计要求。设计对填筑体的质量要求主要反映在压实后的干密度，干密度的高低直接影响到碾压参数（如铺土厚度、碾压遍数），也直接影响压实工序的工效。

（3）碾压工作面。较小的工作面（如反滤体、心墙等）不能发挥机械的正常效率。

3. 编制土石料压实单价时应注意的问题

（1）现行土方填筑定额，除列有土方压实所需的工、料、机消耗量外，还列有“土料运输”项目。计算土方填筑综合单价时，应先计算“土料运输”单价，将“土料运输”单价视为材料预算价，计入土方填筑综合单价。为统一表现形式，编制单价时，一般应根据施工组织设计选定的开采运输方式，按定额规定的每立方米土料开采运输定额中的人工、材料及机械数量直接计入土料压实定额，计算土方填筑工程综合单价。定额的“土料运输”单价，指将土料运输至填筑部位处所发生的全部直接费，即：

定额“土料运输”单价=覆盖层清除摊销单价+开采运输单价

（2）若向地方购买土料，则定额“土料运输”单价中还需加计“土料购买费”。

（3）土方填筑单价，应包括土料开采、运输、推平、刨毛、碾压、削坡、补边夯、洒水等全部费用。

（4）各压实（填筑）定额中，单独列示了填筑每 100 m^3 实体所需的填筑物料定额用量（如土坝需土料 126 m^3 自然方），该定额用量已计入了体积变化、各项损耗、超填及施工附加量，编制土方填筑工程单价时，不得加计任何系数。

现行概算定额的综合定额，已计入了各项损耗、超填及施工附加量，体积变化也已在定额中考虑，并不得加计任何系数或费用。当施工措施不是挖掘机、装载机挖装自卸汽车运输时，可以套用单项定额。此时，可根据不同施工办法的相应定额，按下式计算取土备料和运输土料的定额数量：

$$\text{每 100 压实成品方需要的自然方量}=(100+A)\times\text{设计干密度}\div\text{天然干密度} \quad (6\text{-}4)$$

综合系数 A，包括开挖、上坝运输、雨后清理、边坡削坡、接缝削坡、施工深陷、取土坑、试验坑和不可避免的压坏等损耗因素、综合系数 A 可根据不同的施工方法与坝型和坝料按《水利建筑工程概算定额》规定选取（见第五章表 5-5），使用时不再调整。

（5）土石方的重复利用，有直接利用料和间接利用料两种。

① 直接利用料：利用开挖料直接运至填筑工作面，在开挖处计算开挖和运输费，在填筑处只计算碾压费。不得在开挖和填筑单价中重计或漏计。

② 间接利用料：即考虑开挖和填筑在施工进度安排上的时差，或因其他原因不能直接运至填筑工作面，开挖料卸至某堆料场，填筑时再从堆料场取土，需经过二次倒运，在进行单价分析时，开挖处计算至堆料场的挖、运费，填筑处计算二次倒运的挖、运、压费。

二、堆石坝填筑工程

堆石坝填筑受气候影响小，能大量利用开挖石渣筑坝，有利于大型机械作业，工程进度快、投资省。随着设计理论的发展、施工机械化程度的提高和新型压实机械的采用，国内外的堆石坝从数量和高度上都有了很大的发展。

1. 堆石坝施工

堆石坝施工主要为备料作业和坝上作业两部分。

（1）备料作业，指堆石料的开采运输。石料开采前先清理料场覆盖层，开采时一般采用深孔阶梯微差挤压爆破。缺乏大型钻孔设备，又要大规模开采时，也可进行洞室大爆破，要重视堆石料级配，按设计要求控制坝体各部位的石料粒（块）径，以确保堆石体的密实程度。

石料运输与土坝填筑工程相同。由于堆石坝的铺填厚度大，填筑强度高，挖运应尽可能采用大容量、大吨位的机械。挖掘机或装载机装自卸汽车运输直接上坝方法是目前最为常用的一种堆石坝施工方法。

（2）坝上作业。包括基础开挖处理、工作场地准备、铺料、填筑等。堆石铺填厚度，视不同碾压机具，一般为 0.5 ~ 1.5 m。振动碾是堆石坝的主要压实机械，一般重 3.5 ~ 17 t，碾压遍数视机具及层厚通过压实实验确定，一般为 4 ~ 10 遍。碾压时为使填料足够湿润、提高压实效率，须加水浇洒，加水量通常为堆石方量的 20% ~ 50%。

2. 堆石单价

堆石坝填筑单价包括堆石料备料单价、运输单价和压实单价三部分。

（1）堆石料备料单价。堆石料备料单价是指在成品供料场加工每立方米成品堆方堆石料的费用。堆石坝的石料备料单价计算同一般块石开采一样，包括覆盖层清理、石料钻孔爆破和工作面废渣处理。

它是由覆盖层清除摊销单价和开采单价组成，在堆石坝填筑概算综合单价中以“堆石料”材料单价（元/ m^3 成品堆方）的形式表示（只计直接费）。

① 覆盖层摊销单价，是指每立方米成品堆方堆石料应分摊的覆盖层清除费用。覆盖层摊销单价计算主要有两种方法：

覆盖层清除摊销单价（元/ m^3 成品堆方）

=覆盖层清除费用（元）/堆石料总方量（m^3 成品堆方）（6-5）

式中：覆盖层清除总费用可套用土方及一般石方工程开挖定额进行计算。

覆盖层清除摊销单价（元/ m^3 成品堆方）

=覆盖层清除单价×摊销比例（%）（6-6）

式中：摊销比例（%）=覆盖层清除方量（m^3 自然方）/堆石料总方量（m^3 成品堆方）×100%（6-7）

② 开采单价，指按照分区填筑的设计要求，钻孔、爆破、解小、堆存及清理工作面等工序单价。堆石料开采方法与碎石原料开采基本相同，由于堆石坝分区填筑对堆石料有级配要求，主次堆石区石料最大粒（块）径可达 1.0 m 及以上，而垫层石料、过渡层石料粒（块）径仅为 0.08 ~ 0.3 m，虽在爆破设计中尽可能一次获得级配良好的堆石料，但有些石料还必须经过分级处理，方可获得要求的级配。分级的方法，可采取轧制加工的方法，经过轧石筛分系统加工至所要求的级配。下游堆石体所需的特大块石，则需进行人工挑选。因此，各区石料所耗工料不一定相同，而石料开采定额很难体现这些因素，单价编制时要注意这一问题。

岩石经爆破后，料场工作面上的废渣很多，为了取得良好的块石级配及方便施工，必须将废渣清理出工作面。该部分费用已包含在石料开采定额中，在编制概算单价时无须增加。

（2）运输单价：指从石料场堆石料堆存点装车并运输上坝至填筑工作面的工序单价，包括装车、运输上坝、卸车、空回等费用。石料运输，应根据不同的施工方法，套用相应的定额计算。如设计从石料场开采堆石料（碎石原料），则应采用《水利建筑工程概算定额》和《水利建筑工程预算定额》第六章砂石备料定额的“碎石原料”运输定额计算堆石料运输单价，其单位为“堆方”；如为利用基坑开挖石渣料作为堆石料，则应采用《水利建筑工程概算定额》和《水利建筑工程预算定额》第二章石方开挖工程的“石渣运输”定额计算堆石料（石渣）运输单价，其单位为“自然方”，要计算体积换算系数。现行概算定额的综合定额，其堆石料运输所需的人工、机械等数量，已计入压实工序的相应项目中，不在备料单价中体现。爆破、运输采用石方开挖定额时，须加计损耗和进行定额单位换算。石方开挖为自然方，填筑为坝体压实方。

（3）压实单价：压实单价包括平整、洒水、压实等费用，和土方工程一样。压实定额中均包括了体积换算、施工损耗等因素，考虑到各区堆石料粒（块）经大小、层厚尺寸、碾压遍数的不同，压实单价应按按自料场直接运输上坝与自成品供料场运输上坝两种情况并按不同的碾压设备、不同的填筑物料（堆石料、砂砾料、反滤料、垫层料等）分别编制。

第二节　项目设置及工程量计算规则

一、项目设置

土石方填筑工程共设置有16个项目：一般土方填筑，黏土料填筑，人工掺和料填筑，防渗风化料填筑，反滤料填筑，过渡层料填筑，垫层料填筑，堆石料填筑，石渣料填筑，石料抛投，钢筋笼块石抛投，混凝土块抛投，袋装土方填筑，土工合成材料铺设，水下土石填筑体拆除，其他土石方填筑工程。

土石方填筑工程的工程量清单的项目编码、项目名称、计量单位、工程量计算规则及主要工作内容，应按表6-1的规定执行。

表6-1　土石方填筑工程（编码500103）

<table>
<tr><th>项目编码</th><th>项目名称</th><th>项目主要特征</th><th>计量单位</th><th>工程量计算规则</th><th>主要工作内容</th><th>一般适用范围</th></tr>
<tr><td>500103001×××</td><td>一般土方填筑</td><td rowspan="4">1.土质及含水量
2.分层厚度及碾压遍数
3.填筑体干密度、渗透系数
4.运距</td><td rowspan="7">m³</td><td rowspan="7">按招标设计图示尺寸计算的填筑体有效压实方体积计量</td><td rowspan="7">1.挖、装、运、卸
2.分层铺料、平整、洒水、碾压</td><td>土坝、土堤填筑等</td></tr>
<tr><td>500103002×××</td><td>黏土料填筑</td><td rowspan="3">土石坝等的防渗体填筑</td></tr>
<tr><td>500103003×××</td><td>人工掺和料填筑</td></tr>
<tr><td>500103004×××</td><td>防渗风化料填筑</td></tr>
<tr><td>500103005×××</td><td>反滤料填筑</td><td rowspan="3">1.颗粒级配
2.分层厚度及碾压遍数
3.填筑体相对密度
4.运距</td><td>土石坝的防渗体与过渡层料之间的反滤料及滤水坝趾反滤料填筑等</td></tr>
<tr><td>500103006×××</td><td>过渡层料填筑</td><td>土石坝的反滤料与坝壳之间的过渡层料填筑</td></tr>
<tr><td>500103007×××</td><td>垫层料填筑</td><td>面板坝的面板与坝壳之间的垫层料填筑</td></tr>
</table>

续表

项目编码	项目名称	项目主要特征	计量单位	工程量计算规则	主要工作内容	一般适用范围
500103008×××	堆石料填筑	1.颗粒级配 2.分层厚度及碾压遍数 3.填筑料相对密度 4.运距		按招标设计图示尺寸计算的填筑体有效压实方体积计量	1.确定填筑参数 2.挖、装、运、卸 3.分层铺料、平整、洒水、碾压	坝体、围堰填筑等
500103009×××	石渣料填筑	1.最大粒径限制 2.压实要求 3.运距				
500103010×××	石料抛投	1.粒径 2.抛投方式 3.运距	m^3	按招标设计文件要求，以抛投体积计量	1.抛投准备 2.装运 3.抛投	抛投于水下
500103011×××	钢筋笼块石抛投	1.粒径 2.笼体及网格尺寸 3.抛投方式 4.运距			1.抛投准备 2.笼体加工 3.石料装运 4.装笼、抛投	
500103012×××	混凝土块抛投	1.形状及尺寸 2.抛投方式 3.运距			1.抛投准备 2.装运 3.抛投	
500103013×××	袋装土方填筑	1.土质要求 2.装袋、封包要求 3.运距		按招标设计图示尺寸计算的填筑体有效体积计量	1.装土 2.封包 3.堆筑	围堰水下填筑等
500103014×××	土工合成材料铺设	1.材料性能 2.铺设拼接要求	m^2	按招标设计图示尺寸计算的有效面积计量	1.铺设 2.接缝 3.运输	防渗结构
500103015×××	水下土石填筑体拆除	1.断面形式 2.拆除要求 3.运距	m^3	按招标设计文件要求，以拆除前后水下地形变化计算的体积计量	1.测量拆除前后水下地形 2.挖、装、运、卸	围堰等水下部分拆除
500103016×××	其他土石方填筑工程					

其他相关问题应按下列规定处理：

（1）填筑土石料的松实系数换算，无现场土工试验资料时，参照第五章表5-6确定。

（2）土石方填筑工程工程量清单项目的工程量计算规则。按招标设计图示尺寸计算填筑体的有效压实方体积计量。施工过程中增加的超填量、施工附加量、填筑体及基础的沉陷损失、填筑操作损耗等所发生的费用，应摊入有效工程量的工程单价中；抛投水下的抛填物，石料抛投体积按堆方体积计量，钢筋笼块石或混凝土块抛投体积按钢筋笼或混凝土块的规格尺寸计算的体积计量。

（3）钢筋笼块石的钢筋笼加工，按招标设计文件要求和钢筋加工及安装工程的计量计价规则计算，摊入钢筋笼块石抛投有效工程量的工程单价中。

二、计量与支付

（1）坝体填筑最终工程量的计量，应按施工图所示的坝体填筑尺寸和施工图纸所示各种填筑体的尺寸和基础开挖清理完成后的实测地形，计算各种填筑体的工程量，以《工程量清单》所列项目的各种坝料填筑的每立方米单价支付。

进度支付的计量，应按施工图纸外轮廓尺寸边线和实测施工期各填筑体的高程计算其工程量，以《工程量清单》所列项目的各种坝料填筑的每立方米单价支付。

（2）各种坝料填筑的每立方米单价中，已包括填筑所需的料场清理、料物开采、加工、运输、堆存、试验、填筑、土料填筑过程中的含水量调整以及质量检查和验收等工作所需的全部人工、材料及使用设备和辅助设施等一切费用。

（3）由承包人进行的料场复查所需的费用包括在《工程量清单》各有关坝料的单价中，发包人不再另行支付。

（4）经监理人批准改变料场引起坝料单价的调整，应按规定办理。

（5）现场生产性试验所需的费用按《工程量清单》所列项目的总价进行支付。

（6）土工合成材料工程量应以完工时实际测量的铺设面积计算，以平方米（m^2）为单位计量，并按《工程量清单》所列项目的每平方米单价进行支付，其中接缝搭接的面积和折皱面积不另行计量。该单价中包括土工合成材料的提供及土工合成材料的拼接、铺设、保护等施工作业以及质量检查和验收所需的全部人工、材料、使用设备和辅助设施等一切费用。土工合成材料拼接所用的黏结剂、焊接剂和缝合细线等材料的提供及其抽样检验等所需的全部费用应包括在土工合成材料的每平方米单价中，发包人不再另行支付。

第三节 定额工程量计算

一、概算定额的应用

土方填筑和堆石坝填筑工程定额的内容包含在《水利建筑工程概算定额》第三章土石填筑工程中，土石填筑工程定额包括护岸抛石、干砌石、浆砌石、砌石重力坝、砌石拱坝、土石坝物料压实等定额，共计 20 节、91 个子目。

土石填筑工程一般根据不同的结构、施工方法和建筑材料来划分项目。

土石填筑工程概算定额的一般规定如下：

（1）土石方填筑定额计量单位，除注明者外，按建筑实体方计算。

（2）定额石料规格及标准说明：

① 碎石：指经破碎、加工分级后，粒径大于 5 mm 的石块。

② 卵石：指最小粒径大于 20 cm 的天然河卵石。

③ 块石：指厚度大于 20 cm，长、宽各为厚度的 2 ~ 3 倍，上下两面平行且大致平整，无尖角、薄边的石块。

④ 片石：指厚度大于 15 cm，长、宽各为厚度的 3 倍以上，无一定规则形状的石块。

⑤ 毛条石：指一般长度大于 60 cm 的长条形四楞方正的石料。

⑥ 料石：指毛条石经过修边打荒加工，外露面方正，各相邻面正交，表面凸凹不超过 10 mm 的石料。

⑦ 砂砾料：指天然砂卵（砾）石混合料。

⑧ 堆石料：指山场岩石经爆破后，无一定规格、无一定大小的任意石料。

⑨ 反滤料、过渡料：指土石坝或一般堆砌石工程的防渗体与坝壳（土料、砂砾料或堆石料）之间的过渡区石料，由粒径、级配均有一定要求的砂、砾石（碎石）等组成。

（3）定额中砂石料计量单位，砂、碎石、堆石料为堆方，块石、卵石为码方，条石、料石为清料方。

（4）土石坝物料压实定额按自料场直接运输上坝与自成品供料场运输上坝两种情况分别编制，根据施工组织设计方案采用相应的定额子目。定额已包括压实过程中所有损耗量以及坝面施工干扰因素。如为非土石堤、坝的一般土料、砂石料压实，其人工、机械定额乘以 0.8 系数。

反滤料压实定额中的砂及碎（卵）石数量和组成比例，按设计资料进行调整。

过渡料如无级配要求时，可采用砂砾石定额子目。如有级配要求，需经筛分处理时，则应采用反滤料定额子目。

（5）未编列土石坝物料的运输定额。编制概算时，可根据定额所列物料运输数量采用本概算定额相关章节子目计算物料运输上坝费用，并乘以坝面施工干扰系数 1.02。

自料场直接运输上坝的物料运输，采用第一章土方开挖工程和第二章石方开挖工程定额相应子目，计量单位为自然方。其中砂砾料运输按Ⅳ类土定额计算。

自成品供料场上坝的物料运输，采用第六章砂石备料工程定额，计量单位为成品堆方。其中反滤料运输采用骨料运输定额。

二、预算定额的应用

土方填筑和堆石坝填筑工程定额的内容包含在《水利建筑工程概算定额》第一章土方工程和第三章砌石工程中。

第四节　工程实例

【例 6-1】某水电站挡水建筑物为黏土心墙坝，坝长 2 km，心墙设计工作量为 200×10^4 m³，设计干密度 17 kN/m³，天然干密度 15.5 kN/m³。土料场中心位于坝址左岸坝头 8 km 处，翻晒场位于坝址左岸坝头 6 km 处，土质级别为Ⅲ类土，土方自料场直接运输上坝拖拉机压实。

已知：覆盖层清除量 6×10^4 m³，单价 3.0 元/m³（自然方）；土料开采运输至翻晒场单价 11.20 元/m³（自然方）；土料翻晒单价 2.84 元/m³（自然方）；取土备料及计入施工损耗的综合系数 A=6.7（%）。柴油单价 2.6 元/kg，电价 0.62 元/（kW·h）。

试计算：

（1）翻晒后用 5 m³ 装载机配 25 t 自卸汽车运至坝上的概算单价。土料运输单价计算过程中所需的人工、机械台时单价见表 6-2，其他直接费率为 2.5%，现场经费费率为 9%，间接费率为 9%，利润率为 7%，税率为 3.22%。

表 6-2　土料运输工程的人工、机械台时单价汇总表

序号	名称	单位	单价/元
1	初级工	工时	3.04
2	装载机 5 m³	台时	360.38
3	推土机 88 kW	台时	104.85
4	自卸汽车 25 t	台时	192.24

（2）74 kW 拖拉机碾压概算单价。土料压实单价计算过程中所需的人工、机械台时单价见表 6-3，其他直接费率为 2.5%，现场经费费率为 9%，间接费率为 9%，利润率为 7%，税率为 3.22%。

表 6-3　土料压实工程的人工、机械台时单价汇总表

序号	名称	单位	单价/元
1	初级工	工时	3.04
2	拖拉机 74 kW	台时	66.36
3	推土机 74 kW	台时	83.48
4	蛙式打夯机 2.8 kW	台时	12.82
5	刨毛机	台时	51.24

（3）黏土心墙坝的综合概算单价。

【解】（1）计算翻晒后用 5 m³ 装载机配 25 t 自卸汽车运至坝上的概算单价。

已知坝长 2 km，翻晒场中心位于坝址左岸坝头 6 km 处，因此自卸汽车运距为 7 km（水平运输距离是指从取料中心至卸料中心的全距离，这里的取料中心为翻晒场中心，卸料中心为坝轴线的中点处）。

土料运输单价计算采用《水利建筑工程概算定额》10789 子目，查表得 25 t 自卸汽车运输

7 km 需（5.53+2×0.56）=6.65 台时，计算过程见表 6-4，得土料运输概算单价为 20.04 元/m^3。

表 6-4 土料运输单价表

施工方法：5 m^{3}装载机挖装，25 t 自卸汽车运输，运距 7 km					
定额编号	10789	适用范围	露天作业	定额单位	100 m^3（自然方）
定额依据	一——5 m^{3}装载机装土自卸汽车运输		土的级别	III类土	
工作内容	挖装、运输、卸除、空回				
编号	名称及规格	单位	数量	单价/元	合计/元
一	直接工程费				1 664.35
（一）	直接费				1 492.69
（1）	人工费（初级工）	工时	2.3	3.04	6.99
（2）	材料费（零星材料费）	人工费、机械费之和的 2%		1 463.42	29.27
（3）	机械使用费				1 456.43
	装载机 5 m^3	台时	0.43	360.38	154.96
	推土机 88 kW	台时	0.22	104.85	23.07
	自卸汽车 25 t	台时	6.65	192.24	1 278.40
（二）	其他直接费	%	2.5	1 492.69	37.32
（三）	现场经费	%	9	1 492.69	134.34
二	间接费	%	9	1 664.35	149.79
三	企业利润	%	7	1 814.14	126.99
四	税金	%	3.22	1 941.13	62.50
	合计				2003.63

（2）计算 74 kW 拖拉机碾压概算单价。

土料压实单价计算采用《水利建筑工程概算定额》30075 子目，计算过程见表 6-5，得土料压实概算单价为 5.06 元/m^3。

表 6-5 土料压实单价表

施工方法：拖拉机压实，设计干密度 17 kN/m^3						
定额编号	30076	适用范围	土料	定额单位	100 m^3（压实方）	
定额依据	三——19 土石坝物料压实	土的级别	III类土	密度/（kN/m^3）	＞16.67	
工作内容	推平、刨毛、压实、削坡、洒水、补夯边及坝面各种辅助工作					
编号	名称及规格	单位	数　量	单价（元）	合计（元）	
一	直接工程费				420.51	
（一）	直接费				377.14	

续表

（1）	人工费（初级工）	工时	25.1	3.04	76.30
（2）	材料费（零星材料费）	人工费、机械费之和的 10%		342.85	34.29
（3）	机械使用费				266.55
	拖拉机 74 kW	台时	2.65	66.36	175.85
	推土机 74 kW	台时	0.55	83.48	45.91
	蛙式打夯机 2.8 kW	台时	1.09	12.82	13.97
	刨毛机	台时	0.55	51.24	28.18
	其他机械费	主要机械费之和的 1%		263.91	2.64
（二）	其他直接费	%	2.5	377.14	9.43
（三）	现场经费	%	9	377.14	33.94
二	间接费	%	9	420.51	37.85
三	企业利润	%	7	458.36	32.09
四	税金	%	3.22	490.45	15.79
	合计				506.24

（3）计算黏土心墙坝的综合概算单价。

① 覆盖层清除量 6 万 m^3，单价 3.0 元/m^3（自然方），其中：

摊销销比例（%）=覆盖层清除方量（m^3 自然方）/土料总方量（m^3 自然方）×100%

=6/200=3%

② 土料开采运输至翻晒场单价 11.20 元/m^3（自然方）。

③ 土料翻晒单价 2.84 元/m^3（自然方）。

④ 翻晒后挖装、运输上坝单价为 20.04 元/m^3（自然方，见（1））。

⑤ 土料压实单价为 5.06 元/m^3[压实方，见（2）]。

⑥ 定额换算。

每 100 压实成品方需要的自然方量（m^3）=（100+ A ）×设计干密度÷天然干密度

=（100+6.7）×17/15.5 = 117（m^3）

⑦ 黏土心墙综合概算单价为：

（11.20+2.84+20.04）×117/100+3.0×3%+5.06=45.02（元/m^3）（压实方）

第七章 疏浚与吹填工程计价

【学习目标】

1. 熟悉疏浚与吹填工程的项目设置。
2. 了解疏浚与吹填工程的计算规则。
3. 了解疏浚与吹填工程的概预算定额工程量计算。
4. 熟悉疏浚与吹填工程的计量与支付。

第一节 项目设置及工程量计算规则

1. 疏浚和吹填工程

工程量清单的项目编码、项目名称、计量单位、工程量计算规则及主要工作内容，应按表 7-1 的规定执行。

表 7-1 疏浚和吹填工程（编码 500104）

<table>
<tr><th>项目编码</th><th>项目名称</th><th>项目主要特征</th><th>计量单位</th><th>工程量计算规则</th><th>主要工作内容</th><th>一般适用范围</th></tr>
<tr><td>500104001×××</td><td>船舶疏浚</td><td>1.地质及水文地质参数
2.需要避险和防干扰情况
3.船型及规格
4.排泥管线长度
5.挖深及排高
6.排泥方式（水中、陆地）</td><td rowspan="2">m³</td><td rowspan="2">按招标设计图示尺寸计算的水下有效自然方体积计量</td><td>1.测量地形、设立标志
2.避险、防干扰
3.排泥管安拆、移动、挖泥、排泥（或驳船运输排泥）
4.移船、移锚及辅助工作
5.开工展布、收工集合</td><td rowspan="2">在不同土壤中的水下疏浚，并排泥于指定地点</td></tr>
<tr><td>500104002×××</td><td>其他机械疏浚</td><td>1.地质及水文地质参数
2.需要避险和防干扰情况
3.运距及排高
4.排泥方式（水中、陆地）</td><td>1.测量地形、设立标志
2.避险、防干扰
3.挖泥、排泥
4.作业面移动及辅助工作
5.开工展布、收工集合</td></tr>
</table>

续表

项目编码	项目名称	项目主要特征	计量单位	工程量计算规则	主要工作内容	一般适用范围
500104003×××	船舶吹填	1.地质及水文地质参数 2.需要避险和防干扰情况 3.船型及规格 4.排泥管线长度 5.排泥吹填方式 6.运距及排高			1.测量地形、设立标志 2.避险、防干扰 3.排泥管安拆、移动、挖泥、排泥（或驳船运输排泥） 4.移船、移锚及辅助工作 5.围堰、隔埂、退水口及排水渠等的维护 6.吹填体的脱水固结 7.开工展布、收工集合	吹填坝、堤，淤积田地及场地
500104004×××	其他机械吹填	1.地质及水文地质参数 2.需要避险和防干扰情况 3.排泥吹填方式 4.运距及排高			1.测量地形、设立标志 2.避险、防干扰 3.挖泥、排泥 4.作业面移动及辅助工作 5.开工展布、收工集合	
500104005×××	其他疏浚或吹填					

2. 其他相关问题处理规定

（1）疏浚和吹填工程的土（砂）分级，按表 7-2 确定。

（2）水力冲挖机组的土类分级，按表 7-3 确定。

（3）疏浚和吹填工程工程量清单项目的工程量计算规则：

① 在江河、水库、港湾、湖泊等处的疏浚工程（包括排泥于水中或陆地），按招标设计图示轮廓尺寸计算的水下有效自然方体积计量。施工过程中疏浚设计断面以外增加的超挖量、施工期自然回淤量、开工展布与收工集合、避险与防干扰措施、排泥管安拆移动以及使用辅助船只等所发生的费用，应摊入有效工程量的工程单价中，辅助工程（如浚前扫床和障碍物清除、排泥区围堰、隔埂、退水口及排水渠等项目）另行计量计价。

② 吹填工程按招标设计图示轮廓尺寸计算（扣除吹填区围堰、隔埂等的体积）的有效吹填体积计量。施工过程中吹填土体沉陷量、原地基因上部吹填荷载而产生的沉降量和泥沙流失量、对吹填区平整度要求较高的工程配备的陆上土方机械等所发生的费用，应摊入有效工程量的工程单价中。辅助工程（如浚前扫床和障碍物清除、排泥区围堰、隔埂、退水口及排水渠等项目）另行计量计价。

③ 利用疏浚工程排泥进行吹填的工程，疏浚和吹填价格分界按招标设计文件的规定执行。

表 7-2 河道疏浚工程土（砂）分级表

土砂类别		土名状态	粒组、塑性图分类		贯入基数 $N_{63.5}$	锥体沉入土中深度 h/mm	饱和密度 P_t/（g/cm³）	液性指数 I_L	相对密度 D_r	粒径 /mm	含量占权重（%）	附着力 F/（kN/m²）
			符号	典型土、砂名称举例								
泥土、粉细砂	I	流动淤泥	OH	中、高塑性有机黏土	0	>10	≤1.55	≥1.50				
		液塑淤泥	OH	中、高塑性有机黏土	≤2	>10	1.55~1.70	1.00~1.50				
	II	软塑淤泥	OL	低、中塑性有机粉土，有机粉黏土	≤4	7~10	1.8	0.75~1.00				
	III	可塑砂壤土	CL	低塑性黏土，砂质黏土，黄土	5~8	3~7	>1.80	0.25~0.75				
		可塑壤土	CI	中塑性黏土，粉质黏土	5~8	3~7	>1.80	0.25~0.75				
		可塑黏土	CH	高塑性黏土，肥黏土，膨胀土	5~8	3~7	>1.80	0.25~0.75				<100
		松散粉、细砂	SM，SC，S-M，S-C	粉（黏）质土砂，微含粉（黏）质土砂	≤4		1.9		0~0.33	0.05~0.25		
	IV	硬塑砂壤土	CL	低塑性黏土，砂质黏土，黄土	9~14	2~3	1.85~1.90	0~0.25				<100
		硬塑壤土	CI	中塑性黏土，粉质黏土	9~14	2~3	1.85~1.90	0~0.25				<100
		中密粉细砂	SM，SC，S-M，S-C	粉（黏）质土砂，不良级配砂，黏（粉）土砂混合料	5~10		1.9		0.33~0.67	0.05~0.25		
	V	硬塑黏土	CH	高塑性黏土，肥黏土，膨胀土	9~14	2~3	1.85~1.90	0~0.25				>250
		密实粉、细砂	SM，SC，S-M，S-C	粉（黏）质土砂，不良级配砂，黏（粉）土砂混合料	10~30		2.00		0.67~1.0	0.05~0.25		
	VI	坚硬砂壤土	CL	砂质黏土，低塑性黏土，黄土	15~30	<2	1.90~1.95	<0				<100

续表

土砂类别		土名状态	粒组、塑性图分类		贯入基数 $N_{63.5}$	锥体沉入土中深度 h/mm	饱和密度 P_t/（g/cm³）	液性指数 I_L	相对密度 D_r	粒径/mm	含量占权重（%）	附着力 F/（kN/m²）
			符号	典型土、砂名称举例								
泥土、粉细砂	Ⅶ	坚硬壤土	CI	中塑性黏土，粉质黏土	15～30	<2	1.90～2.00	<0				<100
泥土、粉细砂	Ⅶ	坚硬黏土	CH	高塑性黏土，肥黏土，膨胀土	15～30	<2	1.90～2.00	<0				>250
泥土、粉细砂	Ⅶ	弱胶结砂礓土			15～31							
砂	中砂	松散中砂	SM，SC，SP	粉（黏）质土砂，砂、粉（黏）土混合料，不良级配砂	0～15		2		0～0.33	0.25～0.50	>50	
砂	中砂	中密中砂	SM，SC，SW，SP	粉（黏）质土砂，良好（不良）级配砂	15～30		2.05		0.33～0.67	0.25～0.50	>50	
砂	中砂	紧密中砂含铁板砂	SM（C），SW（P），GM（C），G-M（C）	粉（黏）质土砂，良好（不良）级配砂，粉（黏）质土砾，砾、砂、粉（黏）土混合料，砾质砂	30～50		>2.05		0.67～1.00	0.25～0.50	>50	
砂	粗砂	松散粗砂	SM，SC，SP	粉（黏）质土砂，砂、粉（黏）土混合料，不良级配砂	0～15		2		0～0.33	0.50～2.00	>50	
砂	粗砂	中密粗砂	SM，SC，SW	粉（黏）质土砂，砂、粉（黏）土混合料，良好级配砂	15～30		2.05		0.33～0.67	0.50～2.00	>50	
砂	粗砂	紧密粗砂含铁板砂	SM（C），SW（P），GM（C），G-M（C）	粉（黏）质土砂，良好（不良）级配砂，微含粉（黏）质土砾，砾、砂、粉（黏）土混合料，砾质砂	30～50		>2.05		0.67～1.00	0.50～2.00	>50	

表 7-3　水力冲挖机组土类分级表

土类级别		土类名称	自然容重 /（kN/m³）	外形特征	鉴别方法
I	1	稀淤	14.72 ~ 17.66	含水饱和，搅动即成糊状	用容器装运
	2	流沙		含水饱和，能缓缓流动，挖而复涨	
II	1	砂土	16.19 ~ 17.17	颗粒较粗，无凝聚性和可塑性，空隙大，易透水	用铁锹开挖
	2	砂壤土		土质松软，由砂与壤土组成，易成浆	
III	1	烂淤	16.68 ~ 18.15	行走陷足，黏锹黏筐	用铁锹或长苗大锹开挖
	2	壤土		手触感觉有砂的成分，可塑性好	
	3	含根种植		有植物根系，能成块，易打碎	
IV	1	黏土	17.17 ~ 18.64	颗粒较细，黏手滑腻，能压成块	用三齿叉橇挖
	2	干燥黄土		黏手，看不见砂粒	
	3	干淤土		水分在饱和点以下，质软易挖	

第二节　疏浚和吹填工程概算定额工程量计算

一、土、砂分类

（1）绞吸、链斗、抓斗、产斗式挖泥船、吹泥船开挖水下方的泥土及粉细砂分为 I ~ VII 类，中、粗砂各分为松散、中密、紧密三类。

（2）水利冲挖机组的土类划分为 I ~ IV，见表 7-3。

二、计量单位

疏浚工程定额的计量单位，除注明者外，均按水下自然方计算。疏浚或吹填工程量应按设计要求计算，吹填工程陆上方应折算为水下自然方。在开挖过程中的超挖、回淤等因素，均包括在定额内。

三、工况级别的确定

挖泥船、吹泥船定额均按一级工况制定。当在开挖区、排（运、卸）泥（砂）区整个作业范围内，受到超限风浪、雨雾、潮汐、水位、流速及行船避让、木排流放、冰凌以及水下芦苇、树根、障碍物等自然条件和客观原因，而直接影响正常施工生产和增加施工难度的时间，应根据当地水文、气象、工程地质资料，通航河道的通航要求，所选船舶的适应能力等，进行统计分析，以确定该影响及增加施工难度的时间，按其占总工期历时的比例，确定工况级别，并按照表 7-4 所列出的系数进行相应定额的调整。

表 7-4 定额调整系数

工况级别	绞吸式挖泥船		链斗、抓斗、铲斗式挖泥船、吹泥船	
	平均每班客观影响时间/h	工况系数	平均每班客观影响时间/h	工况系数
一	≤1.0	1.00	≤1.3	1.00
二	≤1.5	1.10	≤1.8	1.12
三	≤2.1	1.21	≤2.4	1.27
四	≤2.6	1.34	≤2.9	1.44
五	≤3.0	1.50	≤3.4	1.64

四、挖泥船类型

各类型挖泥船（吹泥船）定额使用中，如大于（或小于）基本排高和超过基本挖深时，人工及机械（含排泥管）定额调整按下式计算：

大于基本排高，调整后的定额值 A=基本定额×k_1^n

小于基本排高，调整后的定额值 A=基本定额÷k_1^n

超过基本挖深、调整后的定额增加值 C=基本定额×（$n \times k_2$）

调整后定额综合值 $D = A+C$ 或 $D=B+C$

式中 k_1——各定额表注中，每增（减）1 m 的超排高系数；

k_2——各定额表注中，每超过基本挖深 1 m 的定额增加系数；

n——大于（或小于）定额基本排高或超过定额基本挖深的数值（m）。

在计算超排高和超挖深时，定额表中的“其他机械费”费率不变。

1. 绞吸式挖泥船

（1）排泥管：包括水上浮筒管（含浮筒一组、钢管及胶套管各一根，简称浮筒管）及陆上排泥管（简称岸管），分别按管径、组长或根长划分，详细情况见定额表。

（2）排泥管线长度：指自挖泥（砂）区中心至排泥（砂）区中心，浮筒管、潜管、岸管各管线长度之和。其中浮筒管已考虑水流影响，与挖泥船、岸管链接的弯曲长度。排泥管线长度中的浮筒管组时，岸管根时的数量，已计入分项定额内。如所需排泥管线长度介于两定额子目之间时，采用“插入法”进行计算。

（3）这种吸式挖泥船均按费潜管制定，如果采用潜管时，按该定额子目的人工、挖泥船及配套船舶定额乘以系数 1.04 来计算。所用到的潜管及其潜、浮所需动力装置和充水、充气、控制设备等，应根据管径，长度另行计列。

2. 链斗式挖泥船

（1）泥驳均为开底泥驳，若为吹填工程或陆上排卸时，则改为满底泥驳。

（2）若开挖泥沙层厚度（包括计算超深值）小于斗高、而大于或等于斗高 1/2 时，按开挖定额中人工工时及船舶时定额乘以系数 1.25 进行计算。若开挖厚度小于斗高的 1/2 时，不执行链斗式挖泥船定额。

（3）各类型链斗式挖泥船的斗高，参照表 7-5 所示。

表 7-5 各类型链斗式挖泥船的斗高

船型/（m^3/h）	40	60	100	120	150	180	350	500
斗高/m	0.45	0.45	0.80	0.70	0.67	0.69	1.23	1.40

3. 抓斗式、铲斗式挖泥船

（1）泥驳均为开底泥驳，若为吹填工程或陆上排卸时，应改为满底泥驳。

（2）抓斗式、铲斗式挖泥船疏浚，不宜开挖流动淤泥。

4. 吹泥船

吹泥船适用于配合链斗、抓斗、铲斗式挖泥船相应能力的陆上吹填工程。排泥管线长度中的浮筒管组时、岸筒根时数量，已计入分项定额内。

5. 水力冲挖机组

（1）水力冲挖机组适用于基本排高 5 m，每增（减）1 m，排泥管线长度相应增（减）25 m。

（2）排泥管线长度：指计算铺设长度，如计算排泥管线长度介于定额两子目之间时，采用“插入法”进行计算。

（3）施工水源与作业面的距离为 50 ~ 100 m。

（4）冲挖盐碱土方，如盐碱程度较为严重时，泥浆泵及排泥管台（米）时费用定额中的第一类费用可增加 20%。

6. 链斗、抓斗、铲斗式挖泥船

链斗、抓斗、铲斗式挖泥船，运距超过 10 km 时，超过部分按增运 1 km 的拖轮、泥驳台时定额乘以系数 0.9 进行计算。

第三节 疏浚和吹填工程预算定额工程量计算

一、土、砂分类

（1）绞吸、链半、抓斗、产斗式挖泥船、吹泥船开挖水下方的泥土及粉细砂分为 I ~ VII 类，中、粗砂各分为松散、中密、紧密三类。

（2）水利冲挖机组的土类划分为 I ~ IV。

二、计量单位

疏浚工程定额的计量单位，除注明者外，均按水下自然方计算。

三、工况级别的确定

挖泥船、吹泥船定额均按一级工况制定。当在开挖区、排（运、卸）泥（砂）区整个作业范围内，受到超限风浪、雨雾、潮汐、水位、流速及行船避让、木排流放、冰凌以及水下芦苇、树根、障碍物等自然条件和客观原因，而直接影响正常施工生产和增加施工难度的时间，应根据当地水文、气象、工程地质资料，通航河道的通航要求，所选船舶的适应能力等，进行统计分析，以确定该影响及增加施工难度的时间，按其占总工期历时的比例，确定工况级别，并按照表 7-4 所列出的系数进行相应定额的调整。

四、挖泥船类型

（一）绞吸式挖泥船

（1）排泥管：包括水上浮筒管（含浮筒一组、钢管及胶套管各一根，简称浮筒管）及陆上排泥管（简称岸管），分别按管径、组长或根长划分，详细情况见定额表。

（2）人工：指从事辅助工作的用工，如对排泥管线的巡视、检修、维护等。当挖泥船定额需要调整时，人工定额也要做相应的调整。

（3）排泥管线长度：指自挖泥（砂）区中心至排泥（砂）区中心，浮筒管、潜管、岸管个管线长度之和。其中浮筒管已考虑水流影响，与挖泥船、岸管链接而弯曲的需要，按浮筒管中心长度乘以系数 1.4 进行计算。岸管如受地形、地物影响，可根据实际长度计算。如所需排泥管线长度介于两定额子目之间时，采用“插入法”进行计算。

各种排泥管线的组（根）时定额，按下列公式计算并列入定额中：

$$\text{排泥管组（根）时定额}=\text{排泥管线长}\div\text{每组根长}\times\text{挖泥船艘时定额} \tag{7-1}$$

使用潜管时，应根据设计长度、所需管径及构成，按上式计算并列入定额表中。

计算的排泥管组（根）数，均按四舍五入的方法取至整数。

（4）疏浚工程定额均按非潜管制定，如果采用潜管时，按该定额子目的人工、挖泥船及配套船舶定额乘以系数 1.04 来计算。所用到的潜管及其潜、浮所需动力装置和充水、充气、控制设备等，应根据管径，长度另行计列。

（5）如果设计总开挖泥（砂）层厚度或分层开挖底层部分的开挖厚度，大于或等于绞刀直径的 0.5 倍，而小于绞刀直径的 0.9 倍时，按表 7-6 所列系数调整挖泥船、配套船舶及人工定额；如果设计总开挖泥（砂）层厚度小于绞刀直径的 0.5 倍时，则不执行绞吸式挖泥船定额。

表 7-6　挖泥船、配套船舶及人工定额调整系数

开挖厚度（m）/绞刀直径（m）	≥0.9	0.9～0.8	0.8～0.7	0.7～0.6	0.6～0.5
系数	1.00	1.06	1.12	1.19	1.26

（6）绞吸式挖泥船主要性能参考表详见表 7-7。

表 7-7 绞吸式挖泥船主要性能参考表

船型/(m³/h)	挖深/m		基本排高/m		绞刀直径/m	排泥管经/mm	总功率/kW
	最大	基本	泥、粉细砂	中、粗砂			
60	4.5	3	5	3	0.8	250	200
80	5.2	3	6	3	1.0	300	246
100	5.2	3	6	4	1.1	300	298
120	5.5	3	6	4	1.1	300	463
200	10	6	6	4	1.4	400	860
350	10	6	6	4	1.45	560	993
400	10	6	6	4	2.0	560	1 185
500	10	6	6	4	2.1	600	2 383（旧船型）
800	14	8	6	4	1.75	500	1 176
980	16	9	6	4	1.8	550	1 726
1 250	16	9	6	4	2.0	650	2 537
1 450	16	9	6	4	2.4	650	2 813
1 720	16	9	9	5	2.35	700	3 402
2 500	30	16	10	6	3.00	800	7 948

（二）链斗、抓斗、铲斗式挖泥船

（1）链斗式挖泥船。

① 链斗式挖泥船的泥驳均为开底泥驳，若为吹填工程或陆上排卸时，则改为满底泥驳。

② 若开挖泥沙层厚度（包括计算超深值）小于斗高、而大于或等于斗高 1/2 时，按开挖定额中人工工时及船舶时定额乘以系数 1.25 进行计算。若开挖厚度小于斗高的 1/2 时，不执行链斗式挖泥船定额。

③ 各类型链斗式挖泥船的斗高，参照表 7-5 所示。

（2）抓斗式、铲斗式挖泥船。

① 抓斗式、铲斗式挖泥船的泥驳均为开底泥驳，若为吹填工程或陆上排卸时，应改为满底泥驳。

② 抓斗式、铲斗式挖泥船疏浚，不宜开挖流动淤泥。

（3）链斗、抓斗、铲斗式挖泥船。运距超过 10 km 时，超过部分按增运 1 km 的拖轮、泥驳台时定额乘以系数 0.9 进行计算。

五、吹泥船

（1）吹泥船适用于配合链斗、抓斗、铲斗式挖泥船相应能力的陆上吹填工程。

（2）排泥管线长度，浮筒管组时、岸筒根时的计算，按绞吸式挖泥船的规定计算。

六、水力冲挖机组

（1）水力冲挖机组适用于基本排高 5 m，每增（减）1 m，排泥管线长度相应增（减）25 m。

（2）排泥管线长度：指计算铺设长度，如计算排泥管线长度介于定额两子目之间时，采用“插入法”进行计算。

（3）施工水源与作业面的距离为 50 ~ 100 m。

（4）冲挖盐碱土方，如盐碱程度较为严重时，泥浆泵及排泥管台（米）时费用定额中的第一类费用可增加 20%。

（5）人工：指组织和从事水力冲挖、排泥管线及其他辅助设施的安拆、移设、检护等辅助工作用工，但不包括排泥区围堰填筑等用工。

第四节　疏浚与吹填工程的计量与支付

（1）疏浚工程土方以立方米为单位计量，并按照《工程量清单》所列项目的每立方米的单价支付。

（2）疏浚土方工程量按河道开挖断面实测方量计算，并按平均断面法计算。采用挖泥船产量计量时，产量计使用前应会同监理人进行校正。输入的土壤饱和密度由土工试验确定，试验方法应经监理人批准，当产量计所得方量与实测断面法计算的方量相差在 5%以内时，以产量计为准。

（3）对多沙河段的回淤量应测量和计入上游来沙产生的回淤量，进行计量支付。

（4）疏浚超挖工程量应包含在挖泥单价内，发包人不再另行支付。

（5）吹填挖泥工程量按吹填区计算，总吹填量由实测吹填土方量、施工期吹填土的沉降量、原地基因上部吹填荷载而产生的沉降量和流失量四部分组成。支付工程量按吹填区实测吹填量计算，其余工程量均包含在《工程量清单》的挖泥单价中，发包人不再另行支付。

（6）疏浚工程的排泥、吹填工程的疏浚土方量和排泥管架设费用，已包含在挖泥单价中，发包人不再另行支付。

（7）承包人对合同对外疏浚障碍物的清除，以及因清除障碍物对工程进度的影响而增加的费用，经监理人确认后，按实际完成工程量予以支付。

（8）排泥场围堰、隔埂、泄水口、排水渠和截水沟等按围堰工程总价项目进行计量和支付。

（9）索铲施工的挡淤堤、弃土坑的费用已 包含在挖泥单价中，发包人不再另行支付。

第五节　工程实例

【例题 7-1】某河道疏浚工程，据地质资料可知给工程为 IV 类土，无通航要求，据水文、气象等资料统计分析，平均每班客观影响时间为一二小时，属于二级工况。开挖区中心至排放去中西，计算排泥管长度为 0.94 km，其中需水上浮筒管长为 0.4 km，陆上地形平坦，无地物影响，岸管长度为 0.54 km。含允许开挖超深值总开挖泥层厚度 2.7 m，排高为 9 m，挖深为

9 m，选用 400 m^2/h 绞吸式挖泥船开挖。

【解】(1) 该工程属于二级工况，所以工况系数为 1.10。

(2) 排泥管线总长度的计算：

浮管筒的长度为 0.4×1.4=0.56 km。

岸管长度为 0.54 km。

总长度为 0.56+0.54=1.1 km。

查定额得知 IV 类土，400 m^2/h 绞吸式挖泥船的基本定额为 29.62 艘时/万 m^3。

(3) 超排高为：9−6=3 m；定额增加系数=3×0.03=0.09。

(4) 超挖深为：9−6=3 m；定额增加系数=(1.015)^2=1.03。

(5) 泥层厚度影响系数，总开挖厚度 2.7 m，分两层开挖，因 2.7÷2÷2=0.675，故增加的系数为 1.19。

(6) 定额综合调整系数为：1.10+0.09+1.03+1.19=3.41。

(7) 400 m^2/h 绞吸式挖泥船定额=3.41×29.62=101.00 艘时/(10^4m^3)。

(8) 浮筒管组时定额=0.4 km×1.4÷7.5 m/组×101.00=7 541.33 组时/(10^4m^3)。

(9) 岸管组时定额=0.54 km÷6 m/根×101.00=9 090 根时/(10^4m^3)。

(10) 相关拖轮、锚艇等定额相关内容，均应按照综合调整系数进行相应调整。

第八章　砌筑工程计价

【学习目标】

1. 熟悉砌筑工程项目设置。
2. 了解砌筑工程工程量计算规则。
3. 了解砌筑工程定额工程量计算。

第一节　砌筑工程工程量清单计价

一、工程量清单项目设置及工程量计算规则

（1）砌筑工程。工程量清单的项目编码、项目名称、计量单位、工程量计算规则及主要工作内容，应按表 8-1 的规定执行。

表 8-1　砌筑工程（编码 500105）

<table>
<tr><th>项目编码</th><th>项目名称</th><th>项目主要特征</th><th>计量单位</th><th>工程量计算规则</th><th>主要工作内容</th><th>一般适用范围</th></tr>
<tr><td>500105001×××</td><td>干砌块石</td><td>材质及规格</td><td rowspan="6">m^3</td><td rowspan="6">按招标设计图示尺寸计算的有效砌筑体积计量</td><td>1.选石、修石
2.砌筑、填缝、找平</td><td>挡墙、护坡等</td></tr>
<tr><td>500105002×××</td><td>钢筋（铅丝）石笼</td><td>1.材质及规格
2.笼体及网格尺寸</td><td>1.笼体加工
2.装运笼体就位
3.块石装笼</td><td>护坡、护底等</td></tr>
<tr><td>500105003×××</td><td>浆砌块石</td><td>1.材质及规格</td><td rowspan="3">1.选石、修石、冲洗
2.砂浆拌和、砌筑、勾缝</td><td rowspan="2">挡墙、护坡、排水沟、渠道等</td></tr>
<tr><td>500105004×××</td><td>浆砌卵石</td><td>2.砂浆强度等级及配合比</td></tr>
<tr><td>500105005×××</td><td>浆砌条（料）石</td><td>1.材质及规格
2.砂浆强度等级及配合比
3.勾缝要求</td><td>挡墙、护坡、墩、台、堰、低坝、拱圈、衬砌等</td></tr>
<tr><td>500105006×××</td><td>砌砖</td><td>1.品种、规格及强度等级
2.砂浆强度等级及配合比
3.勾缝要求</td><td>砂浆拌和、砌筑、勾缝</td><td>墙、柱、基础等</td></tr>
</table>

续表

项目编码	项目名称	项目主要特征	计量单位	工程量计算规则	主要工作内容	一般适用范围
500105007×××	干砌混凝土预制块	强度等级及规格			砌筑	挡墙、隔墙等
500105008×××	浆砌混凝土预制块	1.强度等级及规格 2.砂浆强度等级及配合比			冲洗、拌砂浆、砌筑、勾缝	挡墙、隔墙、护坡、护底、墩、台等
500105009×××	砌体拆除	1.拆除要求 2.弃渣运距		按招标设计图示尺寸计算的拆除体积计量	1.有用料堆存 2.弃渣装、运、卸 3.清理	
500105010×××	砌体砂浆抹面	1.砂浆强度等级及配合比 2.抹面厚度 3.分格缝宽度	m^2	按招标设计图示尺寸计算的有效抹面面积计量	拌砂浆、抹面	
500105011×××	其他砌筑工程		m^3			

（2）其他相关问题应按下列规定处理：

① 砌筑工程工程量清单项目的工程量计算规则。按招标设计图示尺寸计算的有效砌筑体积计量。施工过程中的超砌量、施工附加量、砌筑操作损耗等所发生的费用，应摊入有效工程量的工程单价中。

② 钢筋（铅丝）石笼笼体加工和砌筑体拉结筋，按招标设计图示要求和钢筋加工及安装工程的计量计价规则计算，分别摊入钢筋（铅丝）石笼和埋有拉结筋砌筑体的有效工程量的工程单价中。

二、砌筑工程的计量与支付

（1）砌石体和砌砖体以施工图所示建筑物轮廓线或经监理人批准实施的砌体建筑物尺寸量测计算的工程量以立方米为单位计量，并按照《工程量清单》所列项目的每立方米单价进行支付。

（2）砌石工程砌体所用的材料（包括水泥、砂石骨料、外加剂等胶凝材料）的采购、运输、保管、材料的加工、砌筑、试验、养护、质量检查和验收等所需的人工、材料以及使用设备和辅助设备等一切费用均包括在砌筑体每立方米单价中。

（3）钢筋预埋件以施工图纸和监理人指示的钢筋下料总长度折算为质量，以吨为单位计量，并按《工程量清单》所列项目的每吨单价进行支付。

（4）因施工需要所进行砌体基础面的清理和施工排水，均应包括在砌筑体工程项目每立方米单价中，不单独计量支付。

三、砌筑工程概预算定额工程量计算

（一）概算定额的工程量计算

（1）土方填筑定额石料规定及标准说明。

① 碎石：指经破碎、加工分级后，粒径大于 5 mm 的石块。

② 卵石：指最小粒径大于 20 cm 的天然河卵石。

③ 块石：指厚度大于 20 cm，长、宽各为厚度的 2 ~ 3 倍，上下两面平行且大致平整，无尖角、薄边的石块。

④ 片石：指厚度大于 15 cm，长、宽各为厚度的 3 倍以上，无一定规则形状的石块。

⑤ 毛条石：指一般长度大于 60 cm 的长条形四棱方正的石料。

⑥ 料石：指毛条石经过修边打荒加工，外露面方正，各相邻面正交，表面凹凸不超过 10 mm 的石料。

⑦ 砂砾料：指天然砂卵（砾）石混合料。

⑧ 堆石料：指山场岩石经爆破后，无一定规格、无一定大小的任意石料。

⑨ 反滤料、过渡料：指土石坝或一般堆砌石工程的防渗体与坝壳（土料、砂粒料或堆石料）之间的过渡区石料，由粒径、级配均有一定要求的砂、砾石（碎石）等组成。

（2）土石坝物料压实定额按自料场直接运输上坝与自成品供料场运输上坝两种情况分别编制，根据施工组织设计方案采用相应的定额子目。定额已包括压实过程中所有损耗量以及坝面施工干扰因素。如为非土石坝、堤的一般土料、砂石料压实，其人工、机械定额乘以 0.6 ~ 0.8 系数。

（3）反滤料压实定额中的砂及砂（卵）石数量和组成比例，按设计资料进行调整。

（4）过渡料如无级配要求时，可采用砂砾石定额子目。如有级配要求，需经筛分处理时，则应采用反滤料定额子目。

（5）为编列土石坝物料的运输定额。编制概算时，可根据定额所列物料运输数量采用《水利建筑工程概算定额》相关章节子目计算物料运输上坝费用，并乘以坝面施工干扰系数 1.02。

（6）自料场直接运输上坝的物料运输，采用土方开挖工程和石方开挖工程定额相应子目，计量单位为自然方。其中砂粒料运输按 IV 类土定额计算。

（7）自成品供料场上坝的物料运输，采用砂石备料工程定额，计量单位为成品堆方。其中反滤料运输采用骨料运输定额。

（二）预算定额的工程量计算

（1）定额计量单位，除注明外，均按“成品方”计算。

（2）石料规格及标准。

① 块石：指厚度大于 20 cm，长、宽各为厚度的 2 ~ 3 倍，上下两面平行且大致平整，无尖角、薄边的石块。

② 碎石：指经破碎、加工分级后，粒径大于 5 mm 的石块。

③ 卵石：指最小粒径大于 20 cm 的天然河卵石。

④ 毛条石：指一般长度大于 60 cm 的长条形四棱方正的石料。

⑤ 料石：指毛条石经过修边打光加工，外露面方正，各相邻面正交，表面凹凸不超过 10 mm 的石料。

⑥ 砂粒料：指天然砂卵（砾）石混合料。

⑦ 堆石料：指山场岩石经爆破后，无一定规格、无一定大小的任意石料。

⑧ 反滤料、过渡料：指土石坝或一般堆砌石工程的防渗体与坝壳（土料、砂粒料或堆石料）之间的过渡区石料，由粒径、级配均有一定要求的砂、砾石（碎石）等组成。

⑨ 材料定额中石料计量单位：砂、碎石为堆方；块石、卵石为码方；条石、料石为清料方。

第二节 工程实例

【例题 8-1】某河道节制闸 M7.5 浆砌块石挡土墙，所有砂石材料均需外购，价格为：砂 45 元/m^3，块石 70 元/m^3，计算节制闸 M7.5 浆砌块石挡土墙工程概算单价。

基本资料：M7.5 水泥砂浆配合比（1 m^3）：32.5 级普通硅酸盐水泥 261 kg，砂 1.11 m^3，水 0.157 m^3；材料价格：32.5 级普通硅酸盐水泥 280 元/t，水 0.6 元/m^3，施工用电 0.8 元/(kW·h)。

【解】(1) 根据砂浆材料配合比计算砂浆单价为：

$$261.00\times0.28+1.11\times45+0.157\times0.60=123.12\text{（元/m}^3\text{）}$$

(2) 根据 2002 年《水利建筑工程概算定额》，浆砌块石挡土墙定额子母为 30033。根据第三章内容计算人工预算单价、材料单价。并根据 2002 年的《水利工程施工机械台时费定额》列表计算浆砌块石挡土墙单价，见表 8-2。

表 8-2 建筑工程单价表砌块石挡土墙

定额编号：30033　　　　定额单位：100 m^3（砌体方）

施工方法：选石、修石、冲洗、拌制砂浆、砌筑、勾缝					
编号	名称及规格	单位	数量	单价/元	合计/元
一	直接工程费				16 235.18
1	直接费				14 531.37
①	人工费				2 405.11
	工长	工时	16.7	4.91	82.00
	中级工	工时	339.4	3.87	1 313.48
	初级工	工时	478.5	2.11	1 009.64
②	材料费				11 854.30
	块石	m3	108	70	7 560.00
	砂浆	m^3	34.4	123.12	4 235.33
	其他材料费	主要材料费之和的 0.5%			58.98
③	机械使用费				271.96
	砂浆拌和机 0.4 m^3	台时	6.38	19.89	126.90
	胶轮车	台时	161.18	0.9	145.06

续表

编号	名称及规格	单位	数量	单价/元	合计/元
2	其他直接费	其他直接费综合费率为 2.5%			363.28
3	现场经费	现场经费费率为 9%			1 340.52
二	间接费	间接费费率为 9%			1 461.17
三	企业利润	企业利润率为 7%			1 238.74
四	税金	税率为 3.22%			609.71
五	单价合计				19 544.80

由表 8-2 可知，浆砌块石挡土墙单价为 195.45 元/m^3。

第九章　基础工程计价

【学习目标】

1. 熟悉钻孔灌浆及锚固工程、基础防渗和地基加固工程的项目设置。
2. 了解钻孔灌浆及锚固工程、基础防渗和地基加固工程的计算规则。
3. 熟悉钻孔灌浆及锚固工程、基础防渗和地基加固工程的计量与支付。

第一节　钻孔灌浆及锚固工程计价

一、工程量清单项目设置及工程量计算规则

（一）锚喷支护工程

1. 锚喷支护工程

工程量清单的项目编码、项目名称、计量单位、工程量计算规则及主要工作内容，应按表 9-1 的规定执行。

表 9-1　锚喷支护工程（编码 500106）

项目编码	项目名称	项目主要特征	计量单位	工程量计算规则	主要工作内容	一般适用范围
500106001×××	注浆黏结锚杆	1.材质 2.孔向、孔径及孔深 3.锚杆直径及外露长度 4.锚杆及附件加工标准 5.砂浆强度及注浆形式	根	根据招标设计图示要求，按锚杆钢筋强度等级、直径、锚孔深度及外露长度的不同划分规格，以有效根数计量	1.布孔、钻孔 2.锚杆及附件加工、锚固 3.拉拔试验	明挖或洞挖围岩的永久性锚固及施工期的临时性支护
500106002×××	水泥卷锚杆	1.材质 2.孔向、孔径及孔深 3.锚杆直径及外露长度 4.锚杆及附件加工标准 5.水泥卷种类及强度				

续表

项目编码	项目名称	项目主要特征	计量单位	工程量计算规则	主要工作内容	一般适用范围
500106003×××	普通树脂锚杆	1.材质 2.孔向、孔径及孔深 3.锚杆直径及外露长度 4.锚杆及附件加工标准 5.树脂种类				明挖或洞挖围岩的永久性锚固及施工期的临时性支护
500106004×××	加强锚杆束	1.材质 2.孔向、孔径及孔深 3.锚杆直径、外露长度及每束根数 4.锚杆束及附件加工标准 5.砂浆强度及注浆形式	束	根据招标设计图示要求，按锚杆钢筋强度等级、直径、锚孔深度及外露长度的不同划分规格，以有效束数计量	1.布孔、钻孔 2.锚杆束及附件加工、锚固 3.拉拔试验	
500106005×××	预应力锚杆	1.材质 2.孔向、孔径及孔深 3.锚杆直径及外露长度 4.锚杆及附件加工标准 5.预应力强度 6.水泥砂浆强度及注浆形式	根	根据招标设计图示要求，按锚杆钢筋强度等级、直径、锚孔深度及外露长度的不同划分规格，以有效根数计量	1.布孔、钻孔 2.锚杆及附件加工、锚固 3.锚杆张拉 4.拉拔试验	
500106006×××	其他黏结锚杆	1.材质 2.孔向、孔径及孔深 3.锚固形式			1.布孔、钻孔 2.锚杆及附件加工、锚固 3.拉拔试验	
500106007×××	单锚头预应力锚索	1.材质 2.孔向、孔径及孔深 3.注浆形式、黏结要求 4.锚索及锚固段长度 5.预应力强度	束	根据招标设计图示要求，按锚索预应力强度等级与锚索孔内长度的不同划分规格，以有效束数计量	1.钻孔、清孔及孔位测量 2.锚索及附件加工、运输、安装 3.单锚头的孔底段锚固 4.孔口承压垫座混凝土浇筑和钢垫板安装 5.张拉、锚固、注浆、封闭锚头	岩体的永久性锚固
500106008×××	双锚头预应力锚索					

续表

项目编码	项目名称	项目主要特征	计量单位	工程量计算规则	主要工作内容	一般适用范围
500106009×××	岩石面喷浆	1.材质 2.喷浆部位及厚度 3.砂浆强度等级及配合比 4.运距	m^2	按招标设计图示部位不同喷浆厚度的喷浆面积计量	1.岩面浮石撬挖及清洗 2.材料装、运、卸 3.砂浆配料、施喷、养护 4.回弹物清理	岩石边坡及洞挖围岩的稳固
500106010×××	混凝土面喷浆	5.检测方法			1.混凝土面凿毛、清洗 2.材料装、运、卸 3.砂浆配料、施喷、养护 4.回弹物清理	已浇混凝土表面的防渗处理
500106011×××	岩石面喷混凝土	1.材质 2.喷混凝土部位及厚度 3.混凝土强度等级及配合比 4.运距 5.检测方法	m^2	按招标设计图示部位不同喷混凝土厚度的喷混凝土面积计量	1.岩石面清洗 2.材料装、运、卸 3.混凝土配料、拌和、试验、施喷、养护 4.回弹物清理 5.喷护厚度检测	岩石边坡及洞挖围岩的稳固
500106012×××	钢支撑加工	1.结构形式及尺寸 2.钢材品种及规格 3.支撑高度和宽度	t	按招标设计图示尺寸计算的钢支撑重量计量	1.机械性能试验 2.除锈、加工、焊接	洞挖围岩不拆除的临时性支护
500106013×××	钢支撑安装				运输、安装	
500106014×××	钢筋格构架加工			按招标设计图示尺寸计算的钢筋格构架重量计量	1.机械性能试验 2.除锈、加工、焊接	
500106015×××	钢筋格构架安装				运输、安装	
500106016×××	木支撑安装	1.材质及规格 2.结构形式及尺寸 3.支撑高度和宽度		按招标设计对围岩地质情况预计需耗用的木材体积计量	1.木支撑加工备用 2.木支撑运输、架设、拆除	一般不推荐使用
500106017×××	其他锚喷支护工程					

2. 其他相关问题处理规定

（1）锚杆和锚索钻孔的岩石分级，按《水利工程工程量清单计价规范》（GB 50501—2007）表 A.2.2 确定。

（2）锚喷支护工程工程量清单项目的工程量计算规则：

① 锚杆（包括系统锚杆和随机锚杆）按招标设计图示尺寸计算的有效根（或束）数计量。钻孔、锚杆或锚杆束、附件、加工及安装过程中操作损耗等所发生的费用，应摊入有效工程量的工程单价中。

② 锚索按招标设计图示尺寸计算的有效束数计量。钻孔、锚索、附件、加工及安装过程中操作损耗等所发生的费用，应摊入有效工程量的工程单价中。

③ 喷浆按招标设计图示范围的有效面积计量。喷混凝土按招标设计图示范围的有效实体方体积计量。由于被喷表面超挖等原因引起的超喷量、施喷回弹损耗量、操作损耗等所发生的费用，应摊入有效工程量的工程单价中。

④ 钢支撑加工、钢支撑安装、钢筋格构架加工、钢筋格构架安装，按招标设计图示尺寸计算的钢支撑或钢筋格构架及附件的有效重量（含两榀钢支撑或钢筋格构架间连接钢材、钢筋等的用量）计量。计算钢支撑或钢筋格构架重量时，不扣除孔眼的重量，也不增加电焊条、铆钉、螺栓等的重量。一般情况下钢支撑或钢筋格构架不拆除，如需拆除，招标人应另外支付拆除费用。

⑤ 木支撑安装按耗用木材体积计量。

（3）喷浆和喷混凝土工程中如设有钢筋网，按钢筋加工及安装工程的计量计价规则另行计量计价。

（二）钻孔灌浆工程

1. 钻孔和灌浆工程

工程量清单的项目编码、项目名称、计量单位、工程量计算规则及主要工作内容，应按表 9-2 的规定执行。

表 9-2 钻孔和灌浆工程（编码 500107）

项目编码	项目名称	项目主要特征	计量单位	工程量计算规则	主要工作内容	一般适用范围
500107001×××	砂砾石层帷幕灌浆（含钻孔）	1.地层类别、颗粒级配、渗透系数等 2.灌浆孔的布置 3.孔向、孔径及孔深 4.灌注材料材质 5.灌浆程序，分排、分序、分段 6.灌浆压力、浆液配比变换及结束标准 7.检测方法	m	按招标设计图示尺寸计算的有效灌浆长度计量	1.钻孔 2.镶筑孔口管 3.泥浆护壁 4.制浆、灌浆、封孔 5.抬动观测 6.检查孔钻孔、压水试验及灌浆封堵 7.废漏浆液和弃渣清除	坝（堰）基砂砾石层防渗帷幕灌浆

续表

项目编码	项目名称	项目主要特征	计量单位	工程量计算规则	主要工作内容	一般适用范围
500107002×××	土坝（堤）劈裂灌浆（含钻孔）	1.坝基地质条件 2.坝型、筑坝材料材质、现状和隐患 3.灌浆孔的布置 4.孔向、孔径及孔深 5.灌注材料材质 6.灌浆程序，分排、分序、分段 7.灌浆压力、浆液配比变换及结束标准 8.检测方法			1.钻孔 2.泥浆或套管护壁 3.制浆、灌浆、封孔 4.检查孔钻孔取样、灌浆封堵 5.坝体变形、渗流等观测 6.坝体变形、裂缝、冒浆及串浆处理	坝高在50 m以下的均质土坝、宽心墙土坝或土堤劈裂灌浆
500107003×××	岩石层钻孔	1.岩石类别 2.孔向、孔径及孔深 3.钻孔合格标准		按招标设计图示尺寸计算的有效钻孔进尺，按用途和孔径分别计量	1.埋设孔口管 2.钻孔、洗孔、孔位转移 3.取芯样 4.量孔深、测孔斜 5.孔口加盖保护	先导孔、灌浆孔、观测孔等
500107004×××	混凝土层钻孔	1.孔向、孔径及孔深 2.钻孔合格标准				
500107005×××	岩石层帷幕灌浆	1.岩石类别、透水率等 2.灌注材料材质 3.灌浆程序，分排、分序、分段 4.灌浆压力、浆液配比变换及结束标准 5.检测方法	m （t）	按招标设计图示尺寸计算的有效灌浆长度（m）或直接用于灌浆的水泥及掺合料的净干耗量（t）计量	1.洗孔、扫孔、简易压水试验 2.制浆、灌浆、封孔 3.抬动观测 4.废漏浆液清除	坝（堰）基岩石的防渗帷幕灌浆
500107006×××	岩石层固结灌浆					坝（堰）基岩石和地下洞室围岩的固结灌浆
500107007×××	回填灌浆（含钻孔）	1.灌浆孔布置 2.孔向、孔径及孔深 3.灌注材料材质 4.灌浆分序 5.灌浆压力、浆液配比变换及结束标准 6.检测方法	m^2	按招标设计图示尺寸计算的有效灌浆面积计量	1.钻进混凝土后入岩或通过预埋灌浆管钻孔入岩 2.洗孔、制浆、灌浆、封孔 3.变形观测 4.检查孔压浆检查和封堵	衬砌混凝土与岩石面或充填混凝土与钢衬之间的缝隙回填
500107008×××	岩石层检查孔钻孔	1.岩石类别 2.孔向、孔径及孔深 3.钻孔合格标准	m	按招标设计要求计算的有效钻孔进尺计量	1.钻孔取岩芯 2.检查、验收	坝（堰）基岩石帷幕、固结灌浆

续表

项目编码	项目名称	项目主要特征	计量单位	工程量计算规则	主要工作内容	一般适用范围
500107009×××	岩石层检查孔压水试验	1.孔位、孔深及数量 2.压水试验合格标准	试段	按招标设计要求计算压水试验的试段数计量	1.钻检查孔、洗孔 2.压水试验	检验灌浆效果
500107010×××	检查孔灌浆	1.检查孔检查结果 2.灌注材料材质 3.灌浆压力、浆液配比变换和结束标准	m	按招标设计要求计算的有效灌浆长度计量	1.制浆、灌浆、封孔 2.废浆液及弃渣清除	坝(堰)基岩石帷幕、固结灌浆的检查孔灌浆
500107011×××	接缝灌浆	1.灌浆区布设及开始灌浆条件 2.灌浆管路及部件的制作、埋设标准 3.灌注材料材质 4.灌浆程序、灌浆压力 5.灌浆结束标准 6.检测方法	m²	按招标设计图示要求灌浆的混凝土施工缝面积计量	1.灌浆管路、灌浆盒及止浆片安装 2.钻灌浆孔 3.通水检查、冲洗、压水试验 4.制浆、灌浆、变形观测	混凝土坝体内的施工缝灌浆
500107012×××	接触灌浆					混凝土坝体与坝基、岸坡岩体接触缝的灌浆
500107013×××	排水孔钻孔	1.岩石类别 2.孔位、孔向、孔径及孔深 3.钻孔合格标准	m	按招标设计图示尺寸计算的有效钻孔进尺计量	1.钻孔、洗孔、孔位转移 2.填料、插管 3.检查、验收	排水孔
500107014×××	化学灌浆	1.地质条件或混凝土裂缝性态(长度、宽度等) 2.灌浆孔布置 3.孔向、孔径及孔深 4.灌注材料材质及配比 5.灌浆压力、浆液配比变换及结束标准 6.检测方法	t(kg)	按招标设计图示化学灌浆区域需要各种化学灌浆材料的总重量计量	1.埋设灌浆嘴 2.化学灌浆试验,选定浆液配合比和灌浆工艺 3.钻孔、洗孔及裂缝处理 4.配浆、灌浆、封孔	混凝土裂缝处理、岩石微细裂隙或破碎带处理、防渗堵漏、固结补强
500107015×××	其他钻孔和灌浆工程					

2. 其他相关问题处理规定

(1)岩石层钻孔的岩石分级,按《水利工程工程量清单计价规范》(GB 50501—2007)表A.2.2和表9-3确定。

(2)砂砾石层钻孔地层分类,按表9-4确定。

(3)钻孔和灌浆工程工程量清单项目的工程量计算规则:

①砂砾石层帷幕灌浆、土坝坝体劈裂灌浆,按招标设计图示尺寸计算的有效灌浆长度计

量。钻孔、检查孔钻孔灌浆、浆液废弃、钻孔灌浆操作损耗等所发生的费用，应摊入砂砾石层帷幕灌浆、土坝坝体劈裂灌浆有效工程量的工程单价中。

② 岩石层钻孔、混凝土层钻孔，按招标设计图示尺寸计算的有效钻孔进尺，按用途和孔径分别计量。有效钻孔进尺按钻机钻进工作面的位置开始计算。先导孔或观测孔取芯、灌浆孔取芯和扫孔等所发生的费用，应摊入岩石层钻孔、混凝土层钻孔有效工程量的工程单价中。

③ 直接用于灌浆的水泥或掺合料的干耗量按设计净耗灰量计量。

④ 岩石层帷幕灌浆、固结灌浆，按招标设计图示尺寸计算的有效灌浆长度或设计净干耗灰量（水泥或掺和料的注入量）计量。补强灌浆、浆液废弃、灌浆操作损耗等所发生的费用，应摊入岩石层帷幕灌浆、固结灌浆有效工程量的工程单价中。

⑤ 隧洞回填灌浆按招标设计图示尺寸规定的计量角度，计算设计衬砌外缘弧长与灌浆段长度乘积的有效灌浆面积计量。混凝土层钻孔、预埋灌浆管路、预留灌浆孔的检查和处理、检查孔钻孔和压浆封堵、浆液废弃、灌浆操作损耗等所发生的费用，应摊入有效工程量的工程单价中。

⑥ 高压钢管回填灌浆按招标设计图示衬砌钢板外缘全周长乘回填灌浆钢板衬砌段长度计算的有效灌浆面积计量。连接灌浆管、检查孔回填灌浆、浆液废弃、灌浆操作损耗等所发生的费用，应摊入有效工程量的工程单价中。钢板预留灌浆孔封堵不属回填灌浆的工作内容，应计入压力钢管的安装费中。

⑦ 接缝灌浆、接触灌浆，按招标设计图示尺寸计算的混凝土施工缝（或混凝土坝体与坝基、岸坡岩体的接触缝）有效灌浆面积计量。灌浆管路、灌浆盒及止浆片的制作、埋设、检查和处理，钻混凝土孔、灌浆操作损耗等所发生的费用，应摊入接缝灌浆、接触灌浆有效工程量的工程单价中。

⑧ 化学灌浆按招标设计图示化学灌浆区域需要各种化学灌浆材料的有效总重量计量。化学灌浆试验、灌浆过程中操作损耗等所发生的费用，应摊入有效工程量的工程单价中。

⑨ 表 9-2 钻孔和灌浆工程的工作内容不包括招标文件规定按总价报价的钻孔取芯样的检验试验费和灌浆试验费。

表 9-3 岩石十二类分级与十六类分级对照表

十二类分级			十六类分级		
岩石级别	可钻性/（m/h）	一次提钻长度/m	岩石级别	可钻性/（m/h）	一次提钻长度/m
Ⅳ	1.6	1.7	Ⅴ	1.6	1.7
Ⅴ	1.15	1.5	Ⅵ，Ⅶ	1.2，1.0	1.5，1.4
Ⅵ	0.82	1.3	Ⅷ	0.85	1.3
Ⅶ	0.57	1.1	Ⅸ，Ⅹ	0.72，0.55	1.2，1.1
Ⅷ	0.38	0.85	Ⅺ	0.38	0.85
Ⅸ	0.25	0.65	Ⅻ	0.25	0.65
Ⅹ	0.15	0.5	ⅩⅢ，ⅩⅣ	0.18，0.13	0.55，0.40
Ⅺ	0.09	0.32	ⅩⅤ	0.09	0.32
Ⅻ	0.045	0.16	ⅩⅥ	0.045	0.16

表 9-4　钻机钻孔工程地层分类与特征表

地层名称	特征
（1）黏土	塑性指数＞17，人工回填压实或天然的黏土层，包括黏土含石
（2）砂壤土	1＜塑性指数≤17，人工回填压实或天然的砂壤土层，包括土砂、壤土、砂土互层、壤土含石和砂土
（3）淤泥	包括天然孔隙比＞1.5 的淤泥和天然孔隙比＞1 并且≤1.5 的黏土和亚黏土
（4）粉细砂	d_{50}≤0.25 mm，塑性指数≤1，包括粉砂、粉细砂含石
（5）中粗砂	d_{50}＞0.25 mm，并且≤2 mm，包括中粗砂含石
（6）砾石	粒径 2～20 mm 的颗粒占全重 50%的地层，包括砂砾石和砂砾
（7）卵石	粒径 20～200 mm 的颗粒占全重 50%的地层，包括砂砾卵石
（8）漂石	粒径 200～800 mm 的颗粒占全重 50%的地层，包括漂卵石
（9）混凝土	指水下浇筑、龄期不超过 28 天的防渗墙接头混凝土
（10）基岩	指全风化、强风化、弱风化的岩石
（11）孤石	粒径＞800 mm 需作专项处理，处理后的孤石按基岩定额计算

注：地层名称中（1）、（2）、（3）、（4）、（5）项包括≤50%含石量的地层。

二、定额工程量计算

（一）概算定额

（1）基础处理工程定额的地层划分。

① 钻孔工程定额，按一般石方工程定额十六级分类法中 V～XIV 级拟定，大于 XIV 级岩石，可参照有关资料拟定定额。

② 冲击钻钻孔定额，按地层特征划分为十一类。

③ 钻混凝土工程除节内注明外，一般按粗骨料的岩石级别计算。

（2）灌浆工程定额中的水泥用量系概算基本量。如有实际资料，可按实际消耗量调整。

（3）钻机钻灌浆孔、坝基岩石帷幕灌浆等节定额。

① 终孔孔径大于 91 mm 或孔深超过 70 m 时改用 300 型钻机。

② 在廊道或隧洞内施工时，人工、机械定额乘以表 9-5 所列系数。

表 9-5　人工、机械定额系数

廊道或隧洞高度/m	0～2.0	2.0～3.5	3.5～5.0	5.0 以上
系数	1.19	1.10	1.07	1.05

（1）地质钻机灌浆不同角度的灌浆孔或观测孔、试验孔时，人工、机械、合金片、钻头和岩芯管定额乘以表 9-6 所列系数。

表 9-6　人工、机械合金片、钻头和岩芯管定额系数

钻孔与水平夹角	0°～60°	60°～75°	75°～85°	85°～90°
系数	1.19	1.05	1.02	1.00

（5）灌浆压力划分标准为：高压>3 MPa；中压 1.5～3 MPa；低压<1.5 MPa。

（6）各节灌浆定额中水泥强度等级的选择应符合设计要求，设计为明确的，可按下列标

准选择：回填灌浆 32.5 MPa，帷幕与固结灌浆 32.5 MPa；接缝灌浆 42.5 MPa；劈裂灌浆 32.5 MPa；高喷灌浆 32.5 MPa。

（7）锚筋桩可参照相应的锚杆定额。定额中的锚杆附件包括垫板、三角铁和螺帽等。

（8）锚杆（索）定额中的锚杆（索）长度是指嵌入岩石的设计有效长度。按规定应留的外露部分及加工过程中的损耗，均已计入定额。

（9）喷浆（混凝土）定额的计量，以喷后的设计有效面积（体积）计算，定额已包括了回弹及施工损耗量。

（二）预算定额

（1）基础处理工程定额的地层划分。

① 钻孔工程定额，按一般石方工程定额十六级分类法中 V ~ XIV 级拟定，大于 XIV 级岩石，可参照有关资料拟定定额。

② 冲击钻钻孔定额，按地层特征划分为十一类。

③ 钻混凝土工程除节内注明外，一般按粗骨料的岩石级别计算。

（2）灌浆工程定额中的水泥用量系概算基本量。如有实际资料，可按实际消耗量调整。

（3）钻机钻灌浆孔、坝基岩石帷幕灌浆等节定额。

① 终孔孔径大于 91 mm 或孔深超过 70 m 时改用 300 型钻机。

② 在廊道或隧洞内施工时，人工、机械定额乘以表 9-5 所列系数。

（4）地质钻机灌浆不同角度的灌浆孔或观测孔、试验孔时，人工、机械、合金片、钻头和岩芯管定额乘以表 9-6 所列系数。

（5）检查孔按灌浆方法和灌浆后的值，选用相应定额计算。

（6）在有架子的平台上钻孔，平台到地面孔口高差超过 2.0 m 时，钻机和人工定额乘以 1.05 系数。

（7）灌浆压力划分标准为：高压>3 MPa；中压 1.5 ~ 3 MPa；低压<1.5 MPa。

（8）各节灌浆定额中水泥强度等级的选择应符合设计要求，设计为明确的，可按下列标准选择：回填灌浆 32.5 MPa，帷幕与固结灌浆 32.5 MPa；接缝灌浆 42.5 MPa；劈裂灌浆 32.5 MPa；高喷灌浆 32.5 MPa。

（9）锚筋桩可参照相应的锚杆定额。定额中的锚杆附件包括垫板、三角铁和螺帽等。

（10）锚杆（索）定额中的锚杆（索）长度是指嵌入岩石的设计有效长度。按规定应留的外露部分及加工过程中的损耗，均已计入定额。

（11）喷浆（混凝土）定额的计量，以喷后的设计有效面积（体积）计算，定额已包括了回弹及施工损耗量。

三、工程量计量与支付

（一）锚喷支护工程

1. 岩石锚杆

（1）注浆和非注浆锚杆按不同锚固长度、直径，以监理人验收合格的锚杆安装数量（根数）计量。

（2）每根锚杆按《工程量清单》中相应每根单价支付，单价中包括锚杆的供货和加工、钻孔和安装、灌浆，以及试验和质量检查验收所需要的人工、材料和使用设备和辅助设施等一切费用。

2. 岩石预应力锚束

（1）预应力锚束的计量，应按施工图纸所示和监理人指定使用的各类规格的预应力锚束分类按根数和预应力吨位计量。

（2）预应力锚束的支付，按《工程量清单》中所列项目，以每根锚束的每千牛·米（kN·m）单价支付，其单价应包括锚束孔钻孔、锚束（钢丝或钢绞线）的供货、安装、张拉、锚固、注浆、检验试验和质量检查验收，以及混凝土支撑墩的施工和各种附件的供货加工、安装等所需全部人工、材料及使用设备和其他辅助设施等一切费用。

3. 喷射混凝土

（1）喷射混凝土的计量和支付应按施工图纸所示或监理人指示的范围内，以施喷在开挖面上不同厚度的混凝土，按平方米为单位计量，并按《工程量清单》所列项目的每平方米的单价进行支付。

喷射混凝土单价应包括骨料生产、水泥供应、运输、准备、储存、配料、外加剂的供应、拌和、喷射混凝土前岩石表面清洗、施工回弹料清除、试验、厚度检测和钻孔取样以及质量检验所需的人工、材料及使用设备和其他辅助设施等的一切费用。

（2）钢筋网的是计量范围系指施工图纸所致，或由监理人指定，或由承包人建议并经监理人批准安放的钢筋网（或钢丝网），按实际使用的质量以每吨为单位计量。钢材质量中应包括固定钢筋网（或钢丝网）所需用的短筋的质量。

钢筋网的支付应按《工程量清单》中所列项目的每千克单价进行支付，单价中应包括钢筋网的全部材料费用和制作安装费用。

（3）钢纤维计量应按施工图纸或监理人指示的范围，量测喷射面积后按实际掺量计算，以千克为单位计量，并按《工程量清单》中所列项目的每千克单价支付。单价中应包括钢纤维全部材料费用及其增加的拌和附加费用等。

4. 钢支撑

（1）钢支撑及其附件应按《工程量清单》中所列项目的每吨单价支付。单价中应包括钢支撑的材料、加工、安装和拆除（需要时）等费用。

（2）按规定监理人所确定的备用钢支撑及其附件，不论是否已投入使用，均应支付给承包人。

（二）钻孔灌浆工程

1. 钻孔

（1）凡属灌浆孔、检查孔、勘探孔、观测孔和排水孔均应按施工图纸和监理人确认的实际钻孔进尺，以每延米为单位计量，按《工程量清单》中所列项目的各部位（从钻孔机或套管进入覆盖层、混凝土或岩石面的位置开始）钻孔的每延米单价支付，该单价应包含钻孔所需的人工、材料、使用设备和其他辅助设施以及质量检查和验收所需要的一切费用。因承包人施工失误而报废的钻孔，不予计量和支付。

（2）帷幕灌浆和固结灌浆孔及其检查孔等取芯钻孔，应经监理人确认，按取芯样钻孔，以每延米为单位计量，按《工程量清单》中取芯样钻孔的每延米单价支付。由于承包人失误未取得有效芯样的钻孔不予支付。

（3）芯样试验根据规定的钻孔取芯及其试样项目按总价列项支付。总价中应包括试验所用的人工、材料和使用设备和辅助设施，以及试验检验所需的一切费用。

（4）任何钻孔内冲洗和裂隙清洗均不单独计量和支付，其费用包括《工程量清单》在中个相应钻孔项目的灌浆作业单价中。

2. 压水试验

压水试验按实际盐水操作的台时数计量，并按《工程量清单》中“压水试验”项目的每台时单价支付。压水试验机组设备的提供、操作、搬运、装配、拆除和维修等费用均包括在每台时的单价中，发包人不另行支付。

3. 灌浆试验

灌浆试验，其计量支付应根据要求或监理人的指示完成的试验项目，按《工程量清单》所列的总价项目支付。总价中包括试验所需要的人工、材料、设备运行，以及试验检验所需的一切费用。

4. 水泥灌浆

（1）帷幕灌浆和固结灌浆的计量和支付应按施工图纸和监理人确认或实际记录的直接用于灌浆的干水泥质量计量，按《工程量清单》中灌浆干水泥的每吨单价支付。其单价中包含水泥、掺合料、外加剂等材料的采购、运输、储存和保管的全部费用，以及为实施全部灌浆作业所需的人工、材料、使用设备和辅助设施及各种试验、观测和质量检查验收等所需的一切费用。

（2）回填灌浆和接缝灌浆应按施工图纸所示并经监理人验收确认的灌浆面积，以平方米为单位进行计量，并按《工程量清单》所列项目的每平方米灌浆的单价支付。

（3）灌浆过程中正常发生的浆液损耗应包含在相应的灌浆作业的单价中。

（4）灌浆用水包括钻孔、灌浆、冲洗、压水试验等作业的用水不单独计量支付，其费用均包含在相应的各灌浆项目中。

5. 化学灌浆

化学灌浆按施工图所示和监理人批准的范围内实际耗用的化学灌浆材料的质量计量，按《工程量清单》所列各类化学灌浆材料的单价支付，该单价中应包含使用化学灌浆设备和仪器仪表及辅助设施，化学灌浆材料的购置、运输、储存、保管，化学灌浆施工、试验及质量检查验收等所需的人工、材料、使用设备和其他辅助设施等一切费用。承包人因施工失误、设备故障和储运工程中损失的化学灌浆材料不予计量和支付。

6. 管道

（1）排水管道和预埋灌浆管道应按施工图纸所示和监理人批准实际按章的管道质量以吨为单位计量，并按《工程量清单》所列项目的每吨单价支付。单价中包含管道的购置、运输、储存、保管和加工安装等费用。

（2）根据施工图纸和监理人指示施工中所用的排水管、灌浆管、套管、保护管、导向管、止水片（止浆片）及经监理人批准的金属埋件等费用，以及埋入在永久工程中的管道阀门、接头或其他零配件等均以吨为单位计量，并按《工程量清单》所列项目的每吨单价支付。

四、工程实例

【例题 9-1】某水库坝基岩石基础固结灌浆，采用手风钻钻孔，一次灌浆法，灌浆孔深 7 m，岩石级别为 X 级，试计算坝基岩石固结灌浆综合概算单价。

基本资料：坝基岩石层平均单位吸水率为 7Lu，灌浆水泥采用 32.5 级普通硅酸盐水泥。人工预算单价可根据第三章进行计算。材料预算单价为：合金钻头 60 元/个，空心钢 10 元/kg，32.5 级普通硅酸盐水泥 280 元/t，水 0.6 元/m^3，施工用风 0.15 元/m^3，施工用电 0.8 元/(kW·h)。

【解】(1) 计算钻孔单价。

根据 2002 年《水利建筑工程概算定额》，风钻钻岩石层固结灌浆孔、岩石级别 IX 级定额子母为 70018。根据第三章内容计算人工预算单价、材料单价。并根据 2002 年的《水利工程施工机械台时费定额》列表计算钻岩石层固结灌浆孔单价，见表 9-7。

表 9-7 建筑工程单价表-钻岩石层固结灌浆孔

定额编号：70018　　　　定额单位：100 m

工作内容：孔位转移、接拉风管、钻孔、检查孔钻孔，施工方法：手风钻钻孔孔深 7 m					
编号	名称及规格	单位	数量	单价/元	合计/元
一	直接工程费				1499.10
1	直接费				1366.86
①	人工费				447.69
	工长	工时	3	7.11	21.33
	中级工	工时	38	5.62	213.56
	初级工	工时	70	3.04	212.80
②	材料费				207.69
	合金钻头	个	2.72	60	163.20
	空心钢	kg	1.46	10	14.60
	水	m^3	10	0.6	6.00
	其他材料费	%	13		23.89
③	机械使用费				711.48
	手持式风钻	台时	25.8	24.19	624.10

续表

编号	名称及规格	单位	数量	单价/元	合计/元
	其他机械费	%	14		87.37
2	其他直接费	其他直接费综合费率为 2.5%			34.17
3	现场经费	现场经费费率为 7%			98.07
二	间接费	间接费费率为 7%			104.94
三	企业利润	企业利润率为 7%			112.28
四	税金	税率为 3.22%			55.27
五	单价合计				1771.59

由表 9-7 可知，钻岩石层固结灌浆孔单价为 17.72 元/m。

（2）计算基础固结灌浆概算单价。

根据 2002 年《水利建筑工程概算定额》，岩石层透水率为 7 Lu 的基础固结灌浆定额子母为 70047。根据第三章内容计算人工预算单价、材料单价。并根据 2002 年的《水利工程施工机械台时费定额》列表计算基础固结灌浆单价，见表 9-8。

表 9-8　建筑工程单价表-基础固结灌浆

定额编号：70047　　　　定额单位：100 m

工作内容：冲洗、制浆、封孔、孔位转移、检查孔压水试验、灌浆，岩石层透水率为 7 Lu					
编号	名称及规格	单位	数量	单价/元	合计/元
一	直接工程费				9988.72
1	直接费				9107.57
①	人工费				2163.00
	工长	工时	25	7.11	177.75
	高级工	工时	51	6.61	337.11
	中级工	工时	151	5.62	848.62
	初级工	工时	263	3.04	799.52
②	材料费				2 236.68
	水泥	t	5.7	280	1 596.00
	水	m^3	610	0.6	366.00
	其他材料费	%	14		274.68
③	机械使用费				4 707.89
	灌浆泵、中压泥浆	台时	100	31.31	3 131.00
	灰浆搅拌机	台时	92	14.4	1 324.80
	胶轮车	台时	31	0.9	27.90
	其他机械费	%	5		224.19
2	其他直接费	其他直接费综合费率为 2.5%			227.69
3	现场经费	现场经费费率为 7%			653.47
二	间接费	间接费费率为 7%			699.21
三	企业利润	企业利润率为 7%			748.16
四	税金	税率为 3.22%			368.24
五	单价合计				11804.33

由表 9-8 可知，基础固结灌浆单价为 118.04 元/m。

（3）计算坝基岩石基础固结灌浆综合概算单价。

坝基岩石基础固结灌浆综合概算单价包括钻孔单价和灌浆单价。即：

17.72+118.04=135.76（元/m）

第二节　基础防渗和地基加固工程计价

一、工程量清单项目设置及工程量计算规则

（一）基础防渗和地基加固工程工程量清单的项目编码、项目名称、计量单位、工程量计算规则及主要工作内容，应按表 9-9 的规定执行。

表 9-9　基础防渗和地基加固工程（编码 500108）

项目编码	项目名称	项目主要特征	计量单位	工程量计算规则	主要工作内容	一般适用范围
500108001×××	混凝土地下连续墙	1.地层类别、粒径大小 2.墙厚、墙深 3.墙体材料材质 4.混凝土强度等级及配合比 5.槽段孔位、清孔及墙体连续性的要求 6.检测方法	m^2	按招标设计图示尺寸计算不同墙厚的防渗墙体截水面积计量	1.地质复勘 2.生产性试验，选定施工工艺及参数 3.槽段造（钻）孔、泥浆固壁、清孔 4.混凝土配料、拌和、浇筑 5.钻取芯样检验	在砂卵石或松散土地基上建造防渗墙、支护墙、防冲墙、承重墙等
500108002×××	高压喷射注浆连续防渗墙	1.地层类别、粒径大小 2.结构形式及墙厚、墙深 3.高压喷孔的孔距、排数 4.高喷材料材质 5.高喷浆液配合比 6.工艺要求 7.检测方法			1.地质复勘 2.生产性试验，选定施工工艺及参数 3.钻孔 4.配制浆液 5.高压喷射注浆、固结体连接成墙	对松散透水地基的防渗处理

续表

项目编码	项目名称	项目主要特征	计量单位	工程量计算规则	主要工作内容	一般适用范围
500108003×××	高压喷射水泥搅拌桩	1.地层类别、粒径大小 2.高喷材料材质 3.桩位、桩距、桩径、桩长 4.检测方法	m	按招标设计图示尺寸计算的有效成孔长度计量	1.地质复勘 2.生产性试验，选定施工工艺及参数 3.钻孔 4.配制浆液 5.高压喷射注浆	软弱地基加固
500108004×××	混凝土灌注桩（泥浆护壁钻孔灌注桩、锤击或振动沉管灌注桩）	1.岩土类别 2.灌注材料材质 3.混凝土强度等级及配合比 4.桩位、桩型、桩径、桩长 5.检测方法	m^3	按招标设计图示尺寸计算的造孔（沉管）灌注桩灌注混凝土的有效体积计量	1.地质复勘、成孔成桩试验、校验施工参数和工艺 2.埋设孔口装置、泥浆护壁造孔或跟管钻进造孔 3.清孔 4.加工、吊放钢筋笼 5.混凝土拌和、运输 6.水下混凝土灌注 7.成桩承载力检验	软弱地基加固
500108005×××	钢筋混凝土预制桩	1.岩土类别 2.预制桩材料材质 3.预制混凝土强度等级及配合比 4.桩位、桩径、桩长 5.停锤标准 6.检测方法	根	按招标设计图示桩径、桩长，以根数计量	1.地质复勘、选择停锤标准 2.购置或预制混凝土桩 3.起吊、运输、存放 4.打（压）桩、接桩、停锤 5.桩斜度测量 6.桩基承载力等检验	
500108006×××	振冲桩加固地基	1.岩土类别 2.填料种类及材质 3.孔位、孔距、孔径及孔深 4.检测方法	m	按招标设计图示尺寸计算的振冲成孔长度计量	1.振冲试验、选择施工参数 2.填料开采、运输、检验 3.填料振实、逐段加密 4.桩体密实度和承载力等检验	
500108007×××	钢筋混凝土沉井	1.岩土类别 2.沉井材料材质 3.混凝土强度等级及配合比 4.井型、井径、井深及井壁厚度 5.施工工艺 6.检测方法	m^3	按符合招标设计图示尺寸需要形成的水面（或地面）以下的有效空间体积计量	1.地质复勘、校验地质资料及持力层特征 2.制作沉井及刃脚 3.沉井运输 4.沉井定位、挖井内泥土、沉井下沉、抽排地下水 5.浇筑封底混凝土（干封底或水下浇筑混凝土）	
500108008×××	钢制沉井					
500108009×××	其他防渗及地基加固					

（二）其他相关问题应按下列规定处理：

（1）土类分级，按表 4-7 确定。岩石分级，按表 4-9 和表 9-3 确定。钻孔地层分类，按表 9-4 确定。

（2）基础防渗和地基加固工程工程量清单项目的工程量计算规则：

① 混凝土地下连续墙、高压喷射注浆连续防渗墙，按招标设计图示尺寸计算不同墙厚的有效连续墙体截水面积计量；高压喷射水泥搅拌桩，按招标设计图示尺寸计算的有效成孔长度计量。造（钻）孔、灌注槽孔混凝土（灰浆）、操作损耗等所发生的费用，应摊入有效工程量的工程单价中。混凝土地下连续墙与帷幕灌浆结合的墙体内预埋灌浆管、墙体内观测仪器（观测仪器的埋设、率定、下设桁架等）及钢筋笼下设（指保护预埋灌浆管的钢筋笼的加工、运输、垂直下设及孔口对接等），另行计量计价。

② 地下连续墙施工的导向槽、施工平台，另行计量计价。

③ 混凝土灌注桩按招标设计图示尺寸计算的钻孔（沉管）灌注桩灌注混凝土的有效体积（不含灌注于桩顶设计高程以上需要挖去的混凝土）计量。检验试验、灌注于桩顶设计高程以上需要挖去的混凝土、钻孔（沉管）灌注混凝土的操作损耗等所发生的费用和周转使用沉管的费用，应摊入有效工程量的工程单价中。钢筋笼按钢筋加工及安装工程的计量计价规则另行计量计价。

④ 钢筋混凝土预制桩按招标设计图示桩径、桩长，以有效根数计量。地质复勘、检验试验、预制桩制作（或购置），运桩、打桩和接桩过程中的操作损耗等所发生的费用，应摊入有效工程量的工程单价中。

⑤ 振冲桩加固地基按招标设计图示尺寸计算的有效振冲成孔长度计量。振冲试验、振冲桩体密实度和承载力等的检验、填料及在振冲造孔填料振密过程中的操作损耗等所发生的费用，应摊入有效工程量的工程单价中。

⑥ 沉井按符合招标设计图示尺寸需要形成的水面（或地面）以下有效空间体积计量。地质复勘、检验试验和沉井制作、运输、清基或水中筑岛、沉放、封底、操作损耗等所发生的费用，应摊入有效工程量的工程单价中。

二、计量与支付

（一）基础防渗工程

1. 混凝土防渗墙

（1）混凝土、塑性混凝土防渗墙和固化灰浆防渗墙的计量与支付，应按施工图纸和监理人签认实施的防渗墙成墙面积，以每平方米为单位进行计量，并按《工程量清单》所列项目的每平方米单价支付。

其每平方米单价中包括：地质复勘、施工准备、材料采购、配合比试验、导墙与槽孔施工、墙体浇筑、试验与检验，以及质量检查与验收等所需的人工、材料以及使用设备和辅助设施等一切费用。

（2）钢筋混凝土防渗墙的钢筋和钢材按施工图纸和监理人签认的钢筋和钢材用量以吨为单位计量，并按《工程量清单》所列项目的每吨单价支付。

其每吨单价中包括钢材采购和钢筋笼制作和沉放的全部费用。

2. 高压喷射注浆防渗墙

（1）高压喷射防渗墙施工的计量与支付，应按施工图纸和监理人签认的防渗墙面积以每平方米为单位进行计量，并按《工程量清单》所列项目的每平方米单价支付。

（2）每平方米单价中包括：浆液材料的采购、运输、拌制、钻孔、插管、喷射灌浆、固结体的现场开挖和试验以及质量检查与验收所需的全部人工、材料及使用设备和辅助设施等一切费用。

（二）地基加固工程

1. 桩基

1）钻孔灌浆桩或沉管灌注桩的计量与支付

（1）钻孔灌浆桩或沉管灌注桩桩基础工程施工的计量和支付，按施工图纸和《工程量清单》规定的桩径和桩长，并经监理人签认的混凝土灌注体积，以每立方米为单位进行计量，并按《工程量清单》所列项目的每立方米单价支付。

（2）灌注桩的钢筋按施工图纸规定的含筋量，并经监理人确认的钢筋总用量，以吨为单位计量，并按《工程量清单》所列项目的每吨单价支付。

（3）每吨单价中包括材料的采购、运输、存放、检验、试桩、钻孔、泥浆置备、混凝土配置、钢筋笼加工、造孔、清孔、吊放钢筋笼、灌注混凝土质量检查和验收等所需的全部人工、材料及使用设备和辅助设施等一切费用。

2）钢筋混凝土预制桩的计量与支付

（1）钢筋混凝土预制桩的计量和支付，按施工图纸和《工程量清单》规定的桩径和桩长，并经监理人签认的标准根数进行计量，并按《工程量清单》所列项目的每根单价支付。

（2）每根预制桩的单价包括预制桩及其连接钢材的采购、运输、保管及验收以及试桩、打（压）桩、接桩、试验、检验、质量检查和验收等所需的全部人工、材料及使用设备和辅助设施等一切费用。

2. 振冲

（1）振冲加密或振冲置换成孔的计量和支付，应按施工图纸所示和监理人签认的实际振冲孔长度以延米为单位计量，并按《工程量清单》所列项目的每延米单价支付。

（2）上述每延米单价包括施工准备，填料的开采、运输、检验、保管、试桩、造孔、清孔、填料、加密，质量检查与验收等所需的全部人工、材料及使用设备和辅助设施等一切费用。

3. 沉井

1）钢筋混凝土沉井的计量和支付

（1）钢筋混凝土沉井的计量和支付应按施工图纸所示和监理人签认的沉井实际浇筑体积，

以立方米为单位计量并按《工程量清单》所列项目的每立方米单价支付。

（2）钢筋混凝土沉井制作使用的钢筋、钢材和连接件，按施工图纸所示和监理人签认的用量以吨为单位计量，并按《工程量清单》所列项目的每吨单价支付。

（3）上述单价中包括钢筋混凝土各项材料的采购、运输、验收和保管，钢筋的制作和绑焊，混凝土的生产、运输和浇筑，沉井的制作、运输、下沉以及质量检查和验收等所需的全部的人工、材料及使用设备和辅助设施等一切费用。

2）钢沉井的计量和支付

（1）钢沉井的计量和支付按施工图纸所示和监理人签认的钢沉井整体质量以吨为单位计量，并按《工程量清单》所列项目的每吨单价支付。

（2）单价中包括钢材和焊接材料的提供、材料试验和检验，沉井的制作、浮运、定位和下沉以及质量检查和验收等所需的全部人工、材料、使用设备和其他辅助设施等一切费用。

3）沉井干封底或水下混凝土封底的计量和支付

（1）沉井干封底或水下混凝土封底的计量和支付，按施工图纸所示和监理人签认的干封底或水下混凝土浇筑体积，以立方米为单位计量并按《工程量清单》所列项目的每立方米单价支付。

（2）上述单价中包括封底材料的提供、井底清理、干封底或水下浇筑以及质量检查和验收等所需的全部人工、材料、使用设备和其他辅助设施等一切费用。

第十章 混凝土工程计价

【学习目标】

1. 熟悉混凝土工程、模板工程、钢筋加工及安装工程的项目设置。
2. 了解混凝土工程、模板工程、钢筋加工及安装工程的计算规则。
3. 了解混凝土工程、模板工程、钢筋加工及安装工程的概预算定额工程量计算。
4. 熟悉混凝土工程、模板工程、钢筋加工及安装工程的计量与支付。

第一节 混凝土工程计价

一、混凝土工程项目设置及工程量计算规则

（1）工程量清单的项目编码、项目名称、计量单位、工程量计算规则及主要工作内容，应按表 10-1 的规定执行。

表 10-1 混凝土工程（编码 500109）

项目编码	项目名称	项目主要特征	计量单位	工程量计算规则	主要工作内容	一般适用范围
500109001×××	普通混凝土	1.部位及类型 2.设计龄期、强度等级及配合比 3.抗渗、抗冻、抗磨等要求 4.级配、拌制要求 5.运距	m^3	按招标设计图示尺寸计算的有效实体方体积计量	1.冲（凿）毛、冲洗、清仓、铺水泥砂浆 2.维护并保持仓内模板、钢筋及预埋件的准确位置 3.配料、拌和、运输、平仓、振捣、养护 4.取样检验	坝、堤、堰、梁、板、柱、墙、排架、墩、台、屋面及衬砌混凝土等
500109002×××	碾压混凝土	1.部位及工法 2.设计龄期、强度等级及配合比 3.抗渗、抗冻等要求 4.碾压工艺和程序 5.级配、拌制及切缝要求 6.运距	m^3	按招标设计图示尺寸计算的有效实体方体积计量	1.冲（刷）毛、冲洗、清仓、铺水泥砂浆 2.配料、拌和、运输、平仓、碾压、养护 3.切缝 4.取样检验	坝、堤、围堰等

续表

项目编码	项目名称	项目主要特征	计量单位	工程量计算规则	主要工作内容	一般适用范围
500109003×××	水下浇筑混凝土	1.部位及类型 2.强度等级及配合比 3.级配、拌制要求 4.运距		按招标设计要求浇筑前后的水下地形变化以体积计量	1.清基、测量浇筑前的水下地形 2.配料、拌和、运输 3.直升导管法连续浇筑 4.测量浇筑后水下地形，计算工程量 5.钻取芯样检验	水下围堰、水下防渗墙、水下墩台基础、水下建筑物修补等
500109004×××	模袋混凝土	1.部位及模袋规格 2.强度等级及配合比 3.级配、拌制要求 4.运距		按招标设计图示尺寸计算的有效实体方体积计量	1.模袋加工 2.模袋铺设 3.配料、拌和、运输、灌注 4.取样检验	渠道边坡防护、河岸护坡、水下建筑物修补等
500109005×××	预应力混凝土	1.部位及类型 2.结构尺寸及张拉等级 3.强度等级及配合比 4.对固定锚索位置及形状的钢管的要求 5.张拉工艺和程序 6.级配、拌制要求 7.运距			1.冲（凿）毛、冲洗 2.锚索及其附件加工、运输、安装 3.维护并保持模板、钢筋、锚索及预埋件的准确位置 4.配料、拌和、运输、振捣、养护 5.张拉试验及张拉、灌浆封闭	预应力闸墩，预应力梁、柱、渡槽等
500109006×××	二期混凝土	1.部位 2.强度等级及配合比 3.级配、拌制要求 4.运距	m^3	按招标设计图示尺寸计算的有效实体方体积计量	1.凿毛、清洗 2.维护并保持安装件的准确位置 3.配料、拌和、运输、振捣、养护	机电和金属结构设备基础埋件（如蜗壳、闸门槽等）的二期混凝土及预留宽槽、封闭块的混凝土等
500109007×××	沥青混凝土	1.沥青性能指标 2.配合比及技术指标 3.运距	m^3 （m^2）	按招标设计图示尺寸计算的有效实体方体积计量；封闭层以有效面积计量	1.原料加热、配料及拌和 2.保温运输、摊铺和碾压 3.施工接缝及层间处理、封闭层施工 4.取样检验	土石坝、蓄水池等的碾压式沥青混凝土防渗结构

续表

项目编码	项目名称	项目主要特征	计量单位	工程量计算规则	主要工作内容	一般适用范围
500109008×××	止水工程	1.止水类型 2.材质 3.止水规格尺寸	m	按招标设计图示尺寸计算的有效长度计量	制作、安装、维护	水工建筑物
500109009×××	伸缩缝	1.伸缩缝部位 2.填料的种类、规格	m^2	按招标设计图示尺寸计算的有效面积计量		
500109010×××	混凝土凿除	1.凿除部位及断面尺寸 2.运距	m^3	按招标设计图示凿除范围内的实体方体积计量	1.凿除、清洗 2.弃渣运输 3.周围建筑物保护	各部位混凝土
500109011×××	其他混凝土工程					

（2）其他相关问题应按下列规定处理：

① 混凝土工程工程量清单项目的工程量计算规则：

a. 普通混凝土按招标设计图示尺寸计算的有效实体方体积计量。体积小于 0.1 m^3 的圆角或斜角，钢筋和金属件占用的空间体积小于 0.1 m^3 或截面积小于 0.1 m^2 的孔洞、排水管、预埋管和凹槽等的工程量不予扣除。按设计要求对上述孔洞所回填的混凝土也不重复计量。施工过程中由于超挖引起的超填量，冲（凿）毛、拌和、运输和浇筑过程中的操作损耗所发生的费用（不包括以总价承包的混凝土配合比试验费），应摊入有效工程量的工程单价中。

b. 温控混凝土与普通混凝土的工程量计算规则相同。温控措施费应摊入相应温控混凝土的工程单价中。

c. 混凝土冬季施工中对原材料（如砂石料）加温、热水拌和、成品混凝土的保温等措施所发生的冬季施工增加费应包含在相应混凝土的工程单价中。

d. 碾压混凝土按招标设计图示尺寸计算的有效实体方体积计量。施工过程中由于超挖引起的超填量，冲（刷）毛、拌和、运输和碾压过程中的操作损耗所发生的费用（不包括配合比试验和生产性碾压试验的费用），应摊入有效工程量的工程单价中。

e. 水下混凝土按招标设计图示浇筑前后水下地形变化计算的有效体积计量。拌和、运输和浇筑过程中的操作损耗所发生的费用，应摊入有效工程量的工程单价中。

f. 预应力混凝土按招标设计图示尺寸计算的有效实体方体积计量。钢筋、锚索、钢管、钢构件、埋件等所占用的空间体积不予扣除。锚索及其附件的加工、运输、安装、张拉、注浆封闭、混凝土浇筑过程中操作损耗等所发生的费用，应摊入有效工程量的工程单价中。

g. 二期混凝土按招标设计图示尺寸计算的有效实体方体积计量。钢筋和埋件等所占用的空间不予扣除。拌和、运输和浇筑过程中的操作损耗所发生的费用，应摊入有效工程量的工程单价中。

h. 沥青混凝土按招标设计防渗心墙及防渗面板的防渗层、整平胶结层和加厚层沥青混凝土图示尺寸计算的有效体积计量；封闭层按招标设计图示尺寸计算的有效面积计量。施工过程中由于超挖引起的超填量及拌和、运输和摊铺碾压过程中的操作损耗所发生的费用（不包括室内试验、现场试验和生产性试验的费用），应摊入有效工程量的工程单价中。

i. 止水工程按招标设计图示尺寸计算的有效长度计量。止水片的搭接长度、加工及安装过程中操作损耗等所发生的费用，应摊入有效工程量的工程单价中。

j. 伸缩缝按招标设计图示尺寸计算的有效面积计量。缝中填料及其在加工及安装过程中的操作损耗所发生的费用，应摊入有效工程量的工程单价中。

k. 混凝土工程中的小型钢构件，如温控需要的冷却水管、预应力混凝土中固定锚索位置的钢管等所发生的费用，应分别摊入相应混凝土有效工程量的工程单价中。

② 混凝土拌和与浇筑分属两个投标人时，价格分界点按招标文件的规定执行。

③ 当开挖与混凝土浇筑分属两个投标人时，混凝土工程按开挖实测断面计算工程量，相应由于超挖引起的超填量所发生的费用，不摊入混凝土有效工程量的工程单价中。

④ 招标人如要求将模板使用费摊入混凝土工程单价中，各摊入模板使用费的混凝土工程单价应包括模板周转使用摊销费。

二、工程量计算

（一）概算定额

（1）混凝土定额的主要工作内容。

① 常态混凝土浇筑包括冲凿毛、冲洗、清仓，铺水泥砂浆、平仓浇筑、振捣、养护，工作面运输及辅助工作。

② 碾压混凝土包括冲毛、冲洗、清仓，铺水泥砂浆、平仓、碾压、切缝、养护，工作面运输及辅助工作。

③ 沥青混凝土浇筑包括配料、混凝土加温、铺筑、养护、模板制作、安装、拆除、修整，以及场内运输及辅助工作。

④ 预制混凝土包括预制场冲洗、清理、配料、拌制、浇筑、振捣、养护、模板制作、安装、拆除、修整、现场冲洗、拌浆、吊装、砌筑、勾缝，以及预制场和安装现场场内运输及辅助工作。

⑤ 混凝土拌制包括配料、加水、加外加剂、拌制、出料、清洗及辅助工作。

⑥ 混凝土运输包括装料、运输、卸料、空回、冲洗、清理及辅助工作。

（2）混凝土材料定额中的“混凝土”：指完成单位产品所需的混凝土成品量，其中包括干缩、运输、浇筑和超填等损耗的消耗量在内。混凝土半成品的单价，为配制混凝土所需水泥、骨料、水、掺合料及其外加剂等的费用之和。

（3）混凝土拌制。

① 混凝土拌制定额均以半成品方为计量单位，不包括干缩、运输、浇筑和超填等损耗的消耗量在内。

② 混凝土拌制定额按拌制常态混凝土拟定，若拌制加冰、加掺合料等其他混凝土，则按表 10-2 对拌制定额进行调整。

表 10-2 拌制定额调整系数

搅拌楼规格	混凝土类别			
	常态混凝土	加冰混凝土	加掺合料混凝土	碾压混凝土
1×2.0 m^3 强制式	1.00	1.20	1.00	1.00
2×2.5 m^3 强制式	1.00	1.17	1.00	1.00
2×1.0 m^3 自落式	1.00	1.00	1.10	1.30
2×1.5 m^3 自落式	1.00	1.00	1.10	1.30
3×1.5 m^3 自落式	1.00	1.00	1.10	1.30
2×3.0 m^3 自落式	1.00	1.00	1.10	1.30
4×3.0 m^3 自落式	1.00	1.00	1.10	1.30

（4）混凝土运输。

① 现浇混凝土运输，指混凝土自搅拌楼或搅拌机出料口至浇筑现场工作面的全部水平和垂直运输。

② 预制混凝土构件运输，指预制场至安装现场之间的运输。预制混凝土构件在预制场和安装现场的运输，包括在预制及安装定额内。

③ 混凝土运输定额均以半成品方为计量单位，包括干缩、运输、浇筑和超填等损耗的消耗量在内。

④ 混凝土和预制混凝土构件运输，应根据设计选定的运输方式、设备型号规格，按运输定额计算。

（5）混凝土浇筑。

① 混凝土浇筑定额中包括浇筑和工作面运输所需全部人工、材料和机械的数量及费用；

② 地下工程混凝土浇筑施工照明用电，已计入浇筑定额的其他材料费中；

③ 平洞、竖井、地下厂房、渠道等混凝土衬砌定额中所列示的开挖断面和衬砌厚度按设计尺寸选取。如果设计厚度不符，则可用插入法计算。

④ 混凝土构件预制及安装定额，包括预制及安装过程中所需要的人工、材料、机械的数量和费用。如预制混凝土构件单位质量超过定额中起重机械起重量时，可用相应起重量机械替换，台时量不变。

（6）预制混凝土定额中的模板材料为单位混凝土成品方的摊销量，已考虑了周转。

（7）混凝土拌制及浇筑定额中，不包括骨料预冷、加冰、通水等温控所需人工、材料、机械的数量的费用。

（8）平洞衬砌定额，适用于水平夹角小于和等于 6 度单独作业的平洞。如开挖、衬砌平行作业时，按平洞定额的人工和机械定额乘以 1.1 的系数；水平夹角大于 6 度的斜井衬砌，按平洞定额的人工、机械乘以 1.23 的系数。

（9）如果设计采用耐磨混凝土、钢纤维混凝土、硅粉混凝土、铁矿石混凝土、高强混凝土、膨胀混凝土等特种混凝土时，其材料配合比采用试验资料计算。

（10）沥青混凝土面板、沥青混凝土心墙砌筑、沥青混凝土涂层、斜墙碎石垫层面涂层及沥青混凝土拌制、运输等定额，在抽水蓄能电站库盆的防渗处理，堆石坝和砂砾石坝的心墙、斜墙及均值土坝上游面的防渗处理中进行使用。

（11）钢筋制作与安装定额中，其钢筋定额消耗量与包括钢筋制作与安装过程中的加工损耗、搭接损耗及施工架立筋附加量。

（12）混凝土拆除分液压岩石破碎机拆除、爆破拆除、破碎剂胀裂拆除和整体拆除。能用液压岩石破碎机拆除和整体拆除的部位应尽量采用，除非施工场地、施工方法和环境不允许，才采用人工凿除、爆破拆除和破碎剂胀裂拆除。

（二）预算定额

（1）混凝土定额的计量单位除注明外，均为建筑物或构筑物的成品实体方。

（2）现浇混凝土、碾压混凝土、预制混凝土部分包括预制混凝土构件吊装、钢筋制作及安装，混凝土拌制、运输等定额。适用于拦河坝、水闸、船闸、厂房、隧洞、竖井、明渠、渡槽等各种水工建筑物工程。

（3）混凝土工程定额的工作内容：

① 现浇混凝土包括冲（凿）毛、冲洗、清仓，铺水泥砂浆、平仓浇筑、振捣、养护，工作面运输及辅助工作。

② 碾压混凝土包括冲毛、冲洗、清仓，铺水泥砂浆、平仓、碾压、切缝、养护，工作面运输及辅助工作。

③ 预制混凝土包括预制场冲洗、清理、配料、拌制、浇筑、振捣、养护、模板制作、安装、拆除、修整、现场冲洗、拌浆、吊装、砌筑、勾缝，以及预制场和安装现场场内运输及辅助工作。

（4）各种坝型的现浇混凝土定额，不包括溢流面、闸墩、胸墙、工作桥、公路桥等。

（5）现浇混凝土定额不含模板制作、安装、拆除、修整。

（6）《水利建筑工程预算定额》混凝土工程定额四-22 至四-25 为预制混凝土定额。对于其他必须现场预制又没有相应定额的预制混凝土构件，可采用四-21 节现浇细部结构混凝土子目加相应模板定额计算。

（7）预制混凝土定额中的模板材料均按预算消耗量计算，包括制作（钢模为组装）、安装、拆除、维修的消耗、损耗，并考虑了周抓和回收。

（8）材料定额中的“混凝土”一项，系指完成单位产品所需的混凝土半成品量，其中包括冲凿毛、干缩、施工损耗、运输损耗和接缝砂浆等的消耗量在内。混凝土半成品的单价，为配制混凝土所需水泥、砂石骨料、水、掺合料及其外加剂等的用量及价格。

（9）混凝土的拌制。

① 现浇混凝土定额各节，列出拌制混凝土所需的人工和机械。混凝土拌制按有关定额计算。

② “骨料或水泥系统”是指运输骨料或水泥及掺合料进入搅拌楼所必须配备与搅拌楼相衔接的机械设备。分别包括自骨料接料斗开始的胶带输送机及工料设备；自水泥及掺合料罐开始的水泥提升机械或空气输送设备，以及胶带输送机和吸尘设备等。

③ 搅拌机（楼）清洗用水已计入拌制定额的零星材料费中。

④ 混凝土拌制定额按拌制常态混凝土拟定，若拌制其他混凝土，则按表 10-2 系数对定额进行调整。

⑤ 混凝土拌制定额均以半成品方为单位计算，不含施工损耗和运输损耗所消耗的人工、材料、机械的数量和费用。

（10）混凝土运输。

①“混凝土运输”指混凝土自搅拌楼或搅拌机出料口至仓面的全部水平和垂直运输。

② 混凝土运输单价，应根据设计选定的运输方式、机械类型，按相应运输定额计算综合单价。

③ 混凝土构件的预制、运输及吊（安）装定额，若预制混凝土构件质量超过定额中起重机械起重量时，可用相应起重量机械替换，台时数不作调整。

④ 混凝土运输定额均以半成品方为单位计算，不含施工损耗和运输损耗所消耗的人工、材料、机械的数量和费用。

（11）隧洞、竖井、地下厂房、明渠等混凝土衬砌定额中所列示的开挖断面及衬砌厚度的设计尺寸选取。

（12）钢筋制作安装定额，不分部位、规格型号综合计算。

（13）混凝土拌制及浇筑定额中，不包括骨料预冷、加冰、通水等温控所需的费用。

（14）混凝土浇筑的仓面清洗及养护用水，地下工程混凝土浇筑施工照明用电，已分别计入浇筑定额的用水量及其他材料费中。

（15）预制混凝土构件吊装定额，仅系吊装过程中所需的人工、材料、机械使用量、制作和运输的费用，包括在预制混凝土构件的预算单价中。另按预制构件制作及运输定额计算。

（16）隧洞衬砌定额，适用于水平夹角小于和等于 6 度单独作业的平洞。如开挖、衬砌平行作业时，人工和机械定额乘以 1.1 的系数；水平夹角大于 6 度的斜井衬砌，按平洞定额的人工、机械乘以 1.23 的系数。

（17）如果设计采用耐磨混凝土、钢纤维混凝土、硅粉混凝土、铁矿石混凝土、高强混凝土、膨胀混凝土等特种混凝土时，其材料配合比采用试验资料计算。

（18）沥青混凝土定额。

① 沥青混凝土铺筑、涂层、运输等定额，适用于堆石坝上游面及库盆全面防渗处理，，堆石坝和砂壳坝的心墙、斜墙及均质土坝上游面的防渗处理。

② 沥青混凝土定额的名称。

a. 开级配：指面板或斜墙中的整平胶结层和排水层的沥青混凝土。

b. 密级配：指面板或斜墙中的防渗层沥青混凝土和岸边接头沥青砂浆。

c. 垫层：指敷设于填筑体表面与沥青混凝土之间的过渡层。

d. 封闭层：指面板或斜墙最表面，涂刷于防渗层上层面的沥青胶涂层。

e. 涂层：指涂刷在垫层、整平胶结层、排水层或防渗层表面起胶结作用或保护下层作用的沥青制剂或沥青胶。包括乳化沥青、稀释沥青、热沥青胶及再生橡胶粉沥青胶等。

f. 岸边接头：指沥青混凝土斜墙与两岸岸边接头的部位。

三、工程计量与支付

1. 普通混凝土

（1）混凝土以立方米为单位，按施工图纸或监理人签认的建筑物轮廓线或构件边线内实际浇筑的混凝土进行工程量计量，按《工程量清单》所列项目的每立方米单价支付。图纸所示或监理人指示边线以外超挖部分的回填混凝土及其他混凝土，以及按规定进行质量检查和验收的费用，均包括在每立方米混凝土单价中，发包人不再另行支付。

（2）凡圆角、金属件占用的空间，或体积小于 0.1 m^3，或截面积下雨 0.1 m^3 和预埋件占去的空间，在混凝土计量中不予扣除。

（3）混凝土浇筑所用的材料（包括水泥、掺合料、骨料、外加剂等）的采购、运输、保管、储存，以及混凝土的生产、浇筑、养护、表面保护、试验和辅助工作等所需的人工、材料及使用设备和辅助设施等一切费用均包括在混凝土每立方米单价中。

（4）根据要求完成的混凝土配合比试验，经监理人最终批准的试验报告，按混凝土配合比试验项目的总价支付。总价中包括试验中所有材料、试验样品、劳动力及辅助设施的提供，以及与试验有关的养护和测试等所需的一切费用。

（5）止水、止浆、伸缩缝所用的各种材料的供应和制作安装，应按《工程量清单》所列各种材料的计量单位计量，并按《工程量清单》所列项目的相应单价进行支付。

（6）混凝土冷却费用按《工程量清单》所列“混凝土冷却”项目的体积，以每立方米单价进行支付，“混凝土冷却”体积应按施工图纸或监理人指示使用预埋冷却水管进行冷却的混凝土体积，其费用包括：

① 制冷设备和设施的运行和维护以及制冷过程中进行检查、检验和维修所需的一切费用。

② 混凝土浇筑体外的冷却水输水管和临时管道的材料供应以及管道的制作安装、运行、维护和拆除等费用。

（7）埋入混凝土体内的冷却水管及其附件的费用，根据施工图纸的规定和监理人指示以埋入混凝土的蛇形管的每延米数计量，并按预埋冷却水管每延米单价支付，未埋入混凝土中的冷却水管的主、干管及接头不单独计量，其费用计入预埋冷却水管的单价中。

（8）混凝土表面的修整费用不予单列，应包括在混凝土每立方米单价中。

（9）多孔混凝土排水管的计量和支付，应根据施工图纸和监理人指示实际安装的每延米计量，并按《工程量清单》所列项目的每延米单价进行支付。

（10）混凝土中收缩缝和冷却水管的灌浆、开孔的压力灌浆，以及所用材料，应按监理人认可实际消耗的水泥用量的吨数计量，按《工程量清单》所列项目的每吨单价支付，单价中包括灌浆所需的人工、材料及使用设备和辅助设施等一切费用。为灌浆系统所用循环水将不单独支付，其费用列入相应灌浆项目单价中。

2. 水下混凝土

（1）按施工图纸和监理人所示的范围，以浇筑前后的水下地形测量剖面进行计量，按《工程量清单》所列项目的每立方米支付。

（2）图纸无法表明的工程量，可按实际灌注到指定位置所发生的工程量计量，按《工程量清单》所列项目的每立方米的单价支付。

（3）水下混凝土的单价应包括水泥、骨料、外加剂和粉煤灰等材料的供应和水下混凝土的拌和、运输、灌注、质量检查和验收所需的人工、材料及使用设备和辅助设施，以及为确定正常损耗量所进行试验的一切费用。

3. 预应力混凝土

（1）预应力混凝土的预应力筋按施工图纸所示的预应力筋型号和尺寸进行计算，并经监理人签认的实际预应力筋用量，以吨为单位进行计量，并按《工程量清单》所列项目的每吨单价进行支付。单价中包括预应力筋张拉所需的材料、锚固件和固定埋设件等提供、制作、安装、张拉以及试验检验和质量验收等所需的人工、材料及使用设备和辅助设施等一切费用。

预应力钢绞线和钢丝以施加预应力的每千牛·米单价进行计量支付。单价中包括预应力钢绞线和钢丝张拉施工所需的材料、锚固件、套管和固定埋设件等的提供、制作、安装、张拉以及试验检验和质量验收等所需的人工、材料及使用设备和辅助设施等一切费用。

（2）预应力混凝土预制构件的混凝土和常规钢筋的计量和支付按有关规定执行。

（3）灌浆所用的人工、材料及使用设备和辅助设施的费用，均包括在预应力钢筋、钢绞线和钢丝的单价中。

4. 碾压混凝土

（1）按施工图纸或监理人指定的建筑物边线计算碾压混凝土工程量以立方米为单位计量，并按《工程量清单》所列项目的每立方米单价进行支付。

（2）碾压混凝土所用材料的采购、运输、保管、储存，混凝土生产、铺筑、养护以及质量检查和验收等所需的人工、材料及使用设备和辅助设施等费用均包括在每立方米碾压混凝土的单价中。

（3）碾压混凝土配合比试验和现场生产性碾压试验，将根据施工图纸和技术条款要求，并经监理人批准试验报告后，按碾压试验项目和现场生产性碾压试验项目的总价支付，总价中应包括试验所需的人工、材料及使用设备和辅助设施以及试验样品的制备、养护、测试等所需的一切费用。

（4）碾压混凝土采用切缝机切缝，设置诱导缝、铺筑垫层混凝土（或砂浆）等所需费用均包括在每立方米碾压混凝土单价中。

5. 沥青混凝土

（1）各项材料和配合比试验、现场试验以及生产性试验等所需的费用，应按《工程量清单》表中所列的各项试验费用的总价支付。该费用包括全部室内和现场试验项目实施和各项测试所需的人工、材料及使用设备和辅助设施等一切费用。

（2）防渗层、整平胶结层和加厚层沥青混凝土，应按施工图纸和监理人批准的设计边线计算工程量或按监理人现场签认的工程量，以立方米为单位计量，并按《工程量清单》所列项目的每立方米单价支付。

（3）封闭层按施工图纸或监理人签认的工程量，以平方米为单位计量，并按《工程量清单》所列项目的每平方米单价支付。

（4）沥青混凝土防渗护面的全部作业所需的人工、材料及使用设备和辅助设施等一切费用均包括在沥青混凝土每立方米单价中，发包人不再另行支付。

（5）沥青混凝土防渗心墙应按施工图纸和监理人批准的设计边线计算工程量，以立方米为单位计量，并按《工程量清单》所列项目每立方米单价支付。

（6）沥青混凝土心墙施工所用钢模板材料的提供以及钢模板的设计制作安装所需人工、材料以及使用设备和辅助设施等一切费用，均分摊在各层沥青混凝土的每立方米单价中，发包人不再另行支付。

第二节　模板工程计价

一、模板工程项目设置及工程量计算规则

（1）工程量清单的项目编码、项目名称、计量单位、工程量计算规则及主要工作内容，应按表 10-3 的规定执行。

表 10-3　模板工程（编码 500110）

<table>
<tr><th>项目编码</th><th>项目名称</th><th>项目主要特征</th><th>计量单位</th><th>工程量计算规则</th><th>主要工作内容</th><th>一般适用范围</th></tr>
<tr><td>500110001×××</td><td>普通模板</td><td>1.类型及结构尺寸
2.材料品种
3.制作、组装、安装及拆卸标准（如强度、刚度、稳定性）
4.支撑形式</td><td rowspan="4">m^2</td><td rowspan="3">按招标设计图示建筑物体形、浇筑分块和跳块顺序要求所需有效立模面积计量</td><td>1.制作、组装、运输、安装
2.拆卸、修理、周转使用
3.刷模板保护涂料、脱模剂</td><td>用于浇筑混凝土的普通模板</td></tr>
<tr><td>500110002×××</td><td>滑动模板</td><td rowspan="2">1.类型及结构尺寸
2.面板材料品种
3.支撑及导向构件规格尺寸
4.制作、组装、安装和拆卸标准（如强度、刚度、稳定性）
5.动力驱动形式</td><td rowspan="2">1.制作、组装、运输、安装、运行维护
2.拆卸、修理、周转使用
3.刷模板保护涂料、脱模剂</td><td>溢流面、混凝土面板、闸墩、立柱、竖井等的滑模</td></tr>
<tr><td>500110003×××</td><td>移置模板</td><td>模板台车、针梁模板、爬升模板等</td></tr>
<tr><td>500110004×××</td><td>其他模板工程</td><td></td><td></td><td></td><td></td></tr>
</table>

（2）模板工程工程量清单项目的工程量计算规则：

① 立模面积为混凝土与模板的接触面积，坝体纵、横缝键槽模板的立模面积按各立模面在竖直面上的投影面积计算（即与无键槽的纵、横缝立模面积计算相同）。

② 模板工程中的普通模板包括平面模板、曲面模板、异型模板、预制混凝土模板等；其他模板包括装饰模板等。

③ 模板按招标设计图示混凝土建筑物（包括碾压混凝土和沥青混凝土）结构体形、浇筑分块和跳块顺序要求所需有效立模面积计量。不与混凝土面接触的模板面积不予计量。模板面板和支撑构件的制作、组装、运输、安装、埋设、拆卸及修理过程中操作损耗等所发生的

费用，应摊入有效工程量的工程单价中。

④ 不构成混凝土永久结构、作为模板周转使用的预制混凝土模板，应计入吊运、吊装的费用。构成永久结构的预制混凝土模板，按预制混凝土构件计算。

⑤ 模板制作安装中所用钢筋、小型钢构件，应摊入相应模板有效工程量的工程单价中。

⑥ 模板工程结算的工程量，按实际完成进行周转使用的有效立模面积计算。

二、工程量计算

（一）概算定额

1. 定额计量单位

模板工程定额计量单位，除注明外，模板定额的计量面积为混凝土与模板的接触面积，即建筑物体形及施工分缝要求所需的立模面面积。

各式隧洞衬砌模板及涵洞模板定额中的堵头和键槽模板已按一定比例摊入，不再计算立模面面积。

2. 模板

模板定额中的模板预算价格，采用模板制作定额计算的预算价格。如采用外购模板，定额中的模板预算价格计算公式为：

模板预算价格=（外购模板预算价格-残值）÷周转次数×综合系数　　（10-1）

式中：残值为10%，周转次数为50次，综合系数为1.15（含露明系数及维修损耗系数）

3. 模板定额中的其他材料

（1）模板定额中的材料，除模板本身外，还包括支撑模板的立柱、围令、桁（排）架及铁件等。对于悬空建筑物（如渡槽槽身）的模板，计算到支撑模板结构的承重梁为止，承重梁以下的支撑结构未包括在模板定额内。

（2）模板定额材料中的铁件包括铁钉、铁丝及预埋铁件。铁件和预制混凝土柱均按成品预算价格计算。

（3）滑模台车、针梁模板台车和钢模台车的行走机构、构架、模板及其支撑型钢，为拉滑模板或台车行走及支立模板所配备的电动机、卷扬机、千斤顶等动力设备，均作为整体设备以工作台时计入定额。

滑模台车定额中的材料包括滑模台车轨道及安装轨道所用的埋件、支架和铁件。

针梁模板台车轨道及安装轨道所用的埋件等应计入其他临时工程。

（4）坝体廊道模板，均采用一次性（一般为建筑物结构的一部分）预制混凝土模板。混凝土模板预制及安装，可参考混凝土预制及安装定额编制补充定额。

（二）预算定额

1. 定额计量单位

（1）模板定额的计量单位“100 平方米”为立模面面积，即混凝土与模板的接触面积。

（2）立模面积的计量，除有其他说明外，应按满足建筑物体形及施工分缝要求所需的立模面计算。

2. 模板定额的工作内容

（1）木模板制作：板条锯断、刨光、裁口，骨架（或圆弧板带）锯断、刨光，板条骨架拼钉，板面刨光、修正。

（2）木立柱、围令制作：枋木锯断、刨平、打孔。

（3）木桁（排）架制作：枋木锯断、凿 、打孔，砍刨拼装，上螺栓、夹板。

（4）钢架制作：型材下料、切割、打孔、组装、焊接。

（5）预埋铁件制作：拉筋切断、弯曲、套扣，型材下料、切割、组装、焊接。

（6）模板运输：包括模板、立柱、围令及桁（排）架等，自工地加工厂或存放场运输至安装工作面。

“铁件”和“混凝土柱（指预制混凝土柱）”均按成品预算价格计算。

3. 材料消耗量计算

（1）模板材料均按预算消耗量计算，包括了制作、安装、拆除、维修的损耗和消耗，并考虑了周转和回收。

（2）模板定额中的材料，除模板本身外，还包括支撑模板的立柱、围令、桁（排）架及铁件等。对于悬空建筑物（如渡槽槽身）的模板，计算到支撑模板结构的承重梁为止，承重梁以下的支撑结构未包括在模板定额内。

（3）滑模定额中的材料仅包括轨面以下的材料，即轨道和安装轨道所用的埋件、支架和铁件。钢模台车定额中未计入轨面以下部分，轨道和安装轨道所用的埋件等应计入其他临时工程。

滑模、针梁模板和钢模台车的行走机构、构架、模板及其支撑型钢，为拉滑模板或台车行走及支立模板所配备的电动机、卷扬机、千斤顶等动力设备，均作为整体设备以工作台时计入定额。

（4）坝体廊道模板，均采用一次性（一般为建筑物结构的一部分）预制混凝土模板。

预制混凝土模板材料量按工程实际需要计算，其预制、安装直接套用《水利建筑工程预算定额》中的“第四章 混凝土工程”中相应的混凝土预制定额和预制混凝土构件安装定额。

三、模板工程的计量与支付

（1）坝体混凝土模板包括坝中空洞模板、坝上道路、桥梁、栏杆、踏步、预制件和预应力构件的模板，应分摊在每立方米混凝土单价中，不单独计量和支付。单价中包括模板及其支撑材料的提供以及模板的制作、安装、维护、拆除、质量检查和检验等所需的全部人工、材料及其使用设备和辅助设施等一切费用。

（2）混凝土浇筑的曲面模板或结构物表面有平整度和特殊要求的模板，应按混凝土接触面的每立方米计量，分别按《工程量清单》所列每立方米单价支付。单价中包括模板材料的提供、模板的制作、安装、维护及拆除和质量检查和验收所需要的人工、材料以及使用设备和辅助设施等一切费用。

第三节 钢筋加工及安装工程计价

一、钢筋加工及安装工程项目设置及工程量计算规则

（1）工程量清单的项目编码、项目名称、计量单位、工程量计算规则及主要工作内容，应按表10-4的规定执行。

表10-4 钢筋加工及安装工程（编码500111）

项目编码	项目名称	项目主要特征	计量单位	工程量计算规则	主要工作内容	一般适用范围
500111001×××	钢筋加工及安装	1.牌号 2.型号、规格 3.运距	t	按招标设计图示尺寸计算的有效重量计量	1.机械性能试验 2.除锈、调直、加工 3.绑扎、丝扣连接(焊接)、安装	钢筋混凝土中的钢筋、喷混凝土(浆)中的钢筋网、砌筑体中的拉结筋等
500111002×××	钢构件加工及安装	1.材质 2.牌号 3.型号、规格 4.运距			1.机械性能试验 2.除锈、调直、加工 3.焊接、安装、埋设	小型钢构件、埋件

（2）钢筋加工及安装工程工程量清单项目的工程量计算规则：

① 钢筋加工及安装按招标设计图示计算的有效重量计量。施工架立筋、搭接、焊接、套筒连接、加工及安装过程中操作损耗等所发生的费用，应摊入有效工程量的工程单价中。

② 钢构件加工及安装：指用钢材（如型材、管材、板材、钢筋等）制成的构件、埋件，按招标设计图示钢构件的有效重量计量。有效重量中不扣减切肢、切边和孔眼的重量，不增加电焊条、铆钉和螺栓的重量。施工架立件、搭接、焊接、套筒连接、加工及安装过程中操作损耗等所发生的费用，应摊入有效工程量的工程单价中。

二、工程量的计量与支付

（1）钢筋：按本合同施工图纸配置的钢筋计算，每项钢筋以监理人批准的钢筋下料表所列的钢筋直径和长度换算成重量进行计量。承包人为施工需要设置的架立筋，在切割、弯曲加工中损耗的钢筋重量，不予计量，各项钢筋分别按《水利工程工程量清单计价规范》所列

项目的每吨单价支付，单价中包括钢筋材料的采购、加工、储存、安装、试验以及质量检查和验收等所需全部人工、材料以及使用设备和辅助设施等一切费用。

（2）锚筋：由钻孔、现场灌浆及锚筋材料组成，锚筋以根数计量，按《水利工程工程量清单计价规范》所列项目的每根单价支付。单价中应包括锚筋材料的采购、运输和保管、锚筋的加工（包括损耗）和安装，锚筋孔的钻孔和灌浆以及施工中的试验检测、质量检查和验收所需的全部人工、材料以及使用设备和辅助设施等一切费用。

第四节　预制混凝土工程计价

一、预制混凝土工程项目设置及工程量计算规则

（1）工程量清单的项目编码、项目名称、计量单位、工程量计算规则及主要工作内容，应按表 10-5 的规定执行。

表 10-5　预制混凝土工程（编码 500112）

<table>
<tr><th>项目编码</th><th>项目名称</th><th>项目主要特征</th><th>计量单位</th><th>工程量计算规则</th><th>主要工作内容</th><th>一般适用范围</th></tr>
<tr><td>500112001×××</td><td>预制混凝土构件</td><td rowspan="2">1.构件结构尺寸
2.强度等级及配合比
3.吊运、堆存要求</td><td rowspan="3">m³</td><td rowspan="3">按招标设计图示尺寸计算的有效实体方体积计量</td><td rowspan="2">1.立模、绑（焊）筋、清洗仓面
2.维护并保持模板、钢筋、预埋件的准确位置
3.配料、拌和、浇筑养护
4.成品检验、吊运、堆存备用</td><td>梁、板、拱、块、桩、渡槽、排架等</td></tr>
<tr><td>500112002×××</td><td>预制混凝土模板</td><td>周转使用的预制混凝土模板</td></tr>
<tr><td>500112003×××</td><td>预制预应力混凝土构件</td><td>1.构件结构尺寸
2.强度等级及配合比
3.锚索及附件的加工安装标准
4.施加预应力的程序
5.吊运、堆存要求</td><td>1.立模、绑（焊）筋及穿索钢管的安装定位
2.配料、拌和、浇筑养护
3.锚索及附件加工安装
4.张拉、封孔注浆、封闭锚头
5.成品检验、吊运、堆存备用</td><td>预应力混凝土桥梁等</td></tr>
<tr><td>500112004×××</td><td>预应力钢筒混凝土（PCCP）输水管道安装</td><td>1.构件结构尺寸
2.吊运、堆存要求</td><td>km</td><td>按招标设计图示尺寸计算的有效安装长度计量</td><td>1.试吊装
2.安装基础验收
3.起吊装车、运输、吊装就位
4.检查及清扫管材
5.上胶圈、对口、调直、牵引
6.管件、阀门安装
7.阀门井砌筑
8.管道试压</td><td>埋地铺设的预应力钢筒混凝土（PCCP）输水管道</td></tr>
</table>

续表

项目编码	项目名称	项目主要特征	计量单位	工程量计算规则	主要工作内容	一般适用范围
500112005×××	混凝土预制件吊装	1.构件类型、结构尺寸 2.构件体积、重量	m^3	按招标设计要求，以安装预制件的体积计量	1.试吊装 2.安装基础验收 3.起吊装车、运输、吊装就位、撑拉固定 4.填缝灌浆 5.复检、焊接	
500112006×××	其他预制混凝土					

（2）其他相关问题应按下列规定处理：

① 预制混凝土工程工程量清单项目的工程量计算规则。按招标设计图示尺寸计算的有效实体方体积计量。预应力钢筒混凝土（PCCP）管道按有效安装长度计量。计算有效体积时，不扣除埋设于构件体内的埋件、钢筋、预应力锚索及附件等所占体积。预制混凝土价格包括预制、预制场内吊运、堆存等所发生的全部费用。

② 构成永久结构混凝土工程有效实体、不周转使用的预制混凝土模板，按预制混凝土构件计量。

③ 预制混凝土工程中的模板、钢筋、埋件、预应力锚索及附件、加工及安装过程中操作损耗等所发生的费用，应摊入有效工程量的工程单价中。

二、工程量的计量和支付

（1）预制混凝土的计量和支付以施工图纸所示的构件尺寸，以立方米为单位进行计量，并按《工程量清单》所列项目的每立方米单价进行支付。

预制混凝土每立方米单价中应包括原材料的采购、运输、储存，模板的制作、搬运和架设，混凝土的浇筑，预制混凝土构件的运输、安装、焊接和二期混凝土填筑等所需的人工、材料及使用设备和辅助设施以及试验检验和验收等一切费用。

（2）预制混凝土的钢筋应按施工图纸所示的钢筋型号和尺寸进行计算，并经监理人签认的实际钢筋用量，以每吨为单位进行计量，并按《工程量清单》所列项目的每吨单价进行支付。

每吨钢筋的单价包括钢筋材料的采购、运输、储存、钢筋的制作、绑焊等所需的人工、材料以及使用设备和辅助设施等一切费用。

第五节　工程实例

【例题 10-1】某枢纽工程的隧洞（平洞）混凝土衬砌，设计开挖直径 4 m（不包括超挖），衬砌厚度为 50 cm，混凝土拌和点距隧洞进口 50 m，隧洞长 300 m，采用钢模板单向衬砌作业。0.8 m^3 拌和机拌制混凝土，人工推胶轮架子车运输至浇筑现场，混凝土泵入仓。试计算隧洞混凝土衬砌综合概算单价。

基本资料：设计混凝土强度为 C25，采用 42.5 级普通硅酸盐水泥三级配。人工预算单价为六类地区人工预算单价。材料价格：42.5 级普通硅酸盐水泥 280 元/t，粗砂 36 元/m^3，卵石 48 元/m^3，施工用水 0.4 元/m^3，施工用电 0.60 元/（kW·h），汽油 3.2 元/kg，施工用风 0.12 元/m^3，锯材 1 900 元/kg，组合钢模板 7 元/kg，型钢 3.45 元/kg，卡扣件 5 元/kg，铁件 6 元/kg，电焊条 7.5 元/kg，预制混凝土柱 330 元/m^3。

【解】（1）计算混凝土材料单价。

根据 2002 年《水利建筑工程概算定额》附录 7 得出：混凝土强度为 C25，采用 42.5 级普通硅酸盐水泥三级配的材料配合比（1 m^3）：42.5 级普通硅酸盐水泥 238 kg，粗砂 594 kg（0.4 m^3），卵石 1 637 kg（0.96 m^3），水 0.125 m^3。根据混凝土材料配合比计算混凝土材料单价为：

$$238\times0.28+0.4\times36+0.96\times48+0.125\times0.4=127.17（元/m^3）$$

（2）计算模板制作单价。

根据 2002 年《水利建筑工程概算定额》，直径小于 6 m 的圆形隧洞钢模板制作定额子母为 50086。根据第三章内容计算人工预算单价、材料单价。并根据 2002 年的《水利工程施工机械台时费定额》列表计算钢模板的制作单价，见表 10-6。

表 10-6　建筑工程单价表—圆形隧洞钢模板制作

定额编号：50086　　　　定额单位：100 m^2

施工方法：模板、钢架及铁件制作、运输、隧洞开挖直径 4 m					
编号	名称及规格	单位	数量	单价/元	合计/元
一	直接工程费				3 401.74
1	直接费				3 078.46
①	人工费				145.24
	工长	工时	1.7	7.11	12.09
	高级工	工时	4	6.61	26.44
	中级工	工时	16.5	5.62	92.73
	初级工	工时	4.6	3.04	13.98
②	材料费				2 784.60
	锯材	m^3	0.8	1900	1 520.00
	组合钢模板	kg	78	7	546.00
	型钢	kg	90	3.45	310.50
	卡扣件	kg	26	5	130.00
	铁件	kg	32	6	192.00
	电焊条	kg	4.2	7.5	31.50
	其他材料费	%	2		54.60
③	机械使用费				148.62

续表

编号	名称及规格	单位	数量	单价/元	合计/元
	圆盘锯	台时	0.77	19.37	14.91
	双面刨床	台时	0.76	14.97	11.38
	型钢剪断机 13 kW	台时	0.78	28.24	22.03
	型材弯曲机	台时	1.74	16.58	28.85
	钢筋切断机 20 kW	台时	0.04	20.8	0.83
	钢筋弯曲机$\phi 6 \sim 40$	台时	0.08	13.13	1.05
	载重汽车 5 t	台时	0.32	48.98	15.67
	电焊机 25 kV·A	台时	4.97	9.42	46.82
	其他机械费	%	5		7.08
2	其他直接费	其他直接费综合费率为 2.5%			76.96
3	现场经费	现场经费费率为 8%			246.28
二	间接费	间接费费率为 6%			204.10
三	企业利润	企业利润率为 7%			252.41
四	税金	税率为 3.22%			124.24
五	单价合计				3 982.49

由表 10-6 可知，圆形隧洞混凝土钢模板制作单价为 39.82 元/m^2，其中直接费为 30.78 元/m^2。

（3）计算模板制作、安装综合单价。

根据 2002 年《水利建筑工程概算定额》，直径小于 6 m 的圆形隧洞钢模板安装定额子母为 50026。根据第三章内容计算人工预算单价、材料单价。并根据 2002 年的《水利工程施工机械台时费定额》列表计算钢模板的安装单价，见表 10-7。因为模板制作时模板安装定额的一项内容，为避免重复计算，模板安装材料定额中只计入模板的制作直接费 30.78 元/m^2。

表 10-7　建筑工程单价表—圆形隧洞钢模板制作、安装

定额编号：50026　　　　定额单位：100 m^2

施工方法：模板及钢架安装、除灰、刷脱模剂、维修、倒仓。隧洞开挖直径 4 m					
编号	名称及规格	单位	数量	单价/元	合计/元
一	直接工程费				10 038.77
1	直接费				9 068.45
①	人工费				3 260.24
	工长	工时	28.3	7.11	201.21
	高级工	工时	79.2	6.61	523.51
	中级工	工时	445.1	5.62	2501.46
	初级工	工时	11.2	3.04	34.05
②	材料费				4 813.38
	模板	kg	100	30.78	3 078.00

续表

编号	名称及规格	单位	数量	单价/元	合计/元
	铁件	kg	249	6	1 494.00
	预制混凝土柱	m^3	0.4	330	132.00
	电焊条	kg	2	7.5	15.00
	其他材料费	%	2		94.38
③	机械使用费				994.83
	汽车起重机 5 t	台时	15.71	59.074	928.05
	电焊机 25 kV · A	台时	2.06	9.42	19.41
	其他机械费	%	5		47.37
2	其他直接费	其他直接费综合费率为 2.5%			226.71
3	现场经费	现场经费费率为 8%			743.61
二	间接费	间接费费率为 6%			602.33
三	企业利润	企业利润率为 7%			744.88
四	税金	税率为 3.22%			366.63
五	单价合计				11752.61

由表 10-7 可知，模板制作、安装工程单价为 117.53 元/m^3，又根据 2002 年《水利建筑工程概算定额》附录 9，圆形混凝土隧洞立模面系数参考值为 1.45 m^2/m^3，则圆形混凝土隧洞钢模板制作安装综合单价为：

$$170.42+362.98=533.40\ (元/m^3)$$

（4）计算混凝土拌制单价。

根据 2002 年《水利建筑工程概算定额》，0.8 m^3 拌和机拌制混凝土定额子母为 40172.根据第三章内容计算人工预算单价、材料单价，列表计算 0.8 m^3 拌和机拌制混凝土单价，见表 10-8。

由表 10-8 可知，0.8 m^3 拌和机拌制混凝土单价为 16.44 元/m^3，其中直接费为 12.80 元/m^3。

表 10-8　建筑工程单价表——混凝土拌制

定额编号：40172　　　　定额单位：100 m^2

工作内容：0.8 m^3 拌和机拌制混凝土					
编号	名称及规格	单位	数量	单价/元	合计/元
一	直接工程费				1 417.23
1	直接费				1 280.24
①	人工费				905.33
	中级工	工时	93.8	5.62	527.16
	初级工	工时	124.4	3.04	378.18
②	材料费				25.10
	零星材料费	人工费与机械费之和的 2%			25.10

续表

编号	名称及规格	单位	数量	单价/元	合计/元
③	机械使用费				349.81
	胶轮机	台时	87.15	0.9	78.44
	搅拌机 0.8 m^3	台时	9.07	29.92	271.37
2	其他直接费	其他直接费综合费率为 2.5%			32.01
3	现场经费	现场经费费率为 8%			104.98
二	间接费	间接费费率为 5%			70.86
三	企业利润	企业利润率为 7%			104.17
四	税金	税率为 3.22%			51.27
五	单价合计				1 643.53

（5）计算混凝土运输单价。

混凝土运输分为洞内和洞外两种类型，其中洞外运输距离指的是混凝土拌和地点距离隧洞进口的距离，也就是本例告知的 60 m，洞内运输距离与作业面个数和洞长有关，本工程隧洞长 300 m，采用钢模板单向衬砌作业，因此混凝土洞内运输距离应按洞长一半计算，也就是 150 m，根据 2002 年《水利建筑工程概算定额》，人工推胶轮架子车混凝土运输定额为洞外运输定额，洞内运输时，人工、胶轮车定额需乘以 1.5 的系数。同时，洞内外运输时是一个连续过程，在选用定额时，洞内运输段应采用洞内增运定额，根据运距选用定额子目，本题目洞内外综合运输定额为：洞外运输定额+洞内增运定额，也就是采用定额子目的【40180】+【40185】，然后乘以相应的系数进行计算。根据洞内外综合运输定额计算混凝土运输单价见表 10-9。

表 10-9 建筑工程单价表—混凝土运输

定额编号：40180、40185　　　　定额单位：100 m^2

工作内容：胶轮车运混凝土，洞外 50 m，洞内 150 m						
编号	名称及规格	单位	洞外数量	洞内数量	单价/元	合计/元
一	直接工程费					906.85
1	直接费					820.69
①	人工费					630.95
	初级工	工时	76.6	29.1×3×1.5	3.04	630.95
②	材料费					46.45
	零星材料费	人工费与机械费之和的 6%				46.45
③	机械使用费					143.28
	胶轮车	台时	58.8	22.31×3×1.5	0.9	143.28
2	其他直接费	其他直接费综合费率为 2.5%				20.52
3	现场经费	现场经费费率为 8%				65.65
二	间接费	间接费费率为 5%				45.34
三	企业利润	企业利润率为 7%				66.65
四	税金	税率为 3.22%				32.81
五	单价合计					1 051.65

由表10-9可知，人工胶轮架子车混凝土运输单价为10.52元/m^3，其中直接费为8.21元/m^3。

（6）计算混凝土的浇筑单价。

本例中设计开挖直径为 4 m，可得设计开挖断面为 $3.14\times(4\div2)^2=12.56\ m^2$，根据设计开挖断面和隧洞衬砌厚度，根据 2002 年《水利建筑工程概算定额》，圆形隧洞混凝土浇筑定额子目为 40035。根据第三章内容计算人工预算单价、材料单价。并根据 2002 年的《水利工程施工机械台时费定额》列表计算圆形隧洞混凝土浇筑单价，见表 10-10。由于混凝土拌制和运输时混凝土浇筑定额的内容，为避免重复计算，表 10-10 中混凝土拌制和运输定额中只计入定额直接费。

表 10-10　建筑工程单价表——圆形隧洞混凝土浇筑

定额编号：40035　　　　定额单位：100 m^2

工作内容：混凝土入仓浇筑，设计开挖断面 12.56 m^3，衬砌厚度 50 cm					
编号	名称及规格	单位	数量	单价/元	合计/元
一	直接工程费				31 299.73
1	直接费				28 274.37
①	人工费				3 750.55
	工长	工时	23.8	7.11	169.22
	高级工	工时	39.6	6.61	261.76
	中级工	工时	427.8	5.62	2 404.24
	初级工	工时	301.1	3.04	915.34
②	材料费				18 819.62
	混凝土	m^3	147	127.17	18 693.99
	水	m^3	80	0.4	32.00
	其他材料费	%	0.5		93.63
③	机械使用费				2 615.73
	混凝土泵 30 m^3/h	台时	14.98	82.72	1239.15
	振动器 1.1 kW	台时	60.14	2.02	121.48
	风水枪	台时	44.32	26.6	1 178.91
	其他机械费	%	3		76.19
④	混凝土拌制	m^3	147	12.8	1 881.60
⑤	混凝土运输	m^3	147	8.21	1 206.87
2	其他直接费	其他直接费综合费率为 2.5%			706.86
3	现场经费	现场经费费率为 8%			2 318.50
二	间接费	间接费费率为 5%			1 564.99
三	企业利润	企业利润率为 7%			2 300.53
四	税金	税率为 3.22%			1 132.32
五	单价合计				36 297.57

由表 10-10 可知，圆形隧洞混凝土浇筑单价为 362.98 元/m^3。

（7）计算圆形隧洞混凝土衬砌综合单价。

本工程圆形隧洞混凝土衬砌综合单价包括混凝土材料单价、模板制作及安装单价、混凝土拌制单价、混凝土运输单价和混凝土浇筑单价。本例混凝土材料、混凝土拌制及运输单价已计入混凝土浇筑单价中。

所以，混凝土衬砌综合单价为：170.42+362.98=533.40（元/m^3）。

第十一章 原料开采及加工工程计价

【学习目标】

1. 熟悉原料开采及加工工程的项目设置。
2. 了解原料开采及加工工程的计算规则。
3. 了解原料开采及加工工程的概预算定额工程量计算。

第一节 项目设置及工程量计算规则

一、原料开采及加工工程的项目设置

原料开采及加工工程的工程量清单的项目编码、项目名称、计量单位、工程量计算规则及主要工作内容，应按表 11-1 的规定执行。

表 11-1 原料开采及加工工程（编码 500113）

<table>
<tr><th>项目编码</th><th>项目名称</th><th>项目主要特征</th><th>计量单位</th><th>工程量计算规则</th><th>主要工作内容</th><th>一般适用范围</th></tr>
<tr><td>500113001×××</td><td>黏性土料</td><td>1.土料特性
2.改善土料特性的措施
3.开采条件
4.运距</td><td>m^3</td><td>按招标设计文件要求的合格土料体积计量</td><td>1.清除植被
2.开采运输
3.改善土料特性
4.堆存
5.弃料处理</td><td>防渗心（斜）墙等的填筑土料</td></tr>
<tr><td>500113002×××</td><td>天然砂料</td><td rowspan="2">1.天然级配
2.开采条件
3.开采、加工、运输流程
4.成品料级配
5.运距</td><td rowspan="4">t
（m^3）</td><td rowspan="4">按招标设计文件要求的合格砂石料重量（体积）计量</td><td rowspan="2">1.清除覆盖层
2.原料开采运输
3.筛分、清洗
4.级配平衡及破碎
5.成品运输、分类堆存
6.弃料处理</td><td rowspan="4">混凝土、砂浆的骨料，反滤料、垫层料等</td></tr>
<tr><td>500113003×××</td><td>天然卵石料</td></tr>
<tr><td>500113004×××</td><td>人工砂料</td><td rowspan="2">1.岩石级别
2.开采、加工、运输流程
3.成品料级配
4.运距</td><td rowspan="2">1.清除覆盖层
2.钻孔爆破
3.安全处理
4.解小、清理
5.原料装、运、卸
6.破碎、筛分、清洗
7.成品运输、分类堆存
8.弃料处理</td></tr>
<tr><td>500113005×××</td><td>人工碎石料</td></tr>
</table>

续表

<table>
<tr><th>项目编码</th><th>项目名称</th><th>项目主要特征</th><th>计量单位</th><th>工程量计算规则</th><th>主要工作内容</th><th>一般适用范围</th></tr>
<tr><td>500113006×××</td><td>块（堆）石料</td><td rowspan="2">1.岩石级别
2.石料规格
3.钻爆特性
4.运距</td><td rowspan="2">m³</td><td rowspan="2">按招标设计文件要求的有效成品料体积[条（料）石料按清料方]计量</td><td>1.清除覆盖层
2.钻孔、爆破
3.安全处理
4.解小、清面
5.原料装、运、卸
6.成品运输、堆存
7.弃料处理</td><td rowspan="2"></td></tr>
<tr><td>500113007×××</td><td>条（料）石料</td><td>1.清除覆盖层
2.人工开采
3.清凿
4.成品运输、堆存
5.弃料处理</td></tr>
<tr><td>500113008×××</td><td>混凝土半成品料</td><td>1.强度等级及配合比
2.级配、拌制要求
3.入仓温度
4.运距</td><td>m³</td><td>按招标设计文件要求入仓后的合格混凝土实体体积计量</td><td>1.配料、拌和
2.运输、入仓</td><td>各类混凝土</td></tr>
<tr><td>500113009×××</td><td>其他原料开采及加工工程</td><td></td><td></td><td></td><td></td><td></td></tr>
</table>

二、其他相关问题应按下列规定处理

（1）土方开挖的土类分级，按表 4-7。石方开挖的岩石分级，按表 4-9 确定。

（2）原料开采及加工工程工程量清单项目的工程量计算规则：

① 黏性土料按招标设计文件要求的有效成品料体积计量。料场查勘及试验费用，清除植被层与弃料处理费用，开采、运输、加工、堆存过程中的操作损耗等所发生的费用，应摊入有效工程量的工程单价中。

② 天然砂石料、人工砂石料，按招标设计文件要求的有效成品料重量（体积）计量。料场查勘及试验费用，清除覆盖层与弃料处理费用，开采、运输、加工、堆存过程中的操作损耗等所发生的费用，应摊入有效工程量的工程单价中。

③ 采挖、堆料区域的边坡、地面和弃料场的整治费用，按招标设计文件要求计算。

④ 混凝土半成品料按招标设计文件要求的有效入仓实体体积计量。

第二节　工程量的计算

一、概算定额

1. 计量单位

砂石备料工程定额计量单位，除注明者外，开采、运输等节一般为成品方（堆方、码方），砂石料加工等节按成品质量计算。计量单位间的换算如果没有实测资料，可参考表 11-2。

表 11-2　砂石料密度参考表

砂石料类别	天然砂石料			人工砂石料		
	松散砂砾混合料	分级砾石	砂	碎石原料	成品碎石	成品砂
密度/（t/m^3）	1.74	1.65	1.55	1.76	1.45	1.50

2. 常用名词解释

（1）砂石料：指砂砾料、砂、砾石、碎石、骨料等的统称。

（2）砂粒料：指未经加工的天然砂卵石料。

（3）骨料：指经过加工分级后可用于混凝土制备的砂、砾石和碎石的统称。

（4）砂：指粒径小于或等于 5 mm 的骨料。

（5）砾石：指砂砾料经加工分级后粒径大于 5 mm 的卵石。

（6）碎石：指经破碎、加工分级后粒径大于 5 mm 的骨料。

（7）碎石原料：指未经破碎、加工的岩石开材料。

（8）超径石：指砂砾料中大于设计骨料最大粒径的卵石。

（9）块石：指长、宽各为厚度的 2 ~ 3 倍，厚度大于 20 cm 的石块。

（10）片石：指长、宽各为厚度的 3 倍以上，厚度大于 15 cm 的石块。

（11）毛条石：指一般长度大于 60 cm 的长条形四棱方正的石料。

（12）料石：指毛条石经过修边打荒加工，外露面方正，各相邻面正交，表面凹凸不超过 10 mm 的石料。

3. 使用范围

（1）天然砂砾料筛洗定额工作内容包括砂砾料筛分、清洗、成品运输和堆存，适用于天然砂砾料加工。当天然砂砾料场单独设置预筛工序时，该定额应作相应调整。

（2）如砂砾料中的超径石需要通过破碎后加以利用，应根据施工组织设计确定的超径石破碎成品粒度的要求及破碎车间的生产规模，选用超径石破碎定额。该定额也适用于中间砾石级的破碎。超径石及中间砾石的破碎量占成品总量的百分数，应根据施工组织设计砂石料级配平衡计算确定。

（3）人工砂石料加工定额的采用。

制碎石定额适用于单独生产碎石的加工工艺。如生产碎石的同时，附带生产人工砂，其数量不超过 10%，也可采用人工砂石料加工定额。

制砂定额适用于单独生产人工砂的加工工艺。

制碎石和砂定额适用于同时生产碎石和人工砂，且产砂量比例通常超过总量 11%的加工工艺。

当人工砂石料加工的碎石原料含泥量超过 5%，需考虑增加预洗工序时，可采用含泥碎石预洗定额，并乘以以下系数编制预洗工序单价：制碎石 1.22，制人工砂 1.34。

（4）制砂定额的棒磨机钢棒消耗量“40 kg/100 t 成品”系按花岗岩类原料拟定。当原料不同时，钢棒消耗量按表 11-3 系数（以符号 k 表示）进行调整。

表 11-3 钢棒消耗定额调整系数表

项目	石灰岩	花岗岩、玢岩、辉绿岩	流纹岩、安山岩	硬质石英砂岩
调整系数 k	0.3	1.0	2.0	3.0
钢棒耗量 kg/100 t 成品	12	40	80	120

（5）人工砂石料加工定额中破碎机械生产效率系按中等硬度岩石拟定。如加工不同硬度岩石时，破碎机械台时量按表 11-4 系数进行调整。

表 11-4 破碎机械定额调整系数表

项目	软岩石	中等硬度岩石	坚硬岩石
	抗压强度/MPa		
	40 ~ 80	80 ~ 160	＞160
调整系数	0.85 ~ 0.95	1	1.05 ~ 1.10

（6）根据施工组织设计，如骨料在进入搅拌楼之前需设置二次筛洗时，可采用骨料二次筛洗定额计算其工序单价。如只需对其中某一级骨料进行二级筛洗，则可按其数量所占比例折算该工序加工费用。

（7）根据施工组织设计，砂石加工厂的预筛粗碎车间与成品筛洗车间距离超过 200 m 时，应按半成品料运输方式及相关定额计算单价。

4. 砂石加工厂规模

砂石加工厂规模由施工组织设计确定。根据施工组织设计规范规定，砂石加工厂的生产能力应按混凝土高峰时段（3 ~ 5 个月）月平均骨料所需用量及其他砂石料需用量计算。砂石加工厂生产时间，通常为每日二班制，高峰时三班制，每月有效工作可按 360 小时计算。小型工程砂石加工厂一班制生产时，每月有效工作可按 180 小时计算。

计算出需要成品的小时生产能力后计及损耗，即可求得按进料量及的砂石加工厂小时处理能力，据此套用相应定额。

5. 计量单位折算

砂石料加工定额中，胶带输送机用量以“米时”计。台时与米时按以下方法折算：

带宽 B=500 mm，带长 L=30 m，1 台时=30 米时；

带宽 B=650 mm，带长 L=50 m，1 台时=50 米时；

带宽 B=800 mm，带长 L=75 m，1 台时=75 米时；

带宽 $B \geqslant$800 mm，带长 L=100 m，1 台时=100 米时。

6. 单价计算

（1）根据施工组织设计确定的砂石备料方案和工艺流程，按相应定额计算各加工工序单价，再累计计算成品单价。

骨料成品单价自开采、加工、运输一般计算至搅拌楼前调节料仓或与搅拌楼上料胶带输送机相接为止。

砂石料加工过程中如需进行超径砾石破碎或含泥碎石原料预洗，以及骨料需进行二次筛洗时，可按有关定额子目计算其费用，摊入骨料成品单价。

（2）天然砂砾料加工过程中，由于生产或级配平衡需要进行中间工序处理的砂石料，包括级配余料、级配弃料、超径弃料等，应以料场勘探资料和施工组织设计级配平衡计算结果为依据。

计算砂石料单价时，弃料处理费用应按处理量与骨料总量的比例摊入骨料成品单价。余弃料单价应为选定处理工序处的砂石料单价。在预筛时产生的超径石弃料单价，可按天然砂砾料筛洗定额中的人工和机械台时数量各乘以 0.2 系数计价，并扣除用水。若余弃料需转运至指定弃料地点时，其运输费用应按有关定额子目计算，并按比例摊入骨料成品单价。

（3）料场覆盖层剥离和无效层处理，按一般土石方定额计算费用，并按设计工程量比例摊入骨料成品单价。

（4）砂石备料定额已考虑砂石料开采、加工、运输、堆存等损耗因素，使用定额时不得加计。

（5）机械挖运松散状态下的砂砾料，采用运砂砾料定额时，其中人工及挖装机械乘 0.85 系数。

（6）采砂船挖砂砾料定额，运距超过 10 km 时，超过部分增运 1 km 的拖轮、砂驳台时定额乘 0.85 系数。

二、预算定额

1. 计量单位

定额计量单位，除注明外，开采、运输等节一般为成品方（堆方、码方），砂石料加工等节按成品质量计算。计量单位间的换算如无实测资料时，可参考表 11-2 进行计算。

2. 使用范围

（1）天然砂砾料筛洗定额工作内容包括砂砾料筛分、清洗、成品运输和堆存，适用于天然砂砾料加工。如天然砂砾料场单独设置预筛工序时，该定额应作相应调整。

（2）如砂砾料中的超径石需要通过破碎后加以利用，应根据施工组织设计确定的超径石破碎成品粒度的要求及破碎车间的生产规模，选用超径石破碎定额。该定额也适用于中间砾石级的破碎。超径石及中间砾石的破碎量占成品总量的百分数，应根据施工组织设计砂石料级配平衡计算确定。

（3）人工砂石料加工定额的采用。

制碎石定额适用于单独生产商碎石的加工工艺。如生产碎石的同时，附带生产人工砂，其数量不超过 10%，也可采用人工砂石料加工定额。

制砂定额适用于单独生产人工砂的加工工艺。

制碎石和砂定额适用于同时生产碎石和人工砂，且产砂量比例通常超过总量 11%的加工工艺。

当人工砂石料加工的碎石原料含泥量超过 5%，需考虑增加预洗工序时，可采用含泥碎石预洗定额，并乘以以下系数编制预洗工序单价：制碎石 1.22，指人工砂 1.34。

（4）制砂定额的棒磨机钢棒消耗量“40 kg/100 t 成品”系按花岗岩类原料拟定。当原料不同时，钢棒消耗量按表 11-3 系数（以符号 k 表示）进行调整。

（5）人工砂石料加工定额中破碎机械生产效率系按中等硬度岩石拟定。如加工不同硬度岩石时，破碎机械台时量按表 11-4 系数进行调整。

（6）根据施工组织设计，如骨料在进入搅拌楼之前需设置二次筛洗时，可采用骨料二次筛洗定额计算其工序单价。如只需对其中某一级骨料进行二级筛洗，则可按其数量所占比例折算该工序加工费用。

（7）根据施工组织设计，砂石加工厂的预筛粗碎车间与成品筛洗车间距离超过 200 m 时，应按半成品料运输方式及相关定额计算单价。

3. 砂石加工厂规模

砂石加工厂规模由施工组织设计确定。根据施工组织设计规范规定，砂石加工厂的生产能力应按混凝土高峰时段（3～5 个月）月平均骨料所需用量及其他砂石料需用量计算。砂石加工厂生产时间，通常为每日二班制，高峰时三班制，每月有效工作可按 360 小时计算。小型工程砂石加工厂一班制生产时，每月有效工作可按 180 小时计算。

计算出需要成品的小时生产能力后计及损耗，即可求得按进料量及的砂石加工厂小时处理能力，据此套用相应定额。

4. 胶带输送机计量单位折算

砂石料加工定额中，胶带输送机用量以“米时”计。台时与米时按以下方法折算：

带宽 B=500 mm，带长 L=30 m，1 台时=30 米时；

带宽 B=650 mm，带长 L=50 m，1 台时=50 米时；

带宽 B=800 mm，带长 L=75 m，1 台时=75 米时；

带宽 B≥800 mm，带长 L=100 m，1 台时=100 米时。

5. 单价计算

（1）根据施工组织设计确定的砂石备料方案和工艺流程，按相应定额计算各加工工序单价，再累计计算成品单价。

骨料成品单价自开采、加工、运输一般计算至搅拌楼前调节料仓或与搅拌楼上料胶带输送机相接为止。

砂石料加工过程中如需进行超径砾石破碎或含泥碎石原料预洗，以及骨料需进行二次筛洗时，可按有关定额子目计算其费用，摊入骨料成品单价。

（2）天然砂砾料加工过程中，由于生产或级配平衡需要进行中间工序处理的砂石料，包括级配余料、级配弃料、超径弃料等，应以料场勘探资料和施工组织设计级配平衡计算结果为依据。

计算砂石料单价时，弃料处理费用应按处理量与骨料总量的比例摊入骨料成品单价。余弃料单价应为选定处理工序处的砂石料单价。在预筛时产生的超径石弃料单价，可按天然砂砾料筛洗定额中的人工和机械台时数量各乘以 0.2 系数计价，并扣除用水。若余弃料需转运至指定弃料地点时，其运输费用应按有关定额子目计算，并按比例摊入骨料成品单价。

（3）料场覆盖层剥离和无效层处理，按一般土石方定额计算费用，并按设计工程量比例摊入骨料成品单价。

（4）砂石备料定额已考虑砂石料开采、加工、运输、堆存等损耗因素，使用定额时不得加计。

（5）机械挖运松散状态下的砂砾料，采用运砂砾料定额时，其中人工及挖装机械乘 0.85 系数。

（6）采砂船挖砂砾料定额，运距超过 10 km 时，超过部分增运 1 km 的拖轮、砂驳台时定额乘 0.85 系数。

第十二章　其他建筑工程计价

【学习目标】

1. 熟悉其他建筑工程的项目设置。
2. 了解其他建筑工程的计算规则。
3. 了解其他建筑工程的概预算定额工程量计算。

第一节　项目设置及工程量计算规则

一、其他建筑工程的项目设置

其他建筑工程工程量清单的项目编码、项目名称、计量单位、工程量计算规则及主要工作内容，应按表 12-1 的规定执行。

表 12-1　其他建筑工程（编码 500114）

项目编码	项目名称	项目主要特征	计量单位	工程量计算规则	主要工作内容	一般适用范围
500114001×××	其他永久建筑工程			按招标设计要求计量		
500114002×××	其他临时建筑工程					

二、其他相关问题应按下列规定处理

（1）土方开挖工程至原料开采及加工工程未涵盖的其他建筑工程项目，如厂房装修工程，水土保持、环境保护工程中的林草工程等，按其他建筑工程编码。

（2）其他建筑工程可按项为单位计量。

第二节　工程量计算

一、概算定额

1. 概算定额说明

（1）塑料薄膜、土工膜、复合柔毡、土工布铺设四节定额，仅指这些防渗（反滤）材料

本身的铺设，不包括上面的保护（覆盖）层和下面的垫层砌筑。其定额计量单位是指设计有效防渗面积。

（2）临时工程定额中的材料数量，均系备料量，为考虑周转回收。周转及回收量可按该临时工程使用时间参照表 12-2 所列材料使用寿命及残值进行计算。

表 12-2　临时工程材料使用寿命及残值表

材料名称	使用寿命/（年/次）	残值/%
钢板桩	6 年	5
钢轨	12 年	10
钢丝绳（吊桥用）	10 年	5
钢管（风水管道用）	8 年	10
钢管（脚手架用）	10 年	10
阀门	10 年	5
卡扣件（脚手架用）	50 次	10
导线	10 年	10

2. 补充定额说明

（1）管道工程定额适用于长距离输水管道的埋地铺设，不适用于室内、厂（坝）区内的管道铺设（安装），也不适用于电站、泵站的压力钢管及出水管的安装。

（2）定额计量单位为管道铺设成品长度，管道铺设计量单位为 1 km，顶管工程计量单位为 10 m。

（3）管道铺设按管道埋设编制。定额管材每节长度是综合取定的，实际不同时，不做调整。

（4）材料消耗定额“( )”内数字根据设计选用的品种、规格按未计价装置性材料计算。

（5）管道工程定额包括阀门安装，不包括阀门本体价值、阀门根据设计数量按设备计算。

（6）钢管道的防腐处理费用包括在管材单价中，设计要求的必须在现场进行的特殊防腐措施费用另行计算。

二、预算定额

1. 预算定额说明

（1）汽车吊桥系柔式吊桥，跨径在 150 m 以内，皮带输送吊桥宽度为 3.5 m，过单条皮带输送机。

（2）塑料薄膜、土工膜、复合柔毡、土工布铺设 4 节定额，仅指这些防渗（反滤）材料本身的铺设，不包括上面的保护（覆盖）层和下面的垫层砌筑。其定额单位 100 m^2 是指有效防渗面积。

（3）临时工程定额中的材料数量，均系备料量，为考虑周转回收。周转及回收量可按该临时工程使用时间参照表 12-2 所列材料使用寿命及残值进行计算。

2. 补充定额说明

（1）管道工程定额适用于长距离输水管道的埋地铺设，不适用于室内、厂（坝）区内的管道铺设（安装），也不适用于电站、泵站的压力钢管及出水管的安装。

（2）定额计量单位为管道铺设成品长度，管道铺设计量单位为 1 km，顶管工程计量单位为 10 m。

（3）管道铺设按管道埋设编制。定额管材每节长度是综合取定的，实际不同时，不做调整。

（4）材料消耗定额“( )”内数字根据设计选用的品种、规格按未计价装置性材料计算。

（5）管道工程定额包括阀门安装，不包括阀门本体价值、阀门根据设计数量按设备计算。

（6）钢管道的防腐处理费用包括在管材单价中，设计要求的必须在现场进行的特殊防腐措施费用另行计算。

第十三章　水利水电设备安装工程计价

【学习目标】

1. 了解水利水电设备安装工程计价规则。
2. 掌握水利水电设备安装工程项目划分。
3. 熟悉水利水电设备安装工程定额的内容和应用。

第一节　机电设备安装工程计价

一、项目设置及工程量计算规则

（1）机电设备安装工程工程量清单的项目编码、项目名称、计量单位、工程量计算规则及主要工作内容，应按表 13-1 的规定执行。

表 13-1　机电设备安装工程（编码 500201）

<table>
<tr><th>项目编码</th><th>项目名称</th><th>项目主要特征</th><th>计量单位</th><th>工程量计算规则</th><th>主要工作内容</th><th>一般适用范围</th></tr>
<tr><td>500201001×××</td><td>水轮机设备安装</td><td rowspan="4">1. 型号、规格
2. 外形尺寸
3. 重量</td><td rowspan="4">套</td><td rowspan="4">按招标设计图示的数量计量</td><td rowspan="2">1. 主机埋件和本体安装
2. 配套管路和部件安装
3. 调试</td><td rowspan="4">新建、扩建、改建、加固的水利机电设备安装工程</td></tr>
<tr><td>500201002×××</td><td>水泵-水轮机设备安装</td></tr>
<tr><td>500201003×××</td><td>大型泵站水泵设备安装</td><td>1. 真空破坏阀、泵座、人孔及止水埋件安装
2. 泵体组合件及支撑件安装
3. 止水密封件安装
4. 仪器、仪表、管路附件安装
5. 调试</td></tr>
<tr><td>500201004×××</td><td>调速器及油压装置设备安装</td><td>1. 基础、本体、反馈机构、事故配压阀、管路等安装
2. 集油槽、压油槽、漏油槽安装
3. 油泵、管道及辅助设备安装
4. 设备滤油、充油
5. 调试</td></tr>
</table>

续表

项目编码	项目名称	项目主要特征	计量单位	工程量计算规则	主要工作内容	一般适用范围
500201005×××	发电机设备安装	1. 型号、规格 2. 外形尺寸 3. 重量	套	按招标设计图示的数量计量	1. 基础埋设 2. 机组及辅助设备安装 3. 配套管路和部件安装 4. 定子、转子安装及干燥 5. 发电机（发电机-电动机）与水轮机（水泵-水轮机）联轴前后的检查 6. 调试	新建、扩建、改建、加固的水利机电设备安装工程
500201006×××	发电机-电动机设备安装					
500201007×××	大型泵站电动机设备安装				1. 电动机基础埋设 2. 定子、转子安装 3. 附件安装 4. 电动机干燥 5. 调试	
500201008×××	励磁系统设备安装	1. 型号、规格 2. 电气参数 3. 重量			1. 基础安装 2. 设备本体安装 3. 调试	
500201009×××	主阀设备安装	1. 型号、规格 2. 直径 3. 重量	台		1. 阀体安装 2. 操作机构及管路安装 3. 附属设备安装 4. 调试	
500201010×××	桥式起重机设备安装	1. 型号、规格 2. 外形尺寸 3. 重量			1. 大车架及运行机构安装 2. 小车架及运行机构安装 3. 起重机构安装 4. 操作室、梯子、栏杆、行程限制器及其他附件安装 5. 电气设备安装 6. 调试	
500201011×××	轨道安装	1. 型号、规格 2. 单米重量	双10 m	按招标设计图示尺寸计算的有效长度计量	1. 基础埋设 2. 轨道校正、安装 3. 附件制作安装	新建、扩建、改建、加固的水利机电设备安装工程
500201012×××	滑触线安装	1. 电压等级 2. 电流等级	三相10 m		1. 基础埋设 2. 支架及绝缘子安装 3. 滑触线及附件校正、安装 4. 连接电缆及轨道接地 5. 辅助母线安装	
500201013×××	水力机械辅助设备安装	1. 型号、规格 2. 输送介质 3. 材质 4. 连接方式 5. 压力等级	项	按招标设计图示的数量计量	1. 基础埋设 2. 设备本体及附件安装 3. 配套电动机安装 4. 管路、阀门和表计等安装 5. 调试	
500201014×××	发电电压设备安装	1. 型号、规格 2. 电压等级 3. 质量	套		1. 基础埋设 2. 设备本体及附件安装 3. 接地 4. 调试	

续表

项目编码	项目名称	项目主要特征	计量单位	工程量计算规则	主要工作内容	一般适用范围
500201015×××	发电机-电动机静止变频启动装置安装					
500201016×××	厂用电系统设备安装	1. 型号、规格 2. 电压等级 3. 重量			1. 基础埋设 2. 设备安装 3. 接地 4. 调试	
500201017×××	照明系统安装	1. 型号、规格 2. 电压等级	项		1. 照明器具安装 2. 埋管及布线 3. 绝缘测试	
500201018×××	电缆安装及敷设	1. 型号、规格 2. 电压等级 3. 单根长度 4. 电缆头类型	m （km）	按招标设计图示尺寸计算的有效长度计量	1. 电缆敷设和耐压试验 2. 电缆头制作及安装和与设备的连接	
500201019×××	发电电压母线安装	1. 型号、规格 2. 电压等级 3. 单根长度	100 m/单相		1. 基础埋设 2. 支架安装 3. 母线和支持绝缘子安装 4. 微正压装置安装 5. 调试	
500201020×××	接地装置安装	1. 型号、规格 2. 材质 3. 连接方式	m （t）	按招标设计图示尺寸计算的有效长度或重量计量	1. 接地干线和支线敷设 2. 接地极和避雷针制作及安装 3. 接地电阻测量	新建、扩建、改建、加固的水利机电设备安装工程
500201021×××	主变压器设备安装	1. 型号、规格 2. 外形尺寸 3. 电压等级、容量 4. 重量	台	按招标设计图示的数量计量	1. 设备本体及附件安装 2. 设备干燥 3. 变压器油过滤、油化验和注油 4. 调试	
500201022×××	高压电气设备安装	1. 型号、规格 2. 电压等级 3. 绝缘介质 4. 重量	项	按招标设计图示的数量计量	1. 基础埋设 2. 设备本体及附件安装 3. 六氟化硫（SF6）充气和测试 4. 调试	
500201023×××	一次拉线安装	1. 型号、规格 2. 电压等级、容量	100 m/三相	按招标设计图示尺寸计算的有效长度计量	1. 金具及绝缘子安装 2. 变电站母线、母线引下线、设备连接线和架空地线等架设 3. 调试	新建、扩建、改建、加固的水利机电设备安装工程

续表

项目编码	项目名称	项目主要特征	计量单位	工程量计算规则	主要工作内容	一般适用范围
500201024×××	控制、保护、测量及信号系统设备安装	1. 系统结构 2. 设备配置 3. 功能	套	按招标设计图示的数量计量	1. 基础埋设 2. 设备本体和附件安装 3. 接地 4. 调试	新建、扩建、改建、加固的水利机电设备安装工程
500201025×××	计算机监控系统设备安装					
500201026×××	直流系统设备安装	1. 型号、规格 2. 类型			1. 基础埋设 2. 设备本体安装 3. 蓄电池充电和放电 4. 接地 5. 调试	
500201027×××	工业电视系统设备安装	1. 系统结构 2. 设备配置 3. 功能			1. 基础埋设 2. 设备本体和附件安装 3. 接地 4. 调试	
500201028×××	通信系统设备安装					
500201029×××	电工试验室设备安装	1. 型号、规格 2. 电压等级、容量				
500201030×××	消防系统设备安装	1. 型号、规格 2. 介质 3. 压力等级 4. 连接方式			1. 灭火系统安装 2. 管道支架制作、安装 3. 火灾自动报警系统安装 4. 消防系统装置调试及模拟试验	
00201031×××	通风、空调、采暖及其监控设备安装	1. 系统结构 2. 设备配置 3. 功能	项	按招标设计图示的数量计量	1. 基础埋设 2. 设备支架制作及安装 3. 设备本体及附件安装 4. 通风管制作及安装 5. 电动机及电气安装 6. 调试	
500201032×××	机修设备安装	1. 型号、规格 2. 外形尺寸 3. 质量			1. 基础埋设 2. 设备本体及附件安装 3. 调试	
500201033×××	电梯设备安装	1. 型号、规格 2. 提升高度 3. 载重量 4. 质量	部		1. 基础埋设 2. 设备本体及附件安装 3. 升降机械及传动装置安装 4. 电气设备安装 5. 调试	
500201034×××	其他设备安装		台（项）			

注：表中项目编码×××表示的十至十二位由编制人自 001 起顺序编码，如 1#水轮机座环为 500201001001、1#机水轮机导水机构为 500201001002、1#水轮机转轮为 500201001003 等，依此类推。

（2）机电主要设备安装工程项目组成内容：包括水轮机（水泵-水轮机）、大型泵站水泵、调速器及油压装置、发电机（发电机-电动机）、大型泵站电动机、励磁系统、主阀、桥式起重机、主变压器等设备，均由设备本体和附属设备及埋件组成。

（3）机电其他设备安装工程项目组成内容：

① 轨道安装。包括起重设备、变压器设备等所用轨道。

② 滑触线安装。包括各类移动式起重机设备滑触线。

③ 水力机械辅助设备安装。包括全厂油、水、气系统的透平油、绝缘油、技术供水、水力测量、消防用水、设备检修排水、渗漏排水、上库及压力钢管充水、低压压气和高压压气等系统设备和管路。

④ 发电电压设备安装。包括发电机中性点设备、发电机定子主引出线至主变压器低压套管间的电气设备、分支线电气设备、断路器、隔离开关、电流互感器、电压互感器、避雷器、电抗器、电气制动开关等，抽水蓄能电站与启动回路器有关的断路器和隔离开关等设备。

⑤ 发电机-电动机静止变频启动装置（SFC）安装。包括抽水蓄能电站机组和大型泵站机组静止变频启动装置的输入及输出变压器、整流及逆变器、交流电抗器、直流电抗器、过电压保护装置及控制保护设备等。

⑥ 厂用电系统设备安装。包括厂用电和厂坝区用电系统的厂用变压器、配电变压器、柴油发电机组、高低压开关柜（屏）、配电盘、动力箱、启动器、照明屏等设备。

⑦ 照明系统安装。包括照明灯具、开关、插座、分电箱、接线盒、线槽板、管线等器具和附件。

⑧ 电缆安装及敷设。包括 35 kV 及以下高压电缆、动力电缆、控制电缆和光缆及其附件、电缆支架、电缆桥架、电缆管等。

⑨ 发电电压母线安装。包括发电电压主母线、分支母线及发电机中性点母线、套管、绝缘子及金具等。

⑩ 接地装置安装。包括全厂公用和分散设备的接地网的接地极、接地母线、避雷针等。

⑪ 高压电气设备安装。包括高压组合电器（GIS）、六氟化硫断路器、少油断路器、空气断路器、隔离开关、互感器、避雷器、高频阻波器、耦合电容器、结合滤波器、绝缘子、母线、110kV 及以上高压电缆、高压管道母线等设备及配件。

⑫ 一次拉线安装。包括变电站母线、母线引下线、设备连接线、架空地线、绝缘子和金具。

⑬ 控制、保护、测量及信号系统设备安装。包括发电厂和变电站控制、保护、操作、计量、继电保护信息管理、安全自动装置等的屏、台、柜、箱及其他二次屏（台）等设备。

⑭ 计算机监控系统设备安装。包括全厂计算机监控系统的主机、工作站、服务器、网络、现地控制单元（LCU）、不间断电源（UPS）、全球卫星定位系统（GPS）等。

⑮ 直流系统设备安装。包括蓄电池组、充电设备、浮充电设备、直流配电屏（柜）等。

⑯ 工业电视系统设备安装。包括主控站、分控站、转换站、前端等设备及光缆、视频电缆、控制电缆、电源电缆（线）等设备。

⑰ 通信系统设备安装。包括载波通信、程控通信、生产调度通信、生产管理通信、卫星通信、光纤通信、信息管理系统等设备及通信线路等。

⑱ 电工试验室设备安装。包括为电气试验而设置的各种设备、仪器、表计等。

⑲ 消防系统设备安装。包括火灾报警及其控制系统、水喷雾及气体灭火装置、消防电话广播系统、消防器材及消防管路等设备。

⑳ 通风、空调、采暖及其监控设备安装。包括全厂制冷（热）机组及水泵、风机、空调器、通风空调监控系统、采暖设备、风管及管路、调节阀和风口等。

㉑ 机修设备安装。包括为机组、金属结构及其他机械设备的检修所设置的车、刨、铣、锯、磨、插、钻等机床，以及电焊机、空气锤等机修设备。

㉒ 电梯设备安装。包括工作电梯、观光电梯等电梯设备及电梯电气设备。

㉓ 其他设备安装。包括小型起重设备、保护网、铁构件、轨道阻进器等。

（4）以长度或重量计算的机电设备装置性材料，如电缆、母线、轨道等，按招标设计图示尺寸计算的有效长度或重量计量。运输、加工及安装过程中的操作损耗所发生的费用，应摊入有效工程量的工程单价中。

（5）机电设备安装工程费。包括设备安装前的开箱检查、清扫、验收、仓储保管、防腐、油漆、安装现场运输、主体设备及随机成套供应的管路与附件安装、现场试验、调试、试运行及移交生产前的维护、保养等工作所发生的费用。

二、机电设备安装工程概算定额的应用

1. 水轮机安装

1）水轮机

（1）水轮机安装以“台”为计量单位，按水轮机主机（含金属蜗壳）自重选用。

（2）主要工作内容：

① 水轮机主体埋设件和本体安装。

② 水轮机配套供应的管路和部件安装。

③ 透平油过滤、油化验和注油。

④ 水轮机与水轮发电机的联轴调整。

2）调速系统

调速系统包括调速器和油压装置安装，按工作压力为 2.5 MPa 拟定。工作压力 4 MPa 时，定额乘以 1.1 系数，工作压力 6 MPa 时，定额乘以 1.2 系数。

（1）调速器。

① 调速器安装以“台”为计量单位，按调速器型号选用。

② 主要工作内容，包括基础、本体、复原机构、调速轴、事故配压阀、管路等清扫、安装以及调速系统调整、试验。

③ 电液调速器安装，可套用相同配压阀的定额并乘以 1.1 系数。

（2）油压装置。

① 油压装置安装以“套”为计量单位，按油压装置型号选用。

② 主要工作内容，包括集油槽、压油槽、漏油槽、油泵、管道及辅助设备等安装，以及设备定量油的滤油、充油工作。

2. 水轮机发电机安装

（1）水轮发电机安装包括竖轴、横轴和贯流式等水轮发电机和发电机/电动机安装共四节。其中：竖轴水轮发电机安装适用于悬式和伞式水轮发电机；发电机/电动机安装适用于抽水蓄能电站的可逆式水轮发电机。

（2）水轮发电机安装以“台”为计量单位，按水轮发电机及与其配套装置的励磁设备的

全套设备自重选用。

（3）水轮发电机安装的主要工作。

① 基础埋设。

② 发电机主机和辅机安装。

③ 发电机配套供应的管路和部件安装。

④ 磁极、转子、定子等干燥工作。

⑤ 发电机与水轮机连轴前后的检查调整。

⑥ 电气调整、试验。

（4）水轮发电机安装定额所列桥式起重机未注明其规格，使用时可按各电厂设置的桥式起重机规格计算。

（5）水轮发电机安装不包括转子中心体的现场组焊，以及定子现场组焊、叠装、整体下线和铁损规格计算。

3. 大型小泵安装

1）水泵

（1）水泵定额以“台”为计量单位，按全套设备自重选用。

（2）水泵定额适用于混流式、轴流式、贯流式等泵型的竖轴或横轴水泵的安装，按转轮叶片为半调节方式考虑。如采用全调节方式，人工应乘以 1.05 系数。

（3）主要工作内容。

① 埋设部件（包括冲淤真空阀、泵座等部件）的预埋，与混凝土流道连接的吊座、人孔及止水等部分的埋件安装。

② 本体（包括全部泵体组件、支撑件、止水密封件、调速叶片）安装以及顶车系统等随机供应的附件、器具、测试仪表、管路附件的安装。

③ 水泵与电动机的联轴调整。

2）电动机

（1）电动机定额以“台”为计量单位，按全套设备自重选用。

（2）主要工作内容。

① 基础埋设。

② 电动机及其配套供应的部件安装。

③ 电动机与水泵联轴前后的检查调整。

④ 电气调整、试验。

（3）设备自重≤42 t 的定额子目为横轴电动机安装；设备自重≥45 t 的定额子目为竖轴电动机安装。

3）大型水泵

大型水泵安装定额所列桥式起重机未注明其规格，使用时可按各厂房配置的桥式起重机规格计算。

4. 进水阀安装

（1）进水阀安装包括蝴蝶阀和其他进水阀安装。设备安装采用桥式起重机吊装施工，如采用其他机具吊装施工时，其人工定额乘以 1.2 系数。

（2）蝴蝶阀。

① 蝴蝶阀定额以“台”为计量单位，按蝴蝶阀直径选用。

② 主要工作内容。

a. 活门组装。

b. 阀体安装。

c. 伸缩节安装。

d. 操作机构及操作管路（不包括系统主干管）安装。

e. 附属设备（旁通阀、旁通管、空气阀）安装。

f. 电气调整、试验。

（3）其他进水阀。

① 其他进水阀包括球阀和针型阀、楔形阀，以及安装在压力钢管上或作用于水轮机关闭止水直径大于 600 mm 的各式阀门。

② 其他进水阀以设备质量“t”为计量单位，包括阀壳、阀体、操作机构及附件等安全设备的质量。

③ 主要工作内容。

a. 阀壳及阀体安装。

b. 操作机构及操作管路安装。

c. 附属设备安装。

d. 电气调整、试验。

④ 使用球阀安装定额时应根据球阀设备自重按表 13-2 系数进行调整。

表 13-2 球阀设备自重调整系数

球阀自重/t	≤10	11 ~ 12	13 ~ 14	15 ~ 16	17 ~ 18	19 ~ 20	>20
调整系数	1.00	0.95	0.90	0.85	0.80	0.75	0.65

（4）蝴蝶阀操作机构如单独配置有油压装置时，其油压装置安装可套用《水利水电设备安装工程概算定额》第一章第 7 节相应定额并乘以 1.1 系数。

（5）进水阀安装定额所列桥式起重机未注明其规格，使用时可按各电厂配置的桥式起重机规格计算。

5. 水利机械辅助设备安装

1）水利机械辅助设备

（1）水利机械辅助设备包括全厂油、水、压气系统和机修设备的安装。

油、水、压气系统指全厂透平油、绝缘油、技术供水、水利测量、设备检修排水、渗漏排水、低压压气和高压压气等系统。

机修设备指为满足本电站机电设备检修要求所配置的各类机床和电焊设备。

（2）水利机械辅助设备定额包括水利机械辅助设备的所有机、泵、表计和容器等全部设备安装，以“项”为计量单位，按系统名称选用。

（3）主要工作内容。

① 基础埋设。

② 机体分解和安装。

③ 配套电动机安装。

④ 附件安装。

⑤ 单机试运转。

2）管路

（1）管路包括全厂油、水、压气系统管路及机组管路的管子、管子附件和阀门的安装。管子附件包括弯头、三渐变管、法兰、螺栓、接头、支吊架和起重吊环（表 13-3）。

（2）管路定额以“t”为计量单位，按管子本身自重计算工程量（表 13-4、表 13-5）。定额中包括管子、管子附件和阀门的全部安装工作，按系统名称选用。

表 13-3　水力机械管路材料用量

项目	管子/kg	管子附件/kg	阀门/kg
水利机械管路	1 030	321	231

注：管子附件包括弯头、三渐变管、法兰、螺栓、接头、支吊架和起重吊环。

表 13-4　水利机械不同材质管子质量比例

项目	材质比例/%				
	无缝钢管	镀锌光管	普通钢管	紫铜管等	合计
油系统	15		83	2	100
水系统	10	5	85		100
压气系统	10	10	78	2	100

表 13-5　水利机械管子平均内径（mm）

项目	电机容量/MW		
	≤25	≤100	＞100
油系统	50	60	90
水系统	100	150	200
压气系统	40	55	85

（3）主要工作内容。

① 管子的煨弯、切割和安装。

② 管子附件的制作和安装。

③ 阀门和表计安装。

④ 管路试压、除锈和涂漆。

（4）管路定额未包括管子、管子附件及阀门等装置性材料用量。

6. 电气设备安装

电气设备安装定额包括发电电压设备、控制保护系统、计算机监控系统、直流系统、厂用电系统、电气试验设备、电缆、母线、接地、保护网和铁构件制安共 10 节。其中设备安装定额均以“项”为计量单位。

1）发电电压设备

（1）发电电压设备定额包括发电机中性点设备、发电机定子主引出线至主变压器低压套管间的电气设备、分支线电气设备，以及随发电机供应的电流互感器和电压互感器等设备的安装。

（2）主要工作内容。

① 基础埋设。

② 设备本体及附件的安装、调整、试验和接地。

③ 设备支架制作、安装和接地。

④ 穿通板、间隔板及其框架的制作、安装和接地。

【例 13-1】某水利枢纽工程主厂房发电电压设备安装，采用安装费率定额，遵照定额总说明有关规定，调整计算如下：

根据概算编制期工程所在地区安装人工工时预算单价与定额主管部门发布的同期北京地区安装人工预算单价，测算出人工费比例系数。

该工程安装人工费比例系数=工程地区人工预算单价÷北京地区人工预算单价=1.1

根据该工程安装人工费比例系数，对发电电压设备安装费率定额进行调整见表 13-6。

表 13-6 发电电压设备安装

定额编号	项目	单位	安装费/%				装置性材料费/%
			合计	人工费	材料费	机械使用费	
	定额原费率						
06001	电压（kV） 6.3	项	12.1	7.2	3.0	1.9	5.3
06002	10.5	项	8.9	4.9	2.6	1.4	3.3
06003	>10.5	项	7.1	3.7	2.2	1.2	3.0
	定额调整费率						
	电压（kV） 6.3	项	12.8	7.9	3.0	1.9	5.3
	10.5	项	9.4	5.4	2.6	1.4	3.3
	>10.5	项	7.5	4.1	2.2	1.2	3.0

2）控制保护系统

（1）控制保护系统定额包括发电厂和变电站各种控制屏（台）、继电器屏、保护屏、表计屏和其他二次屏（台）等安装。

（2）主要工作内容。

① 基础埋设。

② 设备本体及附件的安装、调整、试验和接地。

③ 安装过程中补充的少量元件、器具配装和少数改配线。

④ 端子箱制作及安装。

3）计算机监控系统

（1）计算机监控系统定额包括发电厂和变电站计算机监控屏（台）、继电器屏、保护屏和其他二次屏（台）等安装。

（2）主要工作内容同控制保护系统安装。

4）直流系统

（1）直流系统定额包括蓄电池、充电设备、浮充电设备和直流屏等安装。

（2）主要工作内容。

① 基础埋设。

② 设备本体安装、调整、试验和接地。

③ 蓄电池注酸、充电和放电。

④ 母线和绝缘子安装、母线支架和穿墙板制作及安装。

5）厂用电系统

（1）厂用电系统定额包括厂用电和厂坝区用电系统所用的电力变压器、高低压开关柜（屏）和照明屏盘等设备安装。

（2）主要工作内容。

① 基础埋设。

② 设备本体安装、调整、试验和接地。

③ 设备的油过滤、油化验和注油。

④ 高低压开关柜（屏）上配套母线、母线过桥和绝缘子等安装。

6）电气试验设备

电气试验设备定额包括全厂电气试验设备的安装、调整、试验和动力用电设施的安装。

7）电缆

（1）电缆定额包括全厂控制电缆和电力电缆安装二项，以“km”为单位。

（2）主要工作内容。

① 电缆敷设和耐压试验。

② 电缆头制作及安装和与设备的连接。

③ 电缆管制作及安装。

8）母线

（1）母线定额包括发电电压主母线、所有分支母线，以及发电机中性点母线的制作及安装。

（2）主要工作内容。

① 基础埋设。

② 母线和伸缩节头的制作及安装。

③ 支持绝缘子和穿墙套管的安装和接地。

④ 母线绝缘耐压试验。

（3）带形铜母线安装可套用截面与本节定额相应子目，其人工乘以 1.4 系数。

（4）母线定额未包括母线、绝缘子、穿墙套管、伸缩节等装置性材料用量。

9）接地装置

（1）接地装置定额适用于全厂接地或其他独立接地系统的制作及安装，以“t”为计量单位。

（2）主要工作内容。

① 接地干线和支线敷设。

② 接地极和避雷针的制作及安装。

③ 接地电阻测量。

（3）接地装置定额不包括设备接地和避雷塔架的制作安装以及接地极、接地母线和避雷针等本身钢材，也不包括挖填土石方工作。

10）保护网、铁构件

（1）保护网。

① 定额以保护网面积“100 m²”为计量单位，按外框边尺寸计算。

② 主要工作内容。

a. 基础埋设。

b. 网门和门框架制作及安装。

c. 金属网安装。

d. 隔磁材料装设。

③ 定额未包括网门框架的钢材和金属网本身材料用量。

（2）铁构件。

① 铁构件定额以“t”为计量单位。

② 铁构件定额适用于电缆（母线）桥架钢支架的制作安装，应根据设计资料计算其装置性材料用量，或参见表 13-7 至表 13-12。

当电缆（母线）桥架钢支架购自成品时，只能按铁构件安装定额子母计算。

③ 主要工作内容包括铁构件制作，基础埋设、构件就位、组装、焊接，安装和刷漆等。

表 13-7　电缆装置性材料用量

项目	电缆/m	电缆管/kg	铁构件/kg
控制电缆	1 015	96	380
电力电缆<1 kV	1 010	282	370
<10 kV	1 010	384	370

注：电缆管按镀锌钢管计算。

表 13-8　高压电缆安装指标

项目	单位	高压电缆（km）≥110 kV	电缆终端头/套	
			110 kV	220 kV
工长	工时	290	40	40
中级工	工时	1 460	200	210
中级工	工时	2 430	340	350
初级工	工时	680	90	100
合计	工时	4 860	670	700
材料费	元	4 910	4 940	7 150
机械使用费	元	4 670		

注：本指标未包括高压电缆、电缆终端头等本身装置性材料费。

表 13-9　铝母线装置性材料用置

项目	单位	带形铝母线		槽型铝母线	
		＜800 mm²	>800 mm²	2（200×90×12）	2（250×115×12.5）
铝母线	m	102.3	102.3	102.3	102.3
绝缘子 ZA-6T	个	101			
ZPD-10	个			101	
ZD-20F	个		102		103
伸缩节 MS-80×6	只			4（32）	
MS-100×10	只	4	4		
MS-120×12	只				4（32）
穿墙套管	个	3	3	3	3

注：带形铝母线的绝缘子按每相 1 片，槽型铝母线的绝缘子按每相 8 片。

表 13-10　接地装置性材料用置

项目	镀锌型钢/kg	钢管/kg	钢板/kg
接地装置	820	210	20

表 13-11　保护网装置性材料用量

项目	金属铜/m²	型钢/kg
保护网	110	1 530

表 13-12　母线安装铁构件用量

项目	单位	铁构件/kg
带形铝母线＜800 mm²	单相　100 m	1 650
＞800 mm²	单相　100 m	1 340
槽型铝母线＜2（150×65×7）	单相　100 m	3 900
＜2（200×90×12）	单相　100 m	4 020
＜2（250×115×12.5）	单相　100 m	4 390
封闭母线　680×5/450×8	单相　100 m	640
850×7/350×12	单相　100 m	950
1 000×8/450×8	单相　100 m	1 810

7. 变压站设备安装

1）电力变压器

（1）电力变压器定额以“台”为计量单位，按电力变压器额定电压等级和容量选用，适用于各式电力变压器安装。

（2）主要工作内容。

① 变压器本体及附件安装。

② 变压器干燥。

③ 变压器油过滤、油化验和注油。

④ 系统电气调整、试验。

（3）变压器如采用强迫油循环水冷却方式，其水冷却器至变压器本身之间的油、水管路安装应另按水力机械辅助设备安装有关定额计算。

（4）变压器如需铺设轨道，可按起重设备安装中轨道安装定额计算。

2）断路器

（1）断路器定额包括油断路器、空气断路器和六氟化硫断路器安装，以“组”为计量单位。

（2）主要工作单位。

① 基础埋设。

② 断路器本体及附件安装。

③ 绝缘油过滤、注油。

④ 电气调整、试验。

3）高压电气设备

（1）高压电气设备定额包括隔离开关、互感器、避雷器、高频阻波器、耦合电容器和结合滤波器等设备安装。

（2）主要工作内容。

① 基础埋设。

② 设备本体及附件安装。

③ 电气调整、试验。

4）一次拉线

（1）一次拉线定额包括钢芯铝绞线、铝管型母线和钢管型母线的安装，以导线三相长度“100 m”为计量单位。适用于主变压器高压侧至变电站出线架、变电站内母线、母线引下线、设备之间的连接线等一次拉线的安装，见表 13-13。

表 13-13　开关站一次拉线装置性材料装置

项目	单位	35 kV				110 kV			
		<240 mm^2		<400 mm^2		<240 mm^2		<400 mm^2	
		型号	数量	型号	数量	型号	数量	型号	数量
钢芯铝绞线*	m	LGJQ-240	3×112	LGJQ-400	3×112	LGJQ-240	3×112	LGJQ-400	3×112
绝缘子	个	XP-7	77	XP-7	77	XP-7	115	XP-7	115
耐张线夹	套	NY-240	39	NY-400Q	39	NY-240	26	NY-400Q	26
固定金具	套	MRJ-300/200	77	MRJ-400/200	77	MRJ-300/200	76	MRJ-400/200	76
项目	单位	220 kV				330 kV		500 kV	
		<240 mm^2		<400 mm^2		<2×1 400 mm^2		<2×1 400 mm^2	
		型号	数量	型号	数量	型号	数量	型号	数量
钢芯铝绞线*	m	LGJQ-240	3×112	LGJQ-600	3×112	LGJQT-1400	3×2×112	LGJQT-1400	3×2×112
绝缘子	个	XP-7	154	XP-7	154	XP-16	450	XP-16	634
耐张线夹	套	NY-240	21	NY-240MRJ-300/200	21	NY-1400	21	NY-1400	21
固定金具	套	MRJ-300/200	76		76				
间隔棒	套					SJ-51-400	102	SJ-51-400	51
均压环	套					FJP-300-NB	21	JL2-1060×660	11
屏蔽环	套							PL2-1060×660	21

注*：钢芯铝绞线用量包括软母线及跳线。

（2）主要工作内容。

① 金具及绝缘子安装。

② 变电站母线、母线引下线、设备连接线和架空地线等架设。

③ 母线系统调整、试验。

（3）定额未包括导线、绝缘子。

8. 通信设备安装

通信设备安装定额以设备“套”“台”为计量单位，包括所有设备、器具、附件和装置性材料的安装，见表表 13-14 ~ 表 13-16。

表 13-14　载波通信设备

项目	电压/kV				
	35	110	220	330	500
装置性材料/%	9.3	3.5	3.4	1.9	0.9

表 13-15　生产调度通信设备

项目	调度总机容量/门		
	20	40	6.1
装置性材料费/%	4.5	6.1	7.1

表 13-16　程控通信设备（套）

项目	单位	交换机容量/门				
		90	200	400	600	800
型钢	kg	21	21	26	31	35
分线箱 20 对	个	2	5	16	20	30
分线箱 30 对	个	2	4	10	14	20
分线箱 100 对	个	2	3	8	10	13
话机出线盒	个	90	200	400	600	800
分线设备背板	块	6	12	35	35	64
背板 U 型抱箍	付	12	24	69	69	127
横担	条	6	12	35	35	64
地线夹板	付	12	24	69	69	127
地线棒	根	12	24	69	69	127
四钉桌形带胶盒	套				37	45
电力线卡簧	只				41	49
电力线、信号线支架	套				20	24

1）载波通信设备

（1）载波通信设备定额包括载波设备和电源设备安装。电源设备不分电力线路电压等级。

（2）主要工作内容包括设备及器具的安装、调整、试验。高频阻波器、高压耦合电容器安装已包括在高压电气设备安装定额内。

2）生产调度通信设备

（1）生产调度通信设备定额按调度电话总机容量选用。

（2）主要工作内容包括调度电话总机、电话分机、配线设备、配线架和实验仪表等设备的安装、调整、试验，以及分机线路敷设和管理埋设等。

3）生产管理通信设备

（1）生产管理通信设备定额以程控通信设备安装拟定，按程控电话交换机容量选用。

（2）主要工作内容包括程控交换机、电话分机、配线设备等安装以及总机房内电话线的安装，不包括电源设备及防雷接地的安装。

4）微波通信设备

（1）微波通信设备定额包括微波设备铁塔站天线安装，但不包括铁塔站本身的安装。

（2）主要工作内容。

① 设备：包括微波机、电视解调盘、监测机、交流稳压器等设备安装，接线及核对。

② 铁塔站天线：包括吊装就位、固定及对好俯仰角。

5）卫星通信设备

（1）卫星通信设备定额按地球站天线直径长度选用。

（2）主要工作内容：天线座架、天线主副反射面等安装、调整、试验；驱动及附属设备安装、调整、试验；地球站设备的站内环测、验证测试、连通测试。

6）光纤通信设备

光纤通信设备定额包括光端机、电端机设备安装及调测，光端机框架、端机机架安装，运端监测设备中心站安装及调测，以及光中继段测试。

通讯设备安装定额未列入设备基础型钢、通信线、电缆、埋设管材和绝缘子。

三、机电设备安装工程预算定额的应用

1. 水轮机安装

（1）水轮机安装以“台”为计量单位，按设备自重选择子目。按厂房内用桥式起重机进行施工，若采用其他办法施工时，人工定额乘 1.2 系数；未注明桥式起重机规格的，可按电站实际选用规格计算台时单价。

（2）水轮机安装不包括埋设部分所用的千斤顶、拉紧器以及其他辅助埋件的本身价值，均属设备的一部分。

（3）水轮机安装不包括吸出管椎体以下金属护壁及闷头安装，如有金属护壁及闷头的安装时，可套用压力钢管安装定额。

（4）水轮机安装对 700 t 以上机组的吸出管分片数量，按二节八片编制，超出部分可套用压力钢管安装定额增列安装费。

（5）竖轴混流式水轮机安装工作内容。

① 埋设部分，包括吸出管、座环（含基础环）、蜗壳、护壁及其他埋设件的安装。

② 本件部分，包括底环、迷宫环、顶盖、导水叶及辅助设备、接力器、调速环、主轴、转轮、导轴承、水库室辅助设备、随机到货的管路和器具等安装以及与发电机联轴调整。

③ 竖轴混流式水轮机安装不包括分瓣转轮、座环的现场阻焊工作。

（6）轴流式水轮机安装。

① 轴流式水轮机安装埋件部分和本体部分：

a. 埋设部分，包括辅助埋件、吸出管、转轮室、基础环、固定导叶、座环、护壁、蜗壳上下钢衬板及其他埋件安装。

b. 本体部分，包括转轮安装平台及托架、转轮、底环、导水叶及辅助设备、顶盖（含顶环）、接力器、调速环、主轴、导轴承、水车室辅助设备、随机到货的管路和器具等安装以及与发电机联轴调整。

② 埋设部分均按混凝土蜗壳拟定，如采用钢板焊接蜗壳时，埋设部分安装定额乘 2.0 系数（埋设部分安装费占整个安装费的 57%），如采用部分衬板时，可再乘以衬板面积与蜗壳面积之比。

③ 按转浆式水轮机拟定，调浆式、定浆式水轮机套用本节同吨位定额子目时，本体部分乘以 0.9 系数（本体部分安装费占整个安装费的 43%），埋设部分不变。

（7）冲击式水轮机安装工作内容包括垫板、螺栓和埋件、机座及固定部分、转轮、飞轮及转动部分、随机到货的管路和附件等安装以及与发电机联轴调整。适用于双轮或单轮冲击式水轮机安装。

（8）横轴混流式水轮机安装。

① 横轴混流式水轮机安装工作内容包括垫板、螺栓和埋件、机座及固定部分、转轮、飞轮及转动部分、随机到货的管路和附件等安装以及与发电机联轴调整。

② 横轴混流式水轮机安装按整体蜗壳拟定，安装费内只包括进口端一对法兰的安装、蜗壳与蝴蝶阀间的连接端应另套用压力钢管安装定额。

（9）贯流式（灯泡式）水轮机安装。

① 贯流式（灯泡式）水轮机安装工作内容包括埋件部分和本体部分。

a. 埋件部分，包括辅机埋件、吸出管、管形座、排水管路及其他埋件安装。

b. 本体部分，包括压力侧和吸出侧导水部分、导水机构、接力器、调速环、主轴、转轮、导轴承、轴承供油及其辅助设备、随机到货的管路和器具等安装以及与发电机联轴调整。

② 贯流式（灯泡式）水轮机安装按双调节式水轮机拟定。

（10）水轮机/水泵安装工作内容同竖轴混流式水轮机安装，适用于抽水蓄能电站的可逆式水轮机安装。

2. 调速系统安装

（1）调速系统安装定额按工作压力为 2.5 MPa 拟定。工作压力为 4 MPa 时，安装定额乘以 1.1 系数；工作压力为 6 MPa 时，安装定额乘以 1.2 系数。

（2）调速系统安装按桥式起重机吊装施工，其台时单价可按电站实际选用规格计算。

（3）调速器安装。

① 工作内容包括基础、本体、复原机构、调速轴、事故配压阀、管路等清扫安装以及调速系统调整试验。

② 电液调速器安装，可套用相同配压阀的定额并乘以 1.1 系数。

③ 调速器安装以“台”为单位。

（4）油压装置安装。

① 工作内容包括集油槽、压油槽、漏油槽、油泵、管道及辅助设备等安装以及设备定量油的滤油、充油工作。

② 油压启闭机和蝴蝶阀操作机构单独用的油压装置安装，可套用相应定额并乘以 1.1 系数。

③ 油压装置安装以“套”为计量单位。

3. 水轮发电机安装

（1）水轮发电机安装定额以“台”为计量单位，按全套设备自重选用子目。工作内容包括：

① 基础埋设、定子、转子、励磁装置、永磁发电机、机架、导轴承、推力轴承、空气冷却器、随设备到货的管路及其他部件安装。

② 轴承用油的滤油、注油工作。

③ 磁板、转子、定子等的干燥工作。

④ 轴承前后的机组轴线检查调整工作。

（2）水轮发电机安装定额不包括：

① 电器调整试验工作，但定子发热试验及线圈耐压试验的配合工作已包括在水轮发电机安装工作内容中。

② 转子组装场地基础埋设部件的埋设工作（如固定主轴用的基础螺栓、转子组装平台埋件等），应按设计另列项目。

③ 定子现场组焊、叠装、整体下线及铁损试验等工作。

④ 发电机/电动机安装，适用于抽水蓄能电站的可逆式发电机安装。

（3）水轮发电机安装按桥式起重机吊装施工，其台时单价可按电站实际选用规格计算。

（4）发电机/电动机安装，适用于抽水蓄能电站的可逆发电机安装。

4. 大型水泵安装

1）水泵安装

（1）水泵安装工作内容。

① 埋件部分，包括冲淤、真空阀、泵座、人孔、止水部分及与混凝土流道联接部分的埋件安装。

② 本体部分，包括全部泵体组合件、支承件、止水密封件、调速、调叶片以及顶车系统等随机附件、器具、仪表、管路附件的安装。

（2）水泵安装按混凝土蜗壳、进出水流道拟定。

（3）水泵安装按转轮叶片为半调节方式拟定，如采用全调节叶片，套用水泵安装定额时，人工定额乘以 1.5 系数。

（4）水泵安装未考虑泵轴及叶片的喷镀（涂）工作，如有需要，可按设计要求另列项目。

（5）水泵安装按水泵工作水头 10 m 以内拟定，不分轴流、混流、贯流原型，也不分横轴、竖轴。

（6）真空阀、辅机、泵的安装，均按《水利水电设备安装预算定额》主阀、辅机设备各章定额套用。

2）电动机安装

（1）工作内容包括基础设施埋设，定子、转子及其附件安装，轴承油过滤，电动机干燥，联轴及调整等内容。

（2）电动机安装不包括电气调整试验工作。

（3）设备自重不大于 42 t 的定额子目为横轴电动机安装；设备自重不小于 45 t 的定额子目为竖轴电动机安装。

5. 进水阀安装

（1）进水阀的油压装置按与机组调速系统的油压装置共用拟定，如采用单独的油压装置时，可套用调速系统安装相应定额，并乘以 1.1 系数。

（2）进水阀安装按桥式起重机吊装施工，其台时单价可按电站实际选用规格计算；如采用其他机具吊装施工时，人工定额乘以 1.2 系数。

（3）蝴蝶阀安装。

① 工作内容包括活门组装、阀件安装、伸缩节安装焊接（不包括凑合节）、操作机构安装（操作柜、接力器、漏油槽及油泵电动机）、辅助设备安装（旁通阀、旁通管、空气阀）、操作管路配装（不包括系统主干管路）及调整试验。

② 蝴蝶阀安装以“台”为计量单位。

（4）球阀及其他进水阀安装。

① 工作内容包括阀壳及阀件安装、操作机构及操作管路安装、其他附件安装及调整试验。

② 其他进水阀，是指安装压力钢管上或作用于水轮机关闭止水直径大于 600 mm 的各式主阀。

③ 球阀及其他进水阀安装以“t”为计量单位，包括阀壳、阀体、操作机构及附件等全套设备的质量。

④ 使用球阀安装定额时应根据球阀自重按表 13-2 系数进行调整。

6. 水力机械辅助设备安装

（1）工作内容。

① 辅助设备安装，包括机座及基础螺栓安装、机体分解清扫安装、电动机就位安装联轴、附件安装、单机试运转。

② 管路安装，包括管路的煨弯切割，弯头、三通、异径管的制作安装、法兰的焊接安装，阀门、表计等器具安装，管路安装试压涂漆，管路支架及管卡子的制作安装。

（2）定额不包括：

① 辅助设备安装电动机就位以外的电气设备安装、接线、干燥和试验，设备基础支架的制作安装（按小型金属结构构件定额另行计算）。

② 管路安装中管路防凝结水防护层的安装。

未计价材料，包括管子、法兰、连接螺栓、阀门、表计及过滤器。

（3）辅助设备安装。

① 辅助设备安装适用于电动空气压缩机、各型离心泵、深井水泵、油泵及真空泵等设备的安装。

② 辅助设备安装以“t”为计量单位。

③ 油泵及真空泵的安装，套用泵类定额时人工定额乘以 1.2 系数。

④ 滤油器安装，套用其他金属结构的容器安装。

⑤ 计算设备质量时包括机座、机体、附件及电动机的全部质量。

（4）系统管制安装。

① 系统管制安装适用于电站油、水、气系统的主干管及连及辅助设备的管路。

② 系统管路安装以“1 000 m”为计量单位，按管子公称直径选用子目。

（5）机组管路安装。

① 机组管路安装包括系统管路及随机的管路以及以外的自水轮机吸出管底面高程以上，主场房间隔内机组段的全部明敷和埋设的油、水、气管路及仪表器具等安装。

② 机组管路安装以主机“台”为计量单位，按水轮发电机定子铁芯外径及环形水管公称直径选用子目。

7. 电子设备安装

1）发电电压设备安装

（1）发点电压设备安装包括发电机中性设备、发电机定子主引出线变压器低压套管间电气设备及分支线的电气设备安装，并包括间隔（穿通）板的制作安装。

（2）设备安装。

① 工作内容搬运、开箱检查、基础埋设、设备本体、附体及操作的安装、调整、接线、刷漆、滤油、注油、接地连接及配合实验。

② 定额不包括互感器、断路器的端子箱制作安装及设备构（框、支）架的制作安装。

③ 有操作机构的设备安装，按一段式编制，如增加一段另加“延长轴配置增加”定额计算。

④ 消弧线圈的安装，可套用同等级同容量的电力变压器安装定额。

（3）间隔（穿通）板制作安装，包括领料、搬运、平直下斜、钻孔、焊接组装、安装固定、刷漆及接地等工作内容。

2）控制保护系统安装

（1）控制保护系统安装包括控制保护屏（台）、端子箱、电器仪表、小母线、屏边（门）安装。

（2）控制保护屏（台）柜安装。

① 工作内容包括搬运、开箱检查、安装固定、二次配线、对线、接线、交接实验的器具、电器、表计及继电器等附件的拆装，端子及端子板安装，盘内整理、编号、写表签框、接地及配合实验。

② 控制保护屏（台）柜安装定额中控制保护屏系指发电厂控制、保护、弱电控制、返回励磁、温度巡检、直接控制、充电屏等。

（3）端子箱、电器仪表、小母线安装，包括倾斜、搬运、平直、下斜、钻孔、焊接、刷漆、基础埋设、安装固定、接线、对线、编号、写表签框及接地等内容。

（4）不包括的工作内容。

① 二次喷漆及喷字。

② 电器具设备干燥。

③ 设备基础槽钢、角钢的制作。

④ 焊压接线端子。

⑤ 端子排外部接线。

未计价材料，包括小母线、支持器、紧固件、基础型钢及地脚螺栓。

3）直接系统安装

（1）直流系统安装包括蓄电池支架、穿通板组合、绝缘子、圆母线、蓄电池本体及蓄电充放电等的安装。

（2）工作内容。

① 蓄电池支架安装，包括检查、搬运、刷耐酸漆、装玻璃垫、瓷柱和支柱，不包括支架的制作及干燥，应按成品价计列。

② 穿通板组合安装，包括框架。铅垫、穿通板组合安装、装瓷套管和铜螺栓、刷耐酸漆。

③ 绝缘子、圆母线安装，包括母线平直、焊接头、镀锡、安装固定、刷耐酸漆。

④ 蓄电池本体安装，包括开箱检查、清洗、组合安装、焊接接线、注电解液、盖玻璃板。

⑤ 蓄电池重放电定额，包括直流回路检查、初充电、放电再充电、测试、调整及记录技术数据。

（3）蓄电池充放电定额中的容器、电极板、盖隔板、连接铅条、焊接条、紧固螺栓、螺母、垫圈均按设备随带附件考虑。

（4）弱电如在以上电压等级抽头时，安装费不另计。

未计价材料，包括穿通板、穿墙套板、穿墙套管、母线、绝缘子、电缆、电解液等。

4）厂用电系统安装

（1）厂用电系统安装包括厂用电力变压器、高压开关柜、低压动力配电（控制）盘、柜、箱、低压电器以及接线箱、盒的安装。厂坝区馈电工程、排灌站供电工程设备安装可套用本节相应定额。

（2）厂用电力变压器安装。

① 工作内容包括搬运、开箱检查、附件清扫、吊芯检查清扫、做密封检查、本体及附件安装、注油、接地连接及补漆。干燥包括干燥维护、干燥用机具装拆、检查、记录、整理、清扫收尾及注油。

② 等额不包括变压器干燥棚的搭拆、瓦斯继电器的解体检查及实验（已包括在电力变压器电气调整内）、变压器铁梯及母线铁机构的制作安装、油样的试验、化验及色谱分析二次喷漆等内容。

③ 干式电力变压器安装，按相同等级、容量的定额乘以 0.7 系数。

（3）高压开关柜安装。

① 工作内容包括搬运、开箱检查、安装固定、油开关及电压互感器的解体检查、放注油、隔离开关触头检查、调整、柜上母线组装、刷分相漆、仪表拆装及检验、二次回路配线、接线及油过滤等。

② 等额不包括设备基础型钢的制作安装、设备二次喷漆过桥母线安装。

（4）低压配电盘、动力配电（控制）箱安装。

① 工作内容包括搬运、开箱检查、安装固定、盘内电器和仪表及附件的拆装、母线及支母线安装、配线、接线、对线、开关及操作机构调整、接地、配合试验，动力配电（控制）

箱还包括打眼，埋螺栓或基础型钢埋设工作。

② 本定额不包括设备基础型钢制作安装、盘箱内的设备元件安装及配线和二次设备喷漆等。

（5）低压电器安装，包括搬运、开箱检查、基础埋设、设备安固定、配线、连接、接地连接、配合试验，空气开关还包括操作机构调整工作等内容。

（6）接线箱、盒安装。

① 工作内容包括测位、钻孔、埋螺栓、接线箱开孔、刷漆、固定。

② 接线箱、盒安装定额根据不同地点、位置综合拟订，使用时不做调整。

5）电缆安装

（1）电缆安装包括电缆管制作安装、电缆敷设、电缆头制作安装等内容。

（2）电缆管制作安装，包括领料、搬运、煨管配制、安装固定、接地、临时封堵、刷漆等。电缆管敷设是按不同地点、位置及各种方法综合拟定的，使用时（除另有注明外）均不做调整。

（3）电缆架制作安装，包括领料、搬运、下料、放样做模具、组装焊接、油漆、基础埋设、安装、补漆等。

（4）电缆敷设，包括领料、搬运、外表及绝缘检查、放电缆、锯割、封头、固定、整理、刷漆、挂电缆牌等。穿管敷设还包括管子清扫。电缆敷设是按不同地点、位置及各种方法综合拟定的，使用时（除另有注明外）均不做调整。

37 芯以下控制电缆敷设套用 35 mm^2 以下电力电缆敷设额定。

电缆敷设均按铝芯电缆考虑，如铜芯电缆敷设按相应截面定额的人工和机械乘以 1.4 系数。

电缆敷设定额中均未考虑波形增加长度及预留等富余长度，该长度应按基本长度计算。

电缆安装定额不包括电缆的防火工程，应另行考虑。

（5）电缆头制作安装，指 10 kV 及以下电力电缆和控制电缆终端电缆终端接头及中间接头制作安装。包括电缆检查、定位、量尺寸、锯割、剥开、焊接地线、套绝缘管、缠涂（包缠）绝缘层、压接线端子、装外壳（终端盒或手套）、配料、清理、安装固定等工作内容。

电缆头制作安装均按铝芯电缆考虑，如铜芯电缆电缆头制作安装按相应定额乘以 1.2 系数。

未计价材料，包括电缆终端盒和中间接头连接盒等。

6）母线制作安装

（1）母线制作安装包括户内支持绝缘子、穿墙套管、母线、母线伸缩节（补偿器）等制作安装。

（2）工作内容。

① 户内支持绝缘子、穿墙套管安装，包括搬运、开箱检查、钻孔、安装固定、刷漆、接地、配合试验。不包括固定支持绝缘子及穿墙套管的金属结构件制作安装，应另套有关额度。

未计价材料，包括绝缘子、穿墙套管。

② 铝母线（带形、槽形、封闭母线）制作安装，包括搬运、平直、下料、煨弯、钻孔、焊接、母线连接、安装固定、上夹具、接头、刷分相漆。

母线在高于 10 m 的竖井内安装时，人工定额乘以 1.8 系数。

带形铜母线安装，按相应人工定额乘以 1.4 系数。

未计价材料为母线。

③ 母线伸缩节（补偿器）安装，包括钻孔、锉面、挂锡、安装。伸缩节本身按成品考虑。

7）接地装置制作安装

（1）接地装置制作安装包括接地极的制作安装，接地母线敷设等。

（2）工作内容。

① 接地极的制作安装，包括领料、搬运、接地极加工制作、打入地下及与接地母线连接。

② 接地母线敷设，包括搬运、母线平直、煨弯、接地卡子、制作、打眼、埋卡子、敷设、固定、焊接及刷黑漆等。

（3）接地装置制作安装定额不包括如下部分：

① 接地开挖、回填、夯实。

② 接地系统电阻测试。

8）保护网、铁构件制作安装

（1）保护网。

① 工作内容，包括领料、搬运、平直、下料、加工制作、组装、焊接固定、隔磁材料安装、刷漆接地。

② 保护网定额不包括支持保护网网框外的钢构架，其制作安装另套用相应定额。

③ 保护网定额以“m^2”为计量单位。

未计价材料，包括金属网、网框架用的型钢及基础钢材。

（2）铁构件。

① 铁构件定额适用于电气设备及装置安装所需钢支架基础的制作安装，也适用于电缆架，电缆桥钢支架的制作安装。

② 工作内容，包括领料、搬运、平直、划线、下料、钻孔、组装、焊接、安装、刷漆。

③ 铁构件定额以“t”为计量单位。

8. 变电站设备安装

1）电力变压器安装

（1）工作内容。

① 本体及附件的搬运，开箱检查。

② 变压器干燥，包括电源设施、加温设施、保温设施、滤油设备及真空设备等工具、器材的搬运、安装及拆除、干燥维护、循环滤油、抽真空、测试记录、结尾。

③ 吊芯（罩）检查，包括工具、器具准备及搬运，油柱密封试验、放油、吊芯（罩）、检查、回芯（罩）、上盖、注油。

④ 安装固定，包括本体就位固定、套管安装、散热器及油枕清洗、安装，风扇电动机解体、检查、安装、接地、试运转，其他附件安装，补充油柱，整体密封试验，接地，强迫油循环，水冷却器基础埋设、安装、调试

⑤ 变压器中性点设备基础埋设、安装调试、接地。

⑥ 变压器本体及附件内的变压器油过滤、注油。

⑦ 配合电气调试。

（2）电力变压器安装定额不包括：

① 变压器干燥棚、滤油棚的搭拆工作。

② 瓦斯继电器的解体检查及试验（属变压器系统调整试验）。

③ 变压器用强迫油循环水冷却方式时，水冷却器至变压器本身之间的油、水管路安装应另套系统管路安装定额。

④ 电力变压器安装亦适用于自耦式电力变压器、带负荷调压变压器的安装。

2）断路器安装

（1）断路器安装包括多油断路器、少油断路器、空气断路器、六氟化硫断路器安装。

（2）工作内容。

① 本体及附件的搬运、开箱检查。

② 基础埋设、清理，型钢、垫铁、压板的加工、配制、安装及地脚螺栓的埋设。

③ 本体及附件安装，包括解体、检查、组合安装及调整固定。

④ 空气断路器的阀门清理、检查，配管和焊接、动作调整。

⑤ 配合电器试验，绝缘油过滤、注油，接地及刷分相漆。

（3）如用气动操作机构，供气管路应另套《水利水电设备安装工程预算定额》第六章第二节系统管路安装定额。

未计价材料，包括设备基础用钢板、型钢等。

3）隔离开关安装

（1）工作内容。

① 本体及附件的搬运、开箱检查。

② 基础埋设、地脚螺栓理设，型钢、垫铁及压板的加工、配制和安装。

③ 本体及附件安装，包括安装、固定、调整、拉杆及其附件的配制安装，操作机构、连锁装置及信号点的检查、清理和安装。

④ 配合电气试验，接地，刷分相漆。

（2）安装高度超过 6 m 时，不论单相或三相均套用同一安装高度超过 6 m 的定额。

（3）气动操作的隔离开关至操作箱之前的供气管路安装，应套用系统管路安装定额。

（4）负荷开关可套用同电压等级的隔离开关安装定额。

未计价材料，包括设备基础用钢板、型钢、拉杆、操作钢管等。

4）互感器、避雷器、熔断器安装

工作内容包括搬运、开箱、表面检查、安装固定、互感器放油、吊芯检查、注油、基础埋设及止动器的制作安装，避雷器的基础铁件制作安装，地脚螺栓埋设、放电记录器安装，接地、刷分相漆、场地清理及配合电气试验。

铁构架制作、安装另套本定额相应定额子目。

电容式电压互感器安装，套用相应电压互感器安装有关定额乘以 1.2 系数。

未计价材料，包括设备基础用钢板、型钢等。

5）一次拉线及其他设备安装

（1）工作内容。

① 高频阻波器、耦合电容器、支持绝缘子、悬式绝缘子等安装，包括搬运、检查、基础埋设及本体安装固定。

② 一次拉线，包括金具、软母线、绝缘子的搬运、检查、绝缘子与金具组合，测量线长度及下料，导线与线夹的连接、导线接头连接（压接法、爆接法）、悬挂、紧固、弛度调整，还包括设备端子及设备线夹或端子压接管的锉面、挂锡及连接。

③ 铝、钢管型母线安装，包括支持绝缘子的安装，铝、钢管的平直、下料、煨弯、焊接、安装固定、刷分相漆，钢管母线还包括钢管纵向开槽及接触面镀铜。

④ 管型母线伸缩接头安装，不包括在一次拉线及其他设备安装定额内，应另套定额相应定额子目。

（2）一次拉线绝缘子为双串者，不论每串片数多少，均按双中子目计算。

（3）一次拉线包括软母线、设备引线、引下线及跳线。

（4）架空地线按一次拉线定额乘 0.7 系数。

未计价材料，包括设备基础用钢材、各式绝缘子、钢芯铝绞线（铝线、铜线、镀锌钢绞线）、铝管、钢管及铜管等。

6）其他设备安装

（1）滤波器及单相闸刀安装，见通信设备安装。

（2）高压组合电器系由隔离开关（G）、电流互感器（L）、电压互感器（J）和电缆头（D）等元件组成（如 GL-220、GJ-220、DGL-220、DGJ-220、DG-220、GDGL-220、GDG-220、DGL-330、DG-330、GL-330 等），其安装费按以下方法计算：

① 二元件组成的组合电器，其安装费为该二元件安装费之和乘以 0.8 系数。

② 三元件组成的组合电器，其安装费为该三元件安装费之和乘以 0.7 系数。

③ 四元件组成的组合电器，其安装费为该四元件安装费之和乘以 0.65 系数。

④ 五元件组成的组合电器，其安装费为该五元件安装费之和乘以 0.60 系数。

9. 通信设备安装

1）载波通信设备安装

（1）载波通信设备安装按电压等级及载波机台数选用子目，“第一台”与“连续一台”子目的区别在于“第一台”子目内包括了几台共用的电源设备。当变电站载波通信有两种不同电压等级时，应按高电压等级采用“第一台”子目，其余各台均按各台电压等级的“连续一台”子目计算见表 13-17。

（2）一组电源设备，包括交流机组一套、交流稳压器二台、电源自动切换盘一块。

表 13-17 载波通信（台）

材料名称	单位	35 kV		110 kV		220 kV		330 kV	
		第一台	连续一台	第一台	连续一台	第一台	连续一台	第一台	连续一台
钢板	kg	2.5	2.5	2.5	2.5	2.5	2.5		
角钢	kg	5.2	5.2	5.2	5.2	5.2	5.2		
型钢	kg	3.0	3.0	3.0	3.0	3.0	3.0	27	27
镀锌扁钢	kg	13.9	12.4	16.6	15.1	20.6	19.1	29.1	24.1
镀锌钢管	kg	5.1	5.1	6.6	6.6	8.1	8.1	33.1	33.1
垫铁	kg	0.9	0.7	0.9	0.7	0.9	0.7	3.2	3.2
直角挂板 Z-12	kg	2.0	2.0	2.0	2.0	2.0	2.0	2.0	2.0
球头挂环 Q-6	kg	1.5	1.5	1.5	1.5	1.5	1.5	1.5	1.5
碗头挂环 W-6	kg	1.5	1.5	1.5	1.5	1.5	1.5	1.5	1.5
U 型环 U-16	kg	0.5	0.5	0.5	0.5	0.5	0.5	0.5	0.5
橡胶布	kg					5.2		5.2	

（3）载波机的配套装置，包括高频阻波器、高压耦合电容器、结合滤波器、单相户外式接地闸刀、高频同轴电缆。配套装置的数量和载波器的台数相同。

（4）工作内容，包括设备器材检查、清扫、搬运、安装、调试及完工清理。

（5）高频阻波器和高压耦合电容器安装已包括在一次拉线及其他安装定额内。

未计价材料，包括通信线、电缆、理设管材、瓷瓶和设备基础所用的钢材。

2）生产调度通信设备安装

（1）生产调度通信设备安装以调度电话总机容量编列子目及按表 13-18。

表 13-18 生产调度通信（台）

材料名称	单位	总容积量/门		
		20	40	70
角钢	kg		10.2	10.7
分线箱 10 对	个	2.0	2.0	2.0
分线箱 20 对	个	2.0	2.0	2.0
分线箱 30 对	个	1.0	2.0	2.0
话机出线盒	个	20	40	70
分线设备背板	个	4.0	4.0	7.0

（2）工作内容，包括调度电话总机、电话分机、电源设备、配线架、分线盒、铃流发生器、电话机保安器等设备的安装、调试、分机线路敷设、管路埋设等。

未计价材料，包括设备基础型钢、通信线、电缆、埋设管材、出线瓷瓶。

3）生产管理通信设备安装

（1）生产管理通信设备安装以自动电话交换机总容量编列子目，见表 13-19。

表 13-19 生产管理通信（台）

材料名称	单位	程控交换机容量/门				
		90	200	400	600	800
角钢	kg	20.4	20.4	25.5	30.6	34.6
背板 U 型抱箍	付	12.1	24.2	68.7	68.7	127
分线箱 20 对	个	2.0	5.0	16	20	30
分线箱 30 对	个	2.0	4.0	10	14	20
分线箱 100 对	个	2.0	3.0	8.0	10	13
话机出线盒	个	90	200	400	600	800
分线设备背板	块	6.1	12.1	34.3	34.3	63.6
横担	条	6.0	12.0	34.1	34.1	63.1
地线夹板	付	12.1	24.2	68.7	68.7	127
地线棒	根	12.1	24.2	68.7	68.7	127
四钉桌形卡胺盒	套				36.4	44.4
电力线卡簧	只				40.2	48.4
电力线、信号线支架	套				20.2	24.2

（2）程控通信设备的工作内容。包括程控机及配套电话机安装，分线盒、接线盒及总机房电话线安装。不包括电源设备及防雷接地的安装。

未计价材料，包括通信线、电缆、埋设管材、瓷瓶和设备基础用钢材。

4）微波通信设备安装

（1）设备安装，包括搬运、开箱检查，微波机、电视解调盘、监测机及交流稳压器安装，接线及核对等工作内容。

（2）天线安装，包括搬运、吊装就位、固定及对俯仰角等内容，但不包括铁塔站本身安装。

未计价材料，包括通信线、电缆、埋设管材、瓷瓶和设备基础用钢材。

5）卫星通信设备安装

（1）设备安装，包括天线座架、天线主副反射面、驱动及附属设备安装调试，天馈线系统调试，地球站设备的站内环测、验证测试及连通测试等工作内容。

（2）不包括电源设备及防雷接地安装。

10. 电气调整

电气调整定额中的材料费和机械费（仪表使用费）按人工费的100%计算，其中材料费为5%，机械费为95%。

1）水轮发电机组系统

（1）工作内容，包括机组本体、机组引出口至主变压器低压侧和发电电压母线及中性点等范围内的一次设备（如断路器、隔离开关、互感器、避雷器、消弧线圈、引出口母钱或电缆等），隶属于机组本体专用的控制、保护、测量及信号等二次设备和回路（如测量仪表、继电保护、励磁系统、调速系统、信号系统、同期回路等），以及机组专用和机旁动力电源供电装置（如机房盘）等的调整试验工作。

（2）水轮发电机组系统定额不包括备用励磁系统、全厂合用同期装置及机组启动试运转期间的调试（包括在联合试运转费内）。

（3）水轮发电机组系统按机组单机容量选用子目。

2）电力变压器系统

（1）工作内容，包括变压器本体、高低压侧断路器、隔离开关、互感器、避雷器、冷却装置、继电保护和测量仪表等一次回路（母线或电缆）和二次回路的调整试验，还包括变压器的耐油压试验和空载投入试验。

（2）电力变压器系统定额不包括避雷器、消弧线圈、接地装置、馈电线路及母线系统的调整试验工作。

（3）如有“带负荷调压装置”调试时，定额乘以1.12系数。

（4）单相变压器如带一台备用变压器时，定额乘以1.2系数。

（5）电气调整定额系根据双卷变压器编制，如遇三卷变压器则按同容量定额乘以1.2系数。

3）自动及特殊保护装置

（1）工作内容，包括装置本体、继电器及二次回路的检查试验和投入运行。

（2）备用电源自动投入装置调整试验，系按一段母线只有一台工作电源断路器和一台备用电源断路器为一系统计算。

（3）特殊保护装置调整以构成一个保护回路为一套计算。

（4）失灵保护可套用故障录波器定额。

（5）高频保护包括收、发讯机。

4）母线系统

（1）工作内容，包括母线安装后耐压、压接母线的接触电阻测试、环型小母线检查和母线绝缘监视装置、电压互感器、避雷器等的调整试验工作。

（2）母线系统定额不包括特殊保护装置的调整试验和 35 kV 以上母线及设备耐压试验。

（3）1 kV 以下的母线系统，适用于低压配电装置母线，不适用于母线通道和动力配电箱的母线调整试验。

（4）母线系统，是以一段母线上有一组电压互感器为一个系统计算，旁路母线、联络断路器及分段断路器，可套用相同电压等级的母线系统子目。

5）接地装置

（1）工作内容，包括避雷针接地、电阻测试及整个电站接地网电阻测试工作。

（2）电站接地网电阻测试系指较大范国接地网，定额中未包括测试用临时接地板制作安装和其所需的导线套摊销，导线可按 30%计算摊销。

6）起重设备及电传设备

（1）工作内容，包括电动机本体、控制器、控制盘、电阻、继电保护、测量仪表、各元件及二次回路和空载运转的调整试验工作。

（2）起重设备及电传设备不包括电源滑触线及联络开关、电源开关、联锁开关的调整试验工作，应另套 1 kV 以下输电系统调整试验定额。

（3）起重设备按起重能力或设备自重选用子目，电梯按 4 m 为一层（站）。

（4）半自动电梯，套用自动电梯相应定额子目乘以 0.6 系数。

7）直流及硅整流设备

（1）工作内容，包括电机开关，调压启动设备，整流变压器及一、二次回路的调整试验工作。

（2）可控硅整流设备的调试，应按相应硅整流设备定额乘以 1.4 系数。

8）电动机

电动机包括电动机本体、隔离开关、启动设备及控制回路的调整试验工作。

9）避雷器及耦合电容器设备

内容包括避雷器及耦合电容器的调整试验等工作。

10）其他

（1）电气调整不包括各种电器设备烘干处理、电缆故障查找、电动机抽芯检查以及由于设备元件缺陷造成的更换和修理，亦未考虑由于设备原件质量低劣对调试工效的影响。

电气调整各电气调整定额中已包括的设备，不能再套单个设备的电气调整定额。

（2）电气调整各电气调整定额中已包括的设备，不能再套单个设备的电气调整定额。

四、工程实例

【例 13-1】已知水泵自重 18 t，叶片转轮为半调节方式。人工预算单价：工长 5.32 元/工时，高级工 4.84 元/工时，中级工 4.01 元/工时，初级工 2.52 元/工时。工地材料预算价格：钢板 3.70 元/kg，型钢 3.45 元/kg，电焊条 7.00 元/kg，氧气 3.00 元/m^3，乙炔气 12.80 元/m^3，汽油 3.20 元/kg，油漆 15.60 元/kg，橡胶板 7.80 元/kg，木材 1 500 元/ m^3，电 0.60 元/（kW·h）。试编制某地区河道工程大型排涝泵站水泵安装工程单价。

【解】根据《水利工程设计概（估）算编制规定》(2002)，查《水利水电设备安装工程概算定额》(2002)、《水利工程施工机械台时费定额》(2002）列表计算见表 13-20。

表 13-20　安装工程单价表

定额编号 03002　　水泵安装工程　　定额单位：台

设备型号：轴流式水泵自重 18 t，叶片转轮为半调节方式					
编号	名称及规格	单位	数量	单价/元	合计/元
一	直接工程费				44 793.23
1	直接费				33 266.68
①	人工费				23 618.56
	工长	工时	286	5.32	1 521.52
	高级工	工时	1 374	4.84	6 650.16
	中级工	工时	3 492	4.01	14 002.92
	初级工	工时	573	2.52	1 443.96
②	材料费				5 257.98
	钢板	kg	108	3.7	399.60
	型钢	kg	173	3.45	596.85
	电焊条	kg	54	7	379.00
	氧气	m^3	119	3	357.00
	乙炔气	m^3	54	12.8	691.20
	汽油	kg	51	3.2	163.20
	油漆	kg	29	15.6	452.40
	橡胶板	kg	23	7.8	179.40
	木材	m^3	0.4	1 500	600.00
	电	kW · h	940	0.6	564.00
	其他材料费	%	20	4 381.65	876.33
③	机械使用费				4 390.14
	桥式起重机（20 t）	台时	54	22.08	1 192.32
	电焊机 20～30 kV · A	台时	60	9.42	565.20
	车床 400～600	台时	54	20.67	1 116.18
	刨床 B650	台时	38	10.91	414.58
	摇臂钻床 50	台时	33	15.04	496.32
	其他机械费	%	16	3 784.60	605.54
2	其他直接费	其他直接费综合费率 2.7%			898.20

续表

<table>
<tr><th>编号</th><th>名称及规格</th><th>单位</th><th>数量</th><th>单价/元</th><th>合计/元</th></tr>
<tr><td>3</td><td>现场经费</td><td colspan="3">现场经费费率 45%</td><td>10 628.35</td></tr>
<tr><td>二</td><td>间接费</td><td colspan="3">间接费费率 50%</td><td>11 809.28</td></tr>
<tr><td>三</td><td>企业利润</td><td colspan="3">企业利润率 7%</td><td>3 962.18</td></tr>
<tr><td>四</td><td>税金</td><td colspan="3">税率 3.22%</td><td>1 950.18</td></tr>
<tr><td>五</td><td>单价合计</td><td colspan="3"></td><td>62 514.87</td></tr>
</table>

第二节 金属结构设备安装工程计价

一、项目设置及工程量计算规则

（1）金属结构设备安装工程工程量清单的项目编码、项目名称、计量单位、工程量计算规则及主要工作内容，应按表 13-21 的规定执行。

表 13-21 金属结构设备安装工程（编码 500202）

<table>
<tr><th>项目编码</th><th>项目名称</th><th>项目主要特征</th><th>计量单位</th><th>工程量计算规则</th><th>主要工作内容</th><th>一般适用范围</th></tr>
<tr><td>500500202001×××</td><td>门式起重机设备安装</td><td>1.型号、规格
2.跨度
3.起重量
4.质量</td><td rowspan="3">台</td><td rowspan="3">按招标设计图示的数量计量</td><td>1.门机机架安装
2.行走机构安装
3.起重机构安装
4.操作室、梯子、栏杆、行程限制器及其他附件安装
5.电气设备安装
6.调试</td><td rowspan="3">新建、扩建、改建、加固的水利金属结构设备安装工程</td></tr>
<tr><td>500500202002×××</td><td>油压启闭机设备安装</td><td rowspan="2">1.型号、规格
2.质量</td><td>1.基础埋设
2.设备本体安装
3.附属设备和管路安装
4.油系统设备安装及油过滤
5.电气设备安装
6.与闸门连接
7.调试</td></tr>
<tr><td>500500202003×××</td><td>卷扬式启闭机设备安装</td><td>1.基础埋设
2.设备本体及附件安装
3.电气设备安装
4.与闸门连接
5.调试</td></tr>
</table>

续表

项目编码	项目名称	项目主要特征	计量单位	工程量计算规则	主要工作内容	一般适用范围
500500202004×××	升船机设备安装	1.形式 2.型号、规格 3.外形尺寸 4.质量	项		1.埋件安装 2.升船机轨道安装 3.升船机承船厢安装 4.升船机升降机构或卷扬机安装 5.升船机电气及控制设备和液压设备安装 6.平衡重安装 7.调试	
500500202005×××	闸门设备安装	1.形式 2.型号、规格 3.外形尺寸 4.质量	t	按招标设计图示的数量计量	1.闸门焊缝透视检查及处理 2.闸门本体及支撑装置安装 3.止水装置安装 4.闸门附件安装 5.调试	新建、扩建、改建、加固的水利金属结构设备安装工程
500500202006×××	拦污栅设备安装	1.外形尺寸 2.材质 3.要求 4.质量		按招标设计图示尺寸计算的有效重量计量	1.栅体、吊杆及附件安装 2.栅槽校正及安装	新建、扩建、改建、加固的水利金属结构设备安装工程
500500202007×××	一期埋件安装		t（kg）		1.插筋、锚板安装 2.钢衬安装 3.预埋件安装	
500500202008×××	压力钢管安装	1.外形尺寸 2.管径 3.板厚 4.材质 5.防腐要求 6.质量	t		1.钢管安装、焊缝质量检查及处理 2.支架、拉筋、伸缩节及岔管安装 3.埋管灌浆孔封堵 4.水压试验 5.清扫除锈、喷涂防腐	
500500202009×××	其他金属结构设备安装					

（2）金属结构设备安装工程项目组成内容：

① 启闭机、闸门、拦污栅设备，均由设备本体和附属设备及埋件组成。

② 升船机设备。包括各型垂直升船机、斜面升船机、桥式平移及吊杆式升船机等设备本体和附属设备及埋件等。

③ 其他金属结构设备。包括电动葫芦、清污机、储门库、闸门压重物、浮式系船柱及小型金属结构构件等。

（3）以质量为单位计算工程量的金属结构设备或装置性材料，如闸门、拦污栅、埋件、高压钢管等，按招标设计图示尺寸计算的有效质量计量。运 输、加工及安装过程中的操作损耗所发生的费用，应摊入有效工程量的工程单价中。

（4）金属结构设备安装工程费。包括设备及附属设备验收、接货、涂装、仓储保管、焊缝检查及处理、安装现场运输、设备本体和附件及埋件安装、设备安装调试、试运行、质量检查和验收、完工验收前的维护等工作内容所发生的费用。

二、金属结构设备安装工程概算定额的应用

1. 起重设备安装

1）桥式起重机

（1）桥式起重机定额以“台”为计量单位，按桥式起重机主钩起重能力选用。如设备起吊使用平衡梁时，按桥式起重机主钩起重能力加平衡梁质量之和选用定额子目，平衡梁不另计列安装费。

（2）主要工作内容：

① 大车架及行走机构安装。

② 小车架及运行机构安装。

③ 起重机构安装。

④ 操作室、梯子栏杆、行程限制器及其他附件安装。

⑤ 电气设备安装和调整。

⑥ 空载和负荷试验。

2）门式起重机

（1）门式起重机定额以“台”为计量单位，按门式起重机自重选用。

（2）主要工作内容：

① 门机机架安装。

② 行走机构安装。

③ 起重机械安装。

④ 操作室、梯子栏杆、行程限制器及其他附件安装。

⑤ 电气设备安装和调整。

⑥ 空载和负荷试验。

3）油压启闭机

（1）油压启闭机定额以“台”为计量单位，按油压启闭机自重选用。

（2）主要工作内容：

① 基础理设。

② 设备本体安装。

③ 附属设备及管路安装。

④ 油系统设备安装及油过滤（不包括系统油管的安装和设备用油）。

⑤ 电气设备安装和调整。

⑥ 机械调整及耐压试验。

⑦ 闸门连接及启闭试验。

4）卷扬式启闭机

（1）卷扬式启闭机定额以“台”为计量单位，按卷扬式启闭机自重选用，适用于单节点或双节点的卷扬式启闭机安装。螺杆式启南机安装可套用与设备自重相等的定额子目。

卷扬式启闭机定额按固定式启闭机拟订，如为台车式时乘以 1.2 系数。

（2）主要工作内容：

① 基础埋设。

② 设备本体及附件安装。

③ 电气设备安装和调整。

④ 与闸门连接及启闭试验。

5）电梯

（1）电梯定额以“台”为计量单位，按电梯提升高度选用。适用于拦河坝和厂房的电梯安装。

（2）主要工作内容：

① 基础埋设。

② 设备本体及附件安装。

③ 电气设备安装和调整。

④ 与闸门连接及启闭试验。

⑤ 整体调整和试运转。

3)电梯定额系按载质量 5 t 及以内的自动客货两用电梯拟定，载质量超过 5 t 的电梯安装，乘以 1.2 系数。

6）轨道

（1）轨道定额以“双 10 m”(即轨道两侧各 10 m 为计量单位，按轨道型号选用，适用于起重机和变压器等所用轨道的安装。

（2）主要工作内容：

① 基础理设。

② 轨道校正、安装。

③ 附件安装。

（3）弧形轨道安装，人工及机械各乘以 1.3 系数。

（4）轨道定额未包括钢轨、垫板、型钢及螺栓等装置性材料用量。

7）滑触线

（1）滑触线定额以“三相 10 m”为计量单位，按起重机自重选用，适用于移动式起重机设备的滑触线安装。

（2）主要工作内容：

① 基础埋设。

② 支架及绝缘子安装。

③ 滑触线及附件校正安装。

④ 接电缆及轨道接地。

⑤ 辅助母线安装。

（3）滑触线定额未包括型钢、螺栓、绝缘子等装置性材料用量。

（4）如需安装辅助母线时，应根据设计资料计算其装置性材料用量。

8）轨道阻进器

（1）轨道阻进器定额以轨道阻进器质量“t”为计量单位，包括轨道阻进器的制作及安装。

（2）根据设计选定的起重机轨道轨型及轨道阻进器形式，参考表 13-22 至表 13-25 计算轨道阻进器质量及其装置性材料用量。

表 13-22 轨道材料用量（双 10 m）

项目	单位	轨型						
		24 kg/m	43 kg/m	50 kg/m	QU70	QU80	QU100	QU120
钢轨	m	（20.6）	（20.6）	（20.6）	（20.6）	（20.6）	（20.6）	（20.6）
	kg	504	920	1 061	1 188	1 312	1 833	2 433
垫板	kg	598	728	809	890	1 006	1 179	1 358
型钢	kg	131	131	131	163	163	163	163
螺栓	kg	87	87	87	142	142	142	142

表 13-23 滑触线材料用量（三相 10 m）

项目	单位	起重机自重/t			
		≤100	≤400	≤600	＞600
型钢	kg	175	236	352	441
螺栓	kg	3	3	3	3
绝缘子 WX-01	个	13	13	13	13

表 13-24 辅助母线材料用量（三相 10 m）

材料名称	带形铝母线/m	型钢/kg	螺铨 M10×35（套）
材料用量	31.5	10	26

注：带形铝母线截面尺寸应按设计数据确定。

表 13-25 起重机轨道阻进器材料用量（组）

项目	单位	弧形阻进器			
		CD-10 型 43 kg/m	CD-8 型 50 kg/m	CD-7 型 QU80	CD-6 型 QU100
制安工程量 材料用量	kg	190	320	400	560
钢板	kg	194	329	424	583
型钢	kg				
螺栓	kg	18	23	24	35
挡板	kg				

续表

项目	单位	立式阻进器			
		CD-1 型 QU70	CD-2 型 QU80	CD-3 型 QU100	CD-4 型 QU120
制安工程量 材料用量	kg	710	880	1 340	1 770
钢板	kg	288	345	602	729
型钢	kg	345	375	590	773
螺栓	kg	92	187	192	340
挡板	kg	44	48	68	76

注：挡块为松木或硬橡胶制成。

2. 闸门安装

闸门安装定额以设备质量“t”为计量单位，包括闸门本体及附件等全部构件质量。闸门门叶安装定额均不包括闸门埋设件及闸门压重物的安装。闸门起吊平衡梁安装已包括在闸门启闭设备安装定额内。

1）平板焊接闸门

（1）平板焊接闸门定额适用于台车、定轮、压合木支承形式及其他支承形式的整体、分段焊接及分段拼装的平面闸门安装。

（2）主要工作内容：

① 闸门拼装焊接、焊缝透视检查及处理。

② 闸门主行走支承装置安装。

③ 止水装置安装。

④ 侧反支承行走轮安装。

⑤ 闸门在门稽内组合连接。

⑥ 闸门吊杆及其他附件安装。

⑦ 闸门锁锭安装。

⑧ 闸门吊装试验。

（3）带充水装置的平板闸门（包括其充水装置）安装，定额乘以 1.05 系数；滑动式闸门（压合木式闸门除外）安装，定额乘以 0.93 系数。

2）弧形闸门

（1）弧形闸门定额按潜孔式和露顶式的桁架式弧形闸门综合拟定。

（2）主要工作内容：

① 闸门支座安装。

② 支臂组合安装。

③ 桁架组合安装。

④ 面板支承梁及面板安装焊接。

⑤ 止水装置安装。

⑥ 侧导轮及其他附件安装。

⑦ 闸门焊缝透视检查及处理。

⑧ 闸门吊装试验。

（3）实腹梁式弧形闸门安装，定额乘以 0.8 系数；拱形闸门安装，定额乘以 1.26 系数；洞内安装弧形闸门，人工和机械定额各乘以 1.2 系数。

3）单扇、双崩船闸闸门

（1）单扇、双扇船闸闸门定额适用于水利枢纽的船闸闸门安装。

（2）主要工作内容：

① 闸门门叶组合焊接安装和焊缝透视检查及处理。

② 底枢装置及顶枢装置安装。

③ 闸门行走支承装置组合安装。

④ 止水装置安装。

⑤ 闸门附件安装。

⑥ 闸门启闭试验。

4）闸门埋设件

（1）闸门埋设件定额适用于各种形式闸门的埋设件安装。

（2）主要工作内容：

① 基础埋设。

② 主轨、反轨、侧轨、底槛、门楣、弧门支座、胸墙、水封座板、护角、侧导板、锁锭及其他埋设件等安装。

（3）闸门埋设件定额按垂直安装拟定，如在倾斜位置≥10° 安装时，人工定额乘以 1.2 系数。

5）拦污栅

（1）拦污栅定额包括拦污栅栅体及栅槽的安装。

（2）主要工作内容：

① 栅体安装包括栅体、吊杆及附件安装。

② 栅槽安装包括栅槽校正及安装。

（3）大型水利枢纽的拦污栅，若底梁、顶梁、边柱采用闸门支承型式，其栅体安装可套用与自重相等的平板闸门安装定额，栅槽则套用闸门埋设件安装定额。

6）闸门压重物

（1）闸门压重物定额适用于铸铁、混凝土及其他种类的闸门压重物安装。

（2）工作内容包括闸门压重物及其附件安装。

（3）如压重物需装入闸门实腹梁格内时，安装定额乘以 1.2 系数。

（4）闸门压重物定额不包括闸门压重物本身的材料及制作。

7）小型金属结构构件

（1）小型金属结构构件定额适用于 1 t 及以下的小型金属结构构件的安装。

（2）主要工作内容，包括基础埋设、构件就位、找正、固定，安装和刷漆等。

（3）小型金属结构构件定额不包括小型金属结构构件本身的材料及制作。

3. 压力钢管制作及安装

（1）压力钢管制作及安装以压力钢管质量“t”为计量单位，按压力钢管直径和壁厚选用。计算压力钢管工程量时应包括钢管本体、加劲环和支承环的质量。

（2）一般钢管制作、安装定额已按直管、弯管、渐变管和伸缩节等综合考虑，使用时均不做调整。叉管制作、安装定额仅适用于叉管中叉管及方渐变管管节部分。叉管段中其他管节部分（如直管、弯管）仍应按一般钢管制作、安装定额计算。

（3）压力钢管制作及安装定额包括制作安装过程中所需临时支承及固定钢管临时拉筋的制作及安装。

（4）压力钢管制作及安装定额包括工地加工厂至安装现场的运输、装卸工作，使用时不做调整。

（5）压力钢管制作及安装定额未包括钢管本体、加劲环、支承环本身的钢材，也未包括钢管热处理和特殊涂装。

（6）压力钢管制作主要工作内容。

①钢管制作、透视检查及处理。

②钢管内外除锈、刷漆和涂浆。

③加劲环和拉筋制作。

④灌浆孔丝堵和补强板制作、开灌浆孔、焊补强板。

⑤支架制作。

（7）压力钢管安装主要工作内容。

①钢管安装、透视检查及处理。

②支架和拉筋安装。

③灌浆孔封堵。

④清扫、刷漆。

三、金属结构设备安装工程预算定额的应用

1. 起重设备安装

1）桥式起重机安装

（1）工作内容：

①设备各部件清点、检查。

②大车架及行走机构安装。

③小车架及运行机构安装。

④起重机构安装。

⑤操作室、梯子栏杆、行程限制器及其他附件安装。

⑥电气设备安装和调整。

⑦空载和负荷试验（不包括负荷器材本身）。

（2）桥式起重机安装以“台”为计量单位，按桥式起重机主钩起重能力选用子目。

（3）有关桥式起重机的跨度、整体或分段到货、单小车或双小车负荷试验方式等问题均

已包括在定额内，使用时一律不作调整。

（4）桥式起重机安装不包括轨道和滑触线安装、负荷试验物的制作和运输。

（5）转子起吊如使用平衡梁时，桥式起重机的安装按主钩起重能力加平衡梁质量之和选用子目，平衡梁的安装不再单列。

2）门式起重机安装

（1）工作内容：

① 设备各部件清点、检查。

② 门机机架安装。

③ 行走机构安装。

④ 起重卷扬机构安装。

⑤ 操作室和梯子栏杆安装。

⑥ 行程限制器及其他附件安装。

⑦ 电气设备安装和调整。

⑧ 空载和负荷试验（不包括负荷器材本身）。

（2）门式起重机安装以“台”为计量单位，按门式起重机自重选用子目。适用于水利工程永久设备的门式起重机安装。

（3）门式起重机安装不包括门式起重机行走轨道的安装、负荷试验物的制作和运输。

3）油压启闭机安装

（1）工作内容：

① 设备部件清点、检查。

② 埋设件及基础框架安装。

③ 设备本体安装。

④ 辅助设备及管路安装。

⑤ 油系统设备安装及油过滤。

⑥ 电气设备安装和调整。

⑦ 机械调整及耐压试验。

⑧ 与闸门连接及启闭试验。

（2）油压启闭机安装以“台”为计量单位，按油压启闭机自重选用子目。

（3）油压启闭机安装不包括系统油管的安装和设备用油。

4）卷扬式启闭机安装

（1）工作内容：

① 设备清点、检查。

② 基础埋设。

③ 本体及附件安装。

④ 电气设备安装和调整。

⑤ 与闸门连接及启闭试验。

（2）卷扬式启闭机安装以“台”为计量单位，按启闭机自重选用子目，适用于固定式或台车式、单节点和双节点卷扬式的闸门启闭机安装。

（3）卷扬式启闭机安装系按固定卷扬式启闭机拟定，如为台车式时安装定额乘以 1.2 系数，单节点和双节点不作调整。

（4）卷扬式启闭机安装不包括轨道安装。

（5）卷扬式启闭机安装亦适用于螺杆式启闭机安装。

5）电梯安装

（1）工作内容：

① 设备清点、检查。

② 基础埋设。

③ 本体及轨道附件等安装。

④ 升降机械及传动装置安装。

⑤ 电气设备安装和调整。

⑥ 整体调整和试运转。

（2）电梯安装以“台”为计量单位，按升降高度选用子目。适用于水利工程中电梯设备的安装。

（3）电梯安装系以载质量 5 t 及以内的自动客货两用电梯拟定，超过 5 t 的大型电梯，安装定额可以乘以 1.2 系数。

6）轨道安装

（1）工作内容：

① 基础埋设。

② 轨道校正安装。

③ 附件安装。

（2）轨道安装以“双 10 m”（即单根轨道两侧各 10 m）为计量单位，按轨道型号选用定额。

（3）轨道安装适用于水利工程起重设备、变压器设备等所用轨道的安装。

（4）轨道安装不包括大车阻进器安装。阻进器的安装可套用小型金属结构构件安装定额。

（5）安装弧形轨道时，人工、机械定额乘以 1.2 系数。

未计价材料，包括轨道及主要附件。

7）滑触线安装

（1）工作内容：

① 基础埋设。

② 支架及绝缘子安装。

③ 滑触线及附件校正安装。

④ 连接电缆及轨道接零。

⑤ 辅助母线安装。

（2）滑触线安装以“三相 10 m”为计量单位，按起重机质量选用子目。适用于水利工程各类移动式起重机设备滑触线的安装。

未计价材料，包括滑触线、辅助母线及主要附件。

2. 闸门安装

闸门安装定额以质量“t”为计量单位，包括本体及其附件等全部质量。闸门埋设件的基础螺栓、闸门止水装置的橡皮和木质水封及安装组合螺栓等均作为设备部件，不包括在《水利水电设备安装工程预算定额》内，闸门埋设件的临时设施已包括在定额内。闸门安装的起吊工作按各种起重机吊装综合拟定，使用时不做调整。

1）平板焊接闸门

（1）工作内容：

① 闸门拼装焊接、焊缝透视检查及处理（包括预拼装）。

② 闸门主行走支承装置（定轮、台车或压合木滑道）安装。

③ 止水装置安装。

④ 侧反支承行走轮安装。

⑤ 闸门在门槽内组合连接。

⑥ 闸门吊杆及其他附件安装。

⑦ 闸门锁锭安装。

⑧ 闸门吊装试验。

（2）平板焊接闸门不包括下列工作内容：

① 闸门充水装置安装。

② 闸门压重物安装。

③ 闸门埋设件安装。

④ 闸门起吊平衡梁安装（包括在闸门起重设备安装定额中）。

（3）适用范围：台车、定轮、压合木支承形式及其他支承形式的整体、分段焊接及分段拼接的平板闸门安装。

（4）带充水装置的平板闸门（包括充水装置的安装）安装定额乘以 1.05 系数。

（5）平板焊接闸门按定轮和台车式平板闸门拟定，如系滑动式闸门安装，安装定额乘以 0.93 系数（压合木式除外）。

2）弧形闸门

（1）工作内容：

① 闸门支座安装。

② 支臂组合安装。

③ 桁架组合安装。

④ 面板支承梁及面板安装焊接。

⑤ 止水装置安装。

⑥ 侧导轮及其他附件安装。

⑦ 闸门焊缝透视检验及处理。

⑧ 闸门吊装试验。

（2）适用范围：潜孔或露顶、桁架或实腹梁式等各种形式的弧形闸门安装。

（3）弧形闸门按桁架式弧形闸门拟定，如安装实腹梁式弧形闸门时，安装定额乘以 0.8 系数。

（4）拱形闸门安装定额乘以 1.26 系数。

（5）弧形闸门按潜孔和露顶式闸门综合拟定，使用时不做调整。

（6）在洞内安装弧形闸门时，安装人工和机械定额乘以 1.2 系数。

3）单、双扇船闸闸门

（1）工作内容：

① 闸门门叶组合焊接安装（包括上横梁、下横梁、门轴柱、接合柱等）及焊缝透视检查处理。

② 底枢装置及顶枢装置安装。

③ 闸门行走支承装置组合安装。

④ 止水装置安装。

⑤ 闸门附件安装。

⑥ 闸门启闭试验。

（2）适用范围：单、双扇船闸闸门安装。

4）拦污栅安装

（1）工作内容：

① 栅体安装，包括现场搬运、就位、吊入栅槽、吊杆及附件安装。

② 栅槽安装，包括现场搬运、就位、校正吊装和固定。

（2）大型电站的拦污栅，若底梁、顶梁、边柱采用闸门支承型式的，栅体应按自重套用相同支承型式的平板门门体安装定额，栅槽则套用闸门埋件安装定额。

5）闸门埋设件

（1）工作内容：

① 基础螺栓及锚钩埋设。

② 主轨、反轨、侧轨、底槛、门楣、弧门支座、胸墙、水封座板、护角、侧导板、锁锭及其他埋件等安装。

（2）闸门埋设件按垂直位置安装拟定，如在倾斜位置（≥10°）安装时，人工定额乘以 1.2 系数。

（3）闸门储藏室的埋件安装，安装定额乘以 0.8 系数。

6）闸门压重物

（1）工作内容：闸门压重物及其附件安装。

（2）适用范围：铸铁、混凝土块及其他种类的压重物安装。

（3）如压重物需装入闸门实腹梁格内时，安装定额乘以 1.2 系数。

7）容器安装

（1）容器安装适用于油桶、气桶等一切容器安装。

（2）工作内容，包括基础埋设、检查、清扫、就位、找正、固定、脚手、油漆、与管道联结等一切常规内容。

8）小型金属结构构件安装

（1）小型金属结构构件安装适用于 1 t 及以下的小型金属结构构件安装。

（2）工作内容，包括基础埋设、清洗检查、找正固定、打洞抹灰等一切常规内容。

3. 压力钢管制作及安装

（1）压力钢管制作及安装以质量“t”为计量单位，按钢管直径和壁厚选用子目。包括钢管本体和加劲环支承等全部构件质量。

（2）压力钢管制作及安装包括施工临时设施的摊销和安装过程中所需临时支承及固定钢管的拉筋制作和安装。

未计价材料，包括钢管本体、加劲环、支撑环等。

（3）钢管制作工作内容：

① 钢板场内搬运、划线、割切坡口、修边、卷板、修弧对圆、焊接、焊缝扣铲、透视检验处理、钢管场内搬运及堆放等。

② 钢管内外除锈、刷漆、涂浆。

③ 加劲环制作、对装、焊接及拉筋制作。

④ 灌浆孔丝堵和补强板制作及开灌浆孔、焊铺补强板等。

⑤ 钢管内临时钢支撑制作及安装（包括本身材料价值）。

⑥ 支架制作。

（4）钢管安装工作内容：

① 场地清理、测量、安装点线等准备和结尾工作。

② 钢管对接、环缝焊接、透视检查处理等。

③ 支架及拉筋安装。

④ 支撑及施工脚手架拆除运出。

⑤ 灌浆孔封堵。

⑥ 焊疤铲除。

⑦ 清扫刷漆。

（5）钢管运输。

① 钢管运输适用于钢管安装现场和工地运输。

② 工地运输指隧洞或坝体压力钢管道以外的工地运输，运距按钢管成品堆放场至隧洞或坝体钢管道口间的距离计算。本定额基本运距为 1 km，不足 1 km 按 1 km 计算，超过的以每增运 1 km 累计。

③ 现场运输指隧洞内或坝体内的管道运输，运距按钢管道的平均长度计算。定额基本运距为 200 m，不足 200 m 不减，超过 200 m 时以每增运 50 m 累计。

④ 倒运指钢管运输过程中，需要变更运输工具或运输方式而增加的装卸工作或转换机械的费用。

⑤ 钢管运输按洞内、洞外、钢管斜度、运输方式和运输工具等条件综合拟定，使用时不做调整。

（6）钢管运输定额以直管为计算依据，其他形状的钢管分别乘表 13-26 系数。

（7）安装斜度 < 15°时，直接使用定额；安装斜度 ≥15°时按不同斜度分别乘表 13-26 系数。

（8）闷头安装可套用压力钢管同直径同厚度直管安装定额。

表 13-26　定额系数

序号	项目	人工费	材料费	机械费
1	弯管制作安装	1.5	1.2	1.2
2	渐变管制作	1.5	1.2	1.5
3	渐变管及方管安装	1.2		
4	≥15°斜管安装	1.15		

续表

序号	项目	人工费	材料费	机械费
5	≥25°斜管安装	1.3		
6	垂直管安装	1.2		
7	凑合节安装	2.0	2.0	2.0
8	伸缩节安装	4.0	2.0	2.0
9	堵头（闷头）制作	3.0	3.0	3.0
10	方变圆或叉管制作	2.5	1.5	1.5
11	方变圆或叉管安装	3.0	2.0	2.0
12	方管制作	1.2	1.2	1.2

4. 设备工地运输

（1）设备工地运输适用于水利工程机电设备及金属结构设备自工地设备库（或堆放场）至安装现场的运输。

（2）运输系机械运输的综合定额，在使用时不论采取哪种运输设备均不做调整。

（3）工作内容，包括准备、设备绑扎、库内拖运、装车、固定、运输、卸车及空回等。

第三节 安全检测设备采购及安装工程计价

一、项目划分

安全监测设备采购及安装工程量清单的项目编码、项目名称、计量单位、工程量计算规则及主要工作内容，应按表 13-27 的规定执行。

表 13-27 安全检测设备采购及安装工程（编码 500203）

项目编码	项目名称	主要项目特征	计量单位	工程量计算规则	主要工作内容	一般适用范围
500203001×××	工程变形监测控制网设备采购及安装	型号、规格	套（台、支、个等）	按招标设计图示的数量计量	1.设备采购 2.检验、率定 3.安装、埋设	
500203002×××	变形监测设备采购及安装					
500203003×××	应力、应变及温度监测设备采购及安装					
500203004×××	渗流监测设备采购及安装					
500203005×××	环境量监测设备采购及安装					
500203006×××	水力学监测设备采购及安装					
500203007×××	结构振动监测设备采购及安装					
500203008×××	结构强振监测设备及采购					
500203009×××	其他专项监测设备采购及安装					

续表

项目编码	项目名称	主要项目特征	计量单位	工程量计算规则	主要工作内容	一般适用范围
5002030010×××	工程安全监测自动化采集系统设备采购及安装					
5002030011×××	工程安全监测信息管理系统设备采购及安装					
5002030012×××	特殊监测设备采购及安装					
5002030013×××	施工期观测、设备维护、资料管理分析		项	按招标文件规定的项目计量	1.设备维护 2.巡视检查 3.资料记录、整理 4.建模、建库 5.资料分析、安排评价	

（1）安全监测工程中的建筑分类工程项目执行水利建筑工程工程量清单项目及计算规则，安全监测设备采购及安装工程包括设备费和安装工程费，在分类分项工程量清单中的单价或合价可分别以设备费、安装费分列表示。

（2）安全监测设备采购及安装工程工程量清单项目的工程量计算规则。按招标设计文件列示安全监测项目的各种仪器设备的数量计量 施工过程中仪表设备损耗、备品备件等所发生的费用，应摊入有效工程量的工程单价中。

第十四章　工程量计算常用资料

第一节　混凝土、砂浆配合比及材料用量表

一、混凝土配合比有关说明

（1）除碾压混凝土材料配合参考表外，水泥混凝土强度等级均以 28 d 龄期用标准试验方法测得的具有 95%保证率的抗压强度标准值确定，若设计龄期超过 28 d，按表 14-1 系数换算。计算结果如介于两种强度等级之间，应选用高一级的强度等级。

表 14-1　强度等级折合系数

设计龄期/d	28	60	90	180
强度等级折合系数	1.00	0.83	0.77	0.71

（2）混凝土配合比表中混凝土骨料按卵石、粗砂拟定，如改用碎石或中、细砂，按表 14-2 系数换算。

表 14-2　混凝土配合比系数换算

项　　目	水泥	砂	石子	水
卵石换为碎石	1.10	1.10	1.06	1.10
粗砂换为中砂	1.07	0.98	0.98	1.07
粗砂换为细砂	1.10	0.96	0.97	1.10
粗砂换为特细砂	1.16	0.90	0.95	1.16

注：水泥按质量计，砂、石子、水按体积计。

（3）混凝土细骨料的划分标准为：

细度模数 3.19 ~ 3.85（或平均粒径 1.2 ~ 2.5 mm）为粗砂；

细度模数 2.5 ~ 3.19（或平均粒径 0.6 ~ 1.2 mm）为中砂；

细度模数 1.78 ~ 2.5（或平均粒径 0.3 ~ 0.6 mm）为细砂；

细度模数 0.9 ~ 1.78（或平均粒径 0.15 ~ 0.3 mm）为特细砂。

（4）埋块石混凝土，应按配合比表的材料用量，扣除埋块石实体的数量计算。

① 埋块石混凝土材料量=配合表列材料用量×（1−埋块石量%）

1 块石实体方=1.67 码方

② 因埋块石增加的人工见表 14-3。

表 14-3　埋块石增加的人工

埋块石率/%	5	10	15	20
每 100 m^3 埋块石混凝土增加人工工时	24.0	32.0	42.4	59.8

注：不包括块石运输及影响浇筑的工时。

（5）有抗渗抗冻要求时，按表 14-4 水灰比选用混凝土强度等级。

表 14-4　水灰比

抗渗等级	一般水灰比	抗冻等级	一般水灰比
W4	0.60～0.65	F50	＜0.58
W6	0.55～0.60	F100	＜0.55
W8	0.50～0.55	F150	＜0.52
W12	＜0.50	F200	＜0.50
		F300	＜0.45

（6）除碾压混凝土材料配合参考表外，混凝土配合表的预算量包括搅拌场内运输及操作损耗在内。不包括搅拌后（熟料）的运输和浇筑损耗。

（7）水泥用量按机械拌和拟定，若系人工拌和，水泥用量增加 5%。

（8）按照国际标准（ISO 3893）的规定，且为了与其他规范相协调，将原规范混凝土及砂浆标号的名称改为混凝土或砂浆强度等级。新强度等级与原标号对照见表 14-5 和表 14-6。

表 14-5　混凝土新强度等级与原标号对照

原用标号/（kgf/cm^2）	100	150	200	250	300	350	400
新强度等级 M	C9	C14	C19	C24	C29.5	C35	C40

表 14-6　砂浆新强度等级与原标号对照

原用标号/（kgf/cm^2）	30	50	75	100	125	150	200	250	300	350	400
新强度等级 M	M3	M5	M7.5	M10	M12.5	M15	M20	M25	M30	M35	M40

二、纯混凝土材料配合比及材料用量

纯混凝土材料配合比及材料用量见表 14-7。

表 14-7　纯混凝土材料配合比及材料用量　　单位：m^3

序号	混凝土强度等级	水泥强度等级	水灰比	级配	最大粒径	配合比			预算量					
						水泥	砂	石子	水泥	粗砂		卵石		水
		MPa			mm				kg	kg	m^3	kg	m^3	m^3
1	C10	32.5	0.75	1	20	1	3.69	5.05	237	877	0.58	1218	0.72	0.170
				2	40	1	3.92	5.05	208	819	0.55	1360	0.79	0.150
				3	80	1	3.78	6.45	172	653	0.44	1630	0.95	0.125
				4	150	1	3.64	9.33	152	555	0.37	1792	1.05	0.110

续表

序号	混凝土强度等级	水泥强度等级	水灰比	级配	最大粒径	配合比			预算量					
						水泥	砂	石子	水泥	粗砂		卵石		水
		MPa			mm				kg	kg	m^3	kg	m^3	m^3
2	C15	32.5	0.65	1	20	1	3.15	11.65	270	853	0.57	1 206	0.70	0.170
				2	40	1	3.2	4.41	242	777	0.52	1 367	0.81	0.150
				3	80	1	3.09	5.57	201	623	0.42	1 635	0.96	0.125
				4	150	1	2.92	8.03	179	527	0.36	1 799	1.06	0.110
3	C20	32.5	0.55	1	20	1	2.48	9.89	321	798	0.54	1 227	0.72	0.170
				2	40	1	2.53	3.78	289	733	0.49	1 382	0.81	0.150
				3	80	1	2.49	4.72	238	594	0.40	1 637	0.96	0.125
				4	150	1	2.38	6.80	208	498	0.34	1 803	1.06	0.110
		42.5	0.60	1	20	1	2.80	4.08	294	827	0.56	1 218	0.71	0.170
				2	40	1	2.89	5.20	261	757	0.51	1 376	0.81	0.150
				3	80	1	2.82	7.37	218	618	0.42	1 627	0.95	0.125
				4	150	1	2.73	9.29	191	522	0.35	1 791	1.05	0.110
4	C25	32.5	0.50	1	20	1	2.10	3.50	353	744	0.50	1 250	0.73	0.170
				2	40	1	2.25	4.43	310	699	0.47	1 389	0.81	0.150
				3	80	1	2.16	6.23	260	565	0.38	1 644	0.96	0.125
				4	150	1	2.04	7.78	230	471	0.32	1 812	1.06	0.110
4	C25	42.5	0.55	1	20	1	2.48	3.78	321	798	0.54	1 227	0.72	0.170
				2	40	1	2.53	4.72	289	733	0.49	1 382	0.81	0.150
				3	80	1	2.49	6.80	238	594	0.40	1 637	0.96	0.125
				4	150	1	2.38	8.55	208	498	0.34	1 803	1.06	0.110
5	C30	32.5	0.45	1	20	1	1.85	3.14	389	723	0.48	1 242	0.73	0.170
				2	40	1	1.97	3.98	343	678	0.45	1 387	0.81	0.150
				3	80	1	1.88	5.64	288	542	0.36	1 645	0.96	0.125
				4	150	1	1.77	7.09	253	448	0.30	1 817	1.06	0.110
		42.5	0.50	1	20	1	2.10	3.50	353	744	0.50	1 250	0.73	0.170
				2	40	1	2.25	4.43	310	699	0.47	1 389	0.81	0.150
				3	80	1	2.16	6.23	260	565	0.38	1 644	0.96	0.125
				4	150	1	2.04	7.78	230	471	0.32	1 812	1.06	0.110
6	C35	32.5	0.40	1	20	1	1.57	2.80	436	689	0.46	1 237	0.72	0.170
				2	40	1	1.77	3.44	384	685	0.46	1 343	0.79	0.150
				3	80	1	1.53	5.12	321	493	0.33	1 666	0.97	0.125
				4	150	1	1.49	6.35	282	422	0.28	1 816	1.06	0.110
		42.5	0.45	1	20	1	1.85	3.14	389	723	0.48	1 242	0.73	0.170

续表

序号	混凝土强度等级	水泥强度等级	水灰比	级配	最大粒径	配合比			预算量					
						水泥	砂	石子	水泥	粗砂		卵石		水
					mm				kg	kg	m^3	kg	m^3	m^3
6	C35	42.5	0.45	2	40	1	1.97	3.98	343	678	0.45	1387	0.81	0.150
				3	80	1	1.88	5.64	288	542	0.36	1645	0.96	0.124
				4	150	1	1.77	7.09	253	448	0.30	1817	1.06	0.110
7	C40	42.5	0.40	5	180	1	1.57	2.80	436	689	0.46	1237	0.72	0.170
				6	223	1	1.77	3.44	384	685	0.46	1343	0.79	0.150
				7	266	1	1.53	5.12	321	493	0.33	1666	0.97	0.125
				8	309	1	1.49	6.35	282	422	0.28	1816	1.06	0.110
8	C45	42.5	0.34	9	352	1	1.13	3.28	456	520	0.35	1518	0.89	0.125

三、掺外加剂混凝土材料配合比及材料用量

掺外加剂混凝土材料配合比及材料用量见表 14-8。

表 14-8 掺外加剂混凝土材料配合比及材料用量 单位：m^3

序号	混凝土强度等级	水泥强度等级	水灰比	级配	最大粒径	配合比			预算量						
						水泥	砂	石子	水泥	粗砂		卵石		外加剂	水
		MPa			mm				kg	kg	m^3	kg	m^3	kg	m^3
1	C10	32.5	0.75	1	20	1	4.14	5.69	213	887	0.59	1 230	0.72	0.43	0.170
				2	40	1	4.18	7.19	188	826	0.55	1 372	0.8	0.38	0.150
				3	80	1	4.17	10.31	157	658	0.44	1 642	0.96	0.32	0.125
				4	150	1	3.84	12.78	139	560	0.38	1 803	1.05	0.28	0.110
2	C15	32.5	0.65	1	20	1	3.44	4.81	250	865	0.58	1 221	0.71	0.50	0.170
				2	40	1	3.57	6.19	220	790	0.53	1 382	0.81	0.45	0.150
				3	80	1	3.46	8.98	181	630	0.42	1 649	0.96	0.37	0.125
				4	150	1	3.3	11.15	160	530	0.36	1 811	1.06	0.32	0.110
3	C20	32.5	0.55	1	20	1	2.78	4.24	290	810	0.54	1 245	0.73	0.58	0.170
				2	40	1	2.92	5.44	254	743	0.5	1 400	0.82	0.52	0.150
				3	80	1	2.8	7.7	212	596	0.40	1 654	0.97	0.43	0.125
				4	150	1	2.66	9.52	188	503	0.34	1 817	1.06	0.38	0.110
		42.5	0.60	1	20	1	3.16	4.61	264	839	0.56	1 235	0.72	0.53	0.170
				2	40	1	3.26	5.86	234	767	0.52	1 392	0.81	0.47	0.150
				3	80	1	3.19	8.29	195	624	0.42	1 641	0.96	0.39	0.125
				4	150	1	3.11	10.56	171	527	0.36	1 806	1.05	0.35	0.110

续表

序号	混凝土强度等级	水泥强度等级 MPa	水灰比	级配	最大粒径 mm	配合比			预算量						
						水泥	砂	石子	水泥	粗砂		卵石		外加剂	水
									kg	kg	m^3	kg	m^3	kg	m^3
4	C25	32.5	0.50	1	20	1	2.36	3.92	320	757	0.51	1 270	0.74	0.64	0.170
				2	40	1	2.5	4.93	282	709	0.48	1 410	0.82	0.56	0.150
				3	80	1	2.44	7.02	234	572	0.38	1 664	0.97	0.47	0.125
				4	150	1	2.27	8.74	207	479	0.32	1 831	1.07	0.42	0.110
4	C25	42.5	0.55	1	20	1	2.78	4.24	290	810	0.54	1 245	0.73	0.58	0.170
				2	40	1	2.92	5.44	254	743	0.5	1 400	0.82	0.52	0.150
				3	80	1	2.8	7.70	212	596	0.40	1 654	0.97	0.43	0.125
				4	150	1	2.66	9.52	188	503	0.34	1 817	1.06	0.38	0.110
5	C30	32.5	0.45	1	20	1	2.12	3.62	348	736	0.49	1 269	0.74	0.71	0.170
				2	40	1	2.23	4.53	307	689	0.46	1 411	0.83	0.62	0.150
				3	80	1	2.13	6.39	257	549	0.37	1 667	0.97	0.52	0.125
				4	150	1	2	8.04	225	453	0.30	1 837	1.07	0.46	0.110
		42.5	0.50	1	20	1	2.36	3.92	320	757	0.51	1 270	0.74	0.64	0.170
				2	40	1	2.5	4.93	282	709	0.48	1 410	0.82	0.56	0.150
				3	80	1	2.44	7.02	234	572	0.38	1 664	0.97	0.47	0.125
				4	150	1	2.27	8.74	207	479	0.32	1 831	1.07	0.42	0.110
6	C35	32.5	0.40	1	20	1	1.79	3.18	392	705	0.47	1 265	0.74	0.78	0.170
				2	40	1	2.01	3.9	346	698	0.47	1 368	0.8	0.69	0.150
				3	80	1	1.72	5.77	289	500	0.33	1 691	0.99	0.58	0.125
				4	150	1	1.68	7.17	254	427	0.28	1 839	1.08	0.51	0.110
		42.5	0.45	1	20	1	2.12	3.62	348	736	0.49	1 269	0.74	0.71	0.170
				2	40	1	2.23	4.53	307	689	0.46	1 411	0.83	0.62	0.150
				3	80	1	2.13	6.39	257	549	0.37	1 667	0.97	0.52	0.125
				4	150	1	2	8.04	225	453	0.30	1 837	1.07	0.46	0.110
7	C40	42.5	0.40	1	180	1	1.79	3.18	392	705	0.47	1 265	0.74	0.78	0.170
				2	223	1	2.01	3.9	346	698	0.47	1 368	0.8	0.69	0.150
				3	266	1	1.72	5.77	289	500	0.33	1 691	0.99	0.58	0.125
				4	309	1	1.68	7.17	254	427	0.28	1 839	1.08	0.51	0.110
8	C45	42.5	0.34	2	352	1	1.29	3.73	410	532	0.35	1 552	0.91	0.82	0.125

四、掺粉煤灰混凝土材料配合比及材料用量

掺粉煤灰混凝土材料配合比及材料用量见表 14-9 ~ 表 14-11。

表 14-9 掺粉煤灰混凝土材料配合表

（掺粉煤灰量 20%，取代系数 1.3） 单位：m^3

序号	混凝土强度等级	水泥强度	水灰比	级配	最大粒径	配合比				预算量							
						水泥	粉煤灰	砂	石子	水泥	粉煤灰	粗砂		卵石		外加剂	水
		MPa			mm					kg		kg	m^3	kg	m^3	kg	m^3
1	C10	32.5	0.75	3	80	1	0.325	4.65	11.47	139	45	650	0.44	1 621	0.95	0.28	0.125
				4	150	1	0.325	4.5	14.42	122	40	551	0.37	1 784	1.05	0.25	0.110
2	C15	32.5	0.65	3	80	1	0.325	3.86	10.03	160	53	620	0.42	1 627	0.96	0.33	0.125
				4	150	1	0.325	3.71	12.57	140	47	523	0.35	1 791	1.05	0.29	0.110
3	C20	32.5	0.55	3	80	1	0.325	3.10	8.44	190	63	589	0.40	1 623	0.96	0.38	0.125
				4	150	1	0.325	2.93	10.50	168	56	495	0.33	1 791	1.05	0.34	0.110
		42.5	0.60	3	80	1	0.325	3.54	9.21	173	58	616	0.42	1 618	0.95	0.35	0.125
				4	150	1	0.325	3.40	11.58	152	51	519	0.35	1 781	1.05	0.31	0.110

表 14-10 掺粉煤灰混凝土材料配合表

（掺粉煤灰量 25%，取代系数 1.3） 单位：m^3

序号	混凝土强度等级	水泥强度	水灰比	级配	最大粒径	配合比				预算量							
						水泥	粉煤灰	砂	石子	水泥	粉煤灰	粗砂		卵石		外加剂	水
		MPa			mm					kg		kg	m^3	kg	m^3	kg	m^3
1	C10	32.5	0.75	3	80	1	0.433	4.96	12.38	131	57	650	0.44	1 621	0.95	0.27	0.125
				4	150	1	0.433	4.79	15.51	115	50	551	0.36	1 784	1.04	0.24	0.110
2	C15	32.5	0.65	3	80	1	0.433	4.13	10.82	150	66	620	0.42	1 624	0.96	0.31	0.125
				4	150	1	0.433	3.98	13.54	132	58	525	0.34	1 788	1.05	0.27	0.110
3	C20	32.5	0.55	3	80	1	0.433	3.31	9.11	178	79	590	0.40	1 622	0.95	0.36	0.125
				4	150	1	0.433	3.18	11.45	156	69	495	0.32	1 787	1.05	0.32	0.110
		42.5	0.60	3	80	1	0.433	3.78	9.92	163	71	615	0.42	1 617	0.95	0.33	0.125
				4	150	1	0.433	3.62	12.44	143	63	517	0.35	1 780	1.05	0.29	0.110

表 14-11 掺粉煤灰混凝土材料配合表

（掺粉煤灰量 30%，取代系数 1.3） 单位：m^3

序号	混凝土强度等级	水泥强度	水灰比	级配	最大粒径	配合比				预算量							
						水泥	粉煤灰	砂	石子	水泥	粉煤灰	粗砂		卵石		外加剂	水
		MPa			m					kg		kg	m^3	kg	m^3	kg	m^3
1	C10	32.5	0.75	3	80	1	0.557	5.30	13.09	122	69	649	0.44	1 619	0.95	0.25	0.125
				4	150	1	0.557	5.10	16.32	108	61	551	0.37	1 781	1.05	0.22	0.110
2	C15	32.5	0.65	3	80	1	0.557	4.39	11.39	140	80	619	0.42	1 622	0.95	0.28	0.125
				4	150	1	0.557	4.20	14.20	124	70	522	0.35	1 786	1.05	0.25	0.110
3	C20	32.5	0.55	3	80	1	0.557	3.54	9.61	166	95	590	0.40	1 618	0.95	0.34	0.125
				4	150	1	0.557	3.34	11.93	148	83	495	0.33	1 786	1.05	0.3	0.110
		42.5	0.60	3	80	1	0.557	3.97	10.33	154	86	613	0.42	1 612	0.95	0.31	0.125
				4	150	1	0.557	3.84	13.11	134	76	518	0.35	1 778	1.04	0.27	0.110

五、碾压混凝土材料配合

碾压混凝土材料配合参考表见表 14-12。

表 14-12　碾压混凝土材料配合参考表　　单位：kg/m³

序号	龄期	混凝土强度等级	水泥强度等级	水胶比	砂率	水泥	粉煤灰	砂	石子	外加剂	水	备　注
	d		MPa		%							
1	90	C10	42.5	0.61	34	46	107	761	1 500	0.38	93	讲垭资料，人工砂石料
2	90	C15	42.5	0.58	33	64	96	738	1 520	0.4	93	讲垭资料，人工砂石料
3	90	C20	42.5	0.53	36	87	107	783	1 413	0.49	103	讲垭资料，人工砂石料
4	90	C10	32.5	0.60	35	63	87	765	1 453	0.387	90	汾河二库资料，人工砂石料
5	90	C20	32.5	0.55	36	83	84	801	1 423	0.511	92	汾河二库资料，人工砂石料
6	90	C20	32.5	0.50	36	132	56	777	1 383	0.812	94	汾河二库资料，人工砂石料
7	90	C10	32.5	0.56	33	60	101	726	1 473	0.369	90	汾河二库资料，天然砂、人工骨料
8	90	C20	32.5	0.50	36	104	86	769	1 396	0.636	95	汾河二库资料，天然砂、人工骨料
9	90	C20	32.5	0.45	35	127	84	743	1 381	0.779	95	汾河二库资料，天然砂、人工骨料
10	90	C15	42.5	0.55	30	72	58	649	1 554	0.871	71	白石水库资料，天然细骨料，人工粗骨料，砂用量中含石粉
11	90	C15	42.5	0.58	29	91	39	652	1 609	0.325	75	观音阁资料，天然砂石料
序号	龄期	混凝土强度等级	水泥强度等级	水胶比	砂率	水泥	磷矿渣及凝灰岩	砂	石子	外加剂	水	备　注
	d		（MPa）		%							
1	90	C15	42.5	0.50	35	67	101	798	1 521	1.344	84	大潮山资料，人工砂石料
2	90	C20	42.5	0.50	38	94	94	85	1 423	1.050 4	94	大潮山资料，人工砂石料

注：碾压混凝土材料配合参考表中材料用量不包括场内运输及拌制损耗在内，实际运用过程中损耗率可采用水泥 2.5%、砂 3%、石子 4%。

六、泵用混凝土材料配合

泵用混凝土材料配合表见表 14-13、表 14-14。

表 14-13　泵用纯混凝土材料配合表

单位：m^3

序号	混凝土强度等级	水泥强度等级	水灰比	级配	最大粒径	配合比			预算量					
						水泥	砂	石子	水泥	粗砂		卵石		水
		MPa			mm				kg	kg	m^3	kg	m^3	m^3
1	C15	32.5	0.63	1	20	1	2.97	3.11	320	951	0.64	970	0.66	0.192
				2	40	1	3.05	4.29	280	858	0.58	1 171	0.78	0.166
2	C20	32.5	0.51	1	20	1	2.3	2.45	394	910	0.61	979	0.67	0.193
				2	40	1	2.35	3.38	347	820	0.55	1 194	0.8	0.161
3	C25	32.5	0.44	1	20	1	1.88	2.04	461	872	0.58	955	0.66	0.195
				2	40	1	1.95	2.83	408	800	0.53	1 169	0.79	0.173

表 14-14　泵用掺外加剂混凝土材料配合表

单位：m^3

序号	混凝土强度等级	水泥强度等级	水灰比	级配	最大粒径	配合比			预算量						
						水泥	砂	石子	水泥	粗砂		卵石		外加剂	水
		MPa			mm				kg	kg	m^3	kg	m^3	kg	m^3
1	C15	32.5	0.63	1	20	1	3.28	3.35	290	957	0.65	987	0.67	0.58	0.192
				2	40	1	3.38	4.63	253	860	0.59	1 188	0.79	0.50	0.166
2	C20	32.5	0.51	1	20	1	2.61	2.77	355	930	0.62	999	0.68	0.71	0.193
				2	40	1	2.61	3.78	317	831	0.56	1 214	0.81	0.62	0.161
3	C25	32.5	0.44	1	20	1	2.15	2.32	415	895	0.6	980	0.68	0.83	0.195
				2	40	1	2.22	3.21	366	816	0.54	1 191	0.81	0.73	0.173

七、水泥砂浆材料配合

水泥砂浆材料配合表见表 14-15。

表 14-15　水泥砂浆材料配合表

（1）砌筑砂浆

单位：m^3

砂浆类别	砂浆强度等级	水泥/kg	砂/m^3	水/m^3
		32.5		
水泥砂浆	M5	211	1.13	0.127
	M7.5	261	1.11	0.157
	M10	305	1.10	0.183
	M12.5	352	1.08	0.211
	M15	405	1.07	0.243
	M20	457	1.06	0.274
	M25	522	1.05	0.313
	M30	606	0.99	0.364
	M40	740	0.97	0.444

（2）接缝砂浆　　单位：m^3

序号	体积配合比		矿渣大坝水泥		纯大坝水泥		砂/m^3	水/m^3
	水泥	砂	强度等级	数量/kg	强度等级	数量/kg		
1	1	3.1	32.5	406			1.08	0.270
2	1	2.6	32.5	469			1.05	0.270
3	1	2.1	32.5	554			1.00	0.270
4	1	1.9	32.5	633			0.94	0.270
5	1	1.8			42.5	625	0.98	0.266
6	1	1.5			42.5	730	0.93	0.266
7	1	1.3			42.5	789	0.90	0.266

八、水泥强度等级换算

水泥强度等级换算系数参考值见表 14-16。

表 14-16　水泥强度等级换算系数参考值

代换强度等级	原强度等级		
	32.5	42.5	42.5
32.5	1.00	0.86	0.76
42.5	1.16	1.00	0.88
52.5	1.31	1.13	1.00

九、沥青混凝土材料配合表（表 14-17 ~ 表 14-19）

表 14-17　面板沥青混凝土　　单位：kg/m^3

材料	石子/mm			砂	矿粉	沥青	合计
	5 ~ 25	5 ~ 20	5 ~ 15				
平胶结层		1 661		360	164	115	2 300
防渗层			378	1 427	357	188	2 350
排水层	1 536			384		80	2 000
封闭层					1 050	450	1 500

注：表中骨料为人工砂石料。

表 14-18 心墙沥青混凝土　　单位：m^3

混凝土配合比/%						最大骨料粒径/mm	混凝土容重/（t/m^3）
矿物混合料				油料			
石子	砂	石屑	矿粉	沥青	渣油		
41.2	43.2		7.8	7.8		25	2.40
41.3	32.1		18.3	8.3		25	
21.0	59.6		10.9	8.5		15	2.36
48.0	30.0		12.0	7.0	3.0	25	2.20
48.0	32.0		10.0	7.0	3.0		
43.0	30.0		12.0	15.0		20	
29.0	29.0	2（石棉）	25.0	5.0	10.0	10	2.35

注：面板及心墙沥青混凝土材料配合表中材料用量不包括场内运输及拌制损耗在内，实际运用过程中损耗率可采用：沥青（渣油）2%、砂（石屑、矿粉）3%、石子 4%。

表 14-19 沥青混凝土涂层　　单位：100 m^2

项目	单位	稀释沥青	乳化沥青		热沥青涂层	封闭层沥青胶	岸边接头	
			开级配	密级配			热沥青胶	再生胶粉沥青胶
汽（柴）油	kg	70						
60#沥青	kg	30	12.5	5	46	45	100	447
水	kg		37.5	15				
烧碱	kg		0.15	0.06				
洗衣粉	kg		0.20	0.08				
水玻璃	kg		0.15	0.06				
10#沥青	kg				108	105		
滑石粉	kg					105		40
矿粉	kg						200	
再生橡胶粉	kg							282
石棉粉	kg							40
玻璃丝网	m^2							100

第二节 混凝土温控费用计算参考资料

（1）大体积混凝土浇筑后水泥产生水化热，温度迅速上升，且幅度较大，自然散热极其缓慢。为了防止混凝土出现裂缝，混凝土坝体内的最高温度必须严格加以控制，方法之一是限制混凝土搅拌机的出机口温度。在气温较高季节，混凝土在自然条件下的出机口温度往往超过施工技术规范规定的限度，此时，就必须采取人工降温措施，例如采用冷水喷淋预冷骨料或一次、二次风冷骨料，加片冰和（或）加冷水拌制混凝土等方法来降低混凝土的出机口温度。

控制混凝土最高温升的方法之二是，在坝体混凝土内预埋冷却水管，进行一、二期通水冷却。一期（混凝土浇筑后不久）通低温水以削减混凝土浇筑初期产生的水泥水化热温升。二期通水冷却，主要是为了满足水工建筑物接缝灌浆的要求。

以上这些温控措施，应根据不同工程的特点、不同地区的气温条件、不同结构物不同部位的温控要求等综合因素确定。

（2）根据不同标号混凝土的材料配合比和相关材料的温度，可计算出混凝土的出机口温度，如表 14-20。出机口混凝土温度一般由施工组织设计确定。若混凝土的出机口温度已确定，则可按表 14-20 公式计算确定应预冷的材料温度，进而确定各项温控措施。

（3）综合各项温控措施的分项单价，可按表 14-21 计算出每 1 m³ 混凝土的温控综合价（直接费）。

（4）各分项温控措施的单价计算列于表 14-22 ~ 表 14-26，坝体通水冷却单价计算列于表 14-27。

表 14-20　混凝土出机口温度计算表

序号	材料	重量 G /（kg/m³）	比热 C /[kJ/（kg·℃）]	温度 t /℃	$C \cdot C=P$ /[kJ/（m³·℃）]	$C \cdot C \cdot t=Q$ /（kJ/m³）
1	水泥及粉煤灰		0.796	$t_1=T+15$		
2	砂		0.963	$t_2=T-2$		
3	石子		0.963	t_3		
4	砂的含水		4.2	$t_4=t_2$		
5	石子含水		4.2	$t_5=t_3$		
6	拌和水		4.2			
7	片冰		2.1			$Q_7=-335G_7$
			潜热 335			
8	机械热					Q_8
合　计		出机口温度 $t_c=\sum Q/\sum p$			$\sum P$	$\sum Q$

注：① 表中“T”为月平均气温，℃，石子的自然温度可取与“T”同值。

② 砂子含水率可取 5%。

③ 风冷骨料脱水后的石子含水率可取 0。

④ 淋水预冷骨料脱水后的石子含水率可取 0.75%。

⑤ 混凝土拌和机械热取值：常温混凝土，Q_8=2 094 kJ/m³；14 ℃混凝土，Q_8=4 187 kJ/m³；7 ℃混凝土，Q_8=6 281 kJ/m³。

⑥ 若给定了出机口温度、加冷水和加片冰量，则可按下式确定石子的冷却温度：

$$t_3=t_c\sum p-Q_1-Q_2-Q_4-Q_5-Q_6-Q_8+335G_7/0.963G_3$$

表 14-21　混凝土预冷综合单价计算表

单位：m^3

序号	项目	单位	数量 G	材料温度/℃			分项措施单价 m	复价/元 $G\cdot\Delta t\cdot M$
				初温 t_o	终温 t_i	降幅 $\Delta t=t_o-t_i$		
1	制冷水	kg					元/（kg·℃）	
2	制片冰	kg					元/kg	
3	冷水喷淋骨料	kg					元/（kg·℃）	
4	一次风冷骨料	kg					元/（kg·℃）	
5	二次风冷骨料	kg					元/（kg·℃）	

注：① 冷水喷淋预冷骨料和一次风冷骨料，二者择其一，不得同时计费。
② 根据混凝土出机口温度计算，骨料最终升温大于 8 ℃时，一般可不必进行二次风冷，有时二次风冷是为了保温。
③ 一次风冷或水冷石子的初温可取月平均气温值。
④ 一次风冷或水冷之后，骨料转运到二次风冷料仓过程中，温度回升值可取 1.5～2 ℃。

表 14-22　制冷水单价

适用范围：冷水厂

工作内容：28℃河水，制 2℃冷水*，送出

单位：100 t 冷水

项目	单位	冷水产量/（t/h）					
		2.4	5.0	7.0	10.0	20.0	40.0
中级工	工时	61	30	24	15	8	4
初级工	工时	128	60	54	45	30	18
合计	工时	189	90	78	60	38	22
水	m^3	220	220	220	220	220	220
氟利昂	kg	0.50	0.50	0.50	0.50	0.50	0.50
冷冻机油	kg	0.70	0.70	0.70	0.70	0.70	0.70
其他材料费	%	2	2	2	2	2	2
螺杆式冷水机组　LSLGF100	台时	42					
螺杆式冷水机组　LSLGF200	台时		20				
螺杆式冷水机组　LSLGF300	台时			14			
螺杆式冷水机组　LSLGF500	台时				10		
螺杆式冷水机组　LSLGF1000	台时					5	
螺杆式冷水机组　LSLGF2000	台时						2.5
水泵　5.5 kW	台时	42	20				
水泵　11 kW	台时	84		14	10	5	5
水泵　15 kW	台时		40	36	30	10	
水泵　30 kW	台时					10	13
玻璃钢冷却塔　NBL-500	台时	4	4	4	4	4	4
其他机械费	%	5	5	5	5	5	6

*对不同出水温度机械台时乘系数 *K*

出水温度/℃	2	5	6	7	8	9	10	11	12
系数 *K*	1.0	0.78	0.71	0.65	0.60	0.55	0.51	0.47	0.44

表 14-23　制片冰单价

适用范围：混凝土系统制冰加冰

工作内容：用 2 ℃水制-8 ℃片冰储存，送出　　单位：100 t 片冰

项目	单位	片冰产量/（t/d）			
		12	25	50	100
中级工	工时	300	144	72	36
初级工	工时	900	720	504	324
合计	工时	1 200	864	576	360
2℃冰水	m^3	105	105	105	105
水	m^3	700	700	700	700
氨液	kg	18	18	18	18
冷冻机油	kg	7	7	7	7
其他材料费	%	5	5	5	5
片冰机 PBL15/d	台时	200			
片冰机 PBL30/d	台时		96	96	96
储冰库 30 t	台时		96	48	
储冰库 60 t	台时				24
螺杆式氨泵机组 ABLG55Z	台时			48	24
螺杆式氨泵机组 ABLG100Z	台时		96	96	96
螺杆式氨泵机组 ABLG30Z	台时	400	96		
水泵 7.5 kW	台时	400	96	48	
水泵 15 kW	台时		96		24
水泵 30 kW	台时			48	48
玻璃钢冷却塔 NBL-500	台时	20	20	20	20
输冰胶带机 B=500 L=50 m	台时	200	96	96	48
其他机械费	%	5	5	5	5

表 14-24　冷水喷淋预冷骨料单价

适用范围：2～4℃冷水喷淋，将骨料预冷至 8～16 ℃

工作内容：制冷水、喷淋、回收、排渣、骨料脱水　　单位：100 t 骨料降温 10℃

项目	单位	预冷骨料量/（t/h）	
		200	400
中级工	工时	3	2
初级工	工时	3	2
合计	工时	6	4
水	m^3	43	43
氟利昂	kg	0.20	0.20
冷冻机油	kg	0.20	0.20

续表

项目	单位	预冷骨料量/（t/h）	
		200	400
其他材料费	%	10	10
螺杆式冷水机组　LSLGF500	台时	0.36	
螺杆式冷水机组　LSLGF1000	台时	0.72	0.89
水泵　7.5 kW	台时	0.36	0.36
水泵　15 kW	台时	1.07	1.07
水泵　30 kW	台时	1.44	1.25
衬胶泵　17 kW	台时	0.72	0.72
玻璃钢冷却塔　NBL-500	台时	0.72	0.72
输冰胶带机　*B*=500　*L*=40 m	台时	0.72	0.89
输冰胶带机　*B*=500　*L*=170 m	台时	0.36	0.36
圆振动筛　2 400× 6 000	台时	0.36	0.36
其他机械费	%	5	5

表 14-25　一次风冷骨料单价

适用范围：在料仓内用冷风将骨料预冷至 8 ~ 16 ℃

工作内容：制冷水、鼓风、回风、骨料冷却　　　　单位：100 t 骨料降温 10 ℃

项目	单位	预冷骨料量/（t/h）	
		200	400
中级工	工时	4	2
初级工	工时	2	2
合计	工时	6	4
水	m^3	21	21
氟利昂	kg	0.84	0.84
冷冻机油	kg	0.20	0.20
其他材料费	%	10	10
氨螺杆压缩机　LG20A250G	台时	1.11	1.11
卧式冷凝器　WNA-300	台时	1.11	1.11
氨储液器　ZA-4.5	台时	1.11	1.11
空气冷却器　GKL-1250	台时	1.11	1.11
离心式风机　55 kW	台时	1.11	
离心式风机　75 kW	台时		0.56
水泵　75 kW	台时	0.56	0.56
玻璃钢冷却塔　NBL-500	台时	0.56	0.56
其他机械费	%	17	17

表 14-26　二次风冷骨料单价

适用范围：在料仓内用冷风将骨料预冷至 0～2 ℃

工作内容：制冷水、鼓风、回风、骨料冷却　　　　单位：100 t 骨料降温 10 ℃

项目	单位	预冷骨料量/（t/h）	
		200	400
中级工	工时	2.0	1
初级工	工时	2.5	2
合计	工时	4.5	3
水	m^3	38	1
氟利昂	kg	1.50	1.50
冷冻机油	kg	0.40	0.40
其他材料费	%	10	10
螺杆式氨泵机组　ABLG100Z	台时	4	
氨螺杆压缩机　LG20A200Z	台时		2
卧式冷凝器　WNA-300	台时		2
氨贮液器　ZA-4.5	台时	1	2
空气冷却器　GKL-1000	台时	2	2
离心式风机　55 kW	台时	2	
离心式风机　75 kW	台时		1
水泵　55 kW	台时	1	
水泵　75 kW	台时		1
玻璃钢冷却塔　NBL-500	台时	1	1
其他机械费	%	5	17

表 14-27　坝体通水冷却单价

适用范围：需要通水冷却的坝体混凝土

工作内容：冷却水管埋设、通水、观测、混凝土表面保护　　　　单位：100 m^3 混凝土

项目	单位	片冰产量/（t/d）			
		1× 1.5	1.5× 1.5	2× 1.5	3× 3
中级工	工时				
初级工	工时	60	40	30	10
合计	工时	60	40	30	10
钢管（冷却水管）	kg	240	160	120	40
低温水（一期冷却）温升 5℃	m^3	120	80	60	20
水（二期冷却）	m^3	700	466	350	120
表面保护材料	m^2	50	50	50	30
其他材料费	%	5	5	5	5
电焊机交流 20 kV · A	台时	3	2	1.5	0.5
水泵	台时				
其他机械费	%	20	20	20	20

注：一期冷却和二期冷却是否用制冷水，水量及水温由温控设计确定。若用循环水，则应增加水泵台时量。

第三节 设备安装常用参考资料

表 14-28 常用厂变压器容量与质量对照表

序号	型号	电压/kV	容量/（kV·A）																							
			30	50	63	80	100	125	160	180	200	250	315	400	500	630	800	1 000	1 250	1 600	2 000	2 500	3 150	4 000	5 000	6 300
			质量（kg 及以内）																							
1	S9	6.1/0.4	340	455	505	550	590	790	930		958	1 245	1 390	1 645	1 890	2 825	3 215	3 945	4 650	5 205						
2	SC8	10/0.4									1 100	1 250	1 330	1 800	2 100	2 600	2 800	3 100	3 500	4 600	5 000	5 915				
3	SCL2	10/0.4					710		910		920	1 160	1 360	1 550	1 900	2 080	2 300	2 730	3 390	4 220	5 140	6 300				
4	SCL2	10/6.3																					7 500	8 700	10 000	
5	SCL2	35/0.4																3 500								
6	SCL2	35/6.3																				7 000				
7	SL7			500					1 000					2 000		3 000			5 000			7 000		9 000		13 000
8	S7				500						1 000				2 000		3 000			5 000		7 000		9 000		13 000
9	SZ7								1 000					2 000		3 000			5 000							
10	SG			500						1 000				2 000		3 000										
11	BS7													2 000		3 000			5 000							

注：S9、SL7、S7 为三相油浸自冷式；SZ7 为三相有载调压；SC8、SCL2、SG 为三相干式；BS7 为三相全封闭式。

表 14-29 常用厂用变压器容量与油重对照表 单位：kg

序号	变压器重量/（kg/台）	340	455	500	505	550	590	790	930	958	1 000	1 245	1 390	1 645	1 890	2 000	2 825	3 000	3 215	3 945	4 650	5 000	5 205	7 000	9 000	13 000
1	油重	90	100		115	130	140	175	195	209		255	265	320	360		605		680	870	980		1 115			
2	油重			120							240					400		700				1 100		1 400	2 000	2 640

注：表中序号“1”系指附录三内的“1”；“2”系指附录三内的“7～11”。

1. 聚氯乙烯绝缘电力电缆（见表 14-30）

表 14-30-1 型号、名称、敷设场合

型号		名 称	敷设场合
铝芯	铜芯		
VLV	VV	聚氯乙烯绝缘聚氯乙烯护套电力电缆	可敷设在室内、隧道、电缆沟、管道、易燃及严重腐蚀地方，不能承受机械外力作用
VLY	VY	聚氯乙烯绝缘聚乙烯护套电力电缆	可敷设在室内、管道、电缆沟及严重腐蚀地方，不能承受机械外力作用
VLV22	VV22	聚氯乙烯绝缘钢带铠装聚氯乙烯护套电力电缆	可敷设在室内、隧道、电缆沟、地下、易燃及严重腐蚀地方，不能承受拉力作用
VLV23	VV23	聚氯乙烯绝缘钢带铠装聚乙烯护套电力电缆	可敷设在室内、电缆沟、地下及严重腐蚀地方，不能承受拉力作用

续表

型号		名称	敷设场合
铝芯	铜芯		
VLV32	VV32	聚氯乙烯绝缘细钢丝铠装聚氯乙烯护套电力电缆	可敷设在地下、竖井、水中、易燃及严重腐蚀地方，不能承受大拉力作用
VLV33	VV33	聚氯乙烯绝缘细钢丝铠装聚乙烯护套电力电缆	可敷设在地下、竖井、水中及严重腐蚀地方，不能承受大拉力作用
VLV42	VV42	聚氯乙烯绝缘粗钢丝铠装聚氯乙烯护套电力电缆	可敷设在地下、竖井、易燃及严重腐蚀地方，能承受大拉力作用
VLV43	VV43	聚氯乙烯绝缘粗钢丝铠装聚乙烯护套电力电缆	可敷设在地下、竖井及严重腐蚀地方，能承受大拉力作用

表 14-30-2　0.6/1.0 kV 单芯 PVC 绝缘及护套电力电缆外径及质量

芯数×截面/mm^2	导电线芯外径/mm	非铠装电缆			钢带铠装电缆		
		电缆近似外径/mm	电缆近似质量/（kg/km）		电缆近似外径/mm	电缆近似质量/（kg/km）	
			VV	VLV		VV22	VLV22
1×1.5	1.38	6	50				
1×2.5	1.76	6.4	62	47			
1×4	2.23	7.2	87	63			
1×6	2.73	7.7	110	76			
1×10	3.54	8.5	154	92	12.9	334	270
1×16	4.45	9.5	215	118	13.9	411	314
1×25	5.9	11.3	324	169	15.7	552	398
1×35	7	12.4	425	209	16.8	674	457
1×50	8.2	14	585	276	18.4	863	553
1×70	9.8	15.6	784	350	21	1 133	700
1×95	11.5	17.7	1 043	455	23.1	1 435	847
1×120	13	20.2	1 328	586	24.6	1 708	965
1×150	14.6	22.2	1 640	712	26.6	2 056	1 127
1×185	16.1	24.1	1 998	853	28.5	2 447	1 302
1×240	18.3	26.7	2 552	1 066	31.2	3 049	1 564
1×300	20.5	29.3	3 145	1 298	34.5	3 931	2 074
1×400	23.8	33	4 127	1 651	39.2	5 091	2 651
1×500	26.6	37.2	5 183	2 088	42.4	6 157	3 062
1×630	29.9	40.5	6 415	2 516	45.7	7 474	3 575
1×800	33.9	44.5	8 019	3 067	49.7	9 181	4 229

表 14-30-3 0.6/1 kV 2 芯 PVC 绝缘及护套电力电缆外径及质量

芯数×截面/mm²	导电线芯外径/mm	非铠装电缆			钢带铠装电缆		
		电缆近似外径/mm	电缆近似重量（kg/km）		电缆近似外径/mm	电缆近似质量/（kg/km）	
			VV	VLV		VV22	VLV22
2×1.5	1.38	7.2×10.2	97				
2×2	1.76	7.6×10.9	122	92			
2×4	2.23	8.4×12.7	172	124	15.9	412	364
2×6	2.73	8.9×13.7	218	151	16.9	480	417
2×10	3.54	15.3	360	231	18.5	608	477
2×16	4.45	17.2	500	297	21.4	822	617
2×25	5.6	18	694	384	22.1	1 008	697
2×35	6.8	19.6	903	468	22.8	1 250	816
2×50	7.9	22.2	1236	615	25.4	1 641	1 020
2×70	9.4	24.4	1638	768	28.4	2 288	1 419

表 14-30-4 0.6/1 kV 3 芯 PVC 绝缘及护套电力电缆外径及质量

芯数×截面 mm²	导电线芯外径/mm	非铠装电缆			钢带铠装电缆		
		电缆近似外径/mm	电缆近似质量/（kg/km）		电缆近似外径/mm	电缆近似质量/（kg/km）	
			VV	VLV		VV22	VLV22
3×1.5	1.38	10.6	144				
3×2.5	1.76	11.5	182	136			
3×4	2.23	13.3	260	187	16.5	476	404
3×6	2.73	14.4	332	230	17.6	566	468
3×10	3.54	16.2	472	282	20.4	776	584
3×16	4.45	18.1	665	368	22.3	1 004	707
3×25	5.6	20.5	986	521	23.7	1 308	842
3×35	6.8	22.5	1 294	642	25.7	1 647	995
3×50	7.9	25.9	1 789	858	29.9	2 316	1 472
3×70	9.4	28.3	2 382	1 078	33.3	3 106	1 819
3×95	10.7	33.4	3 243	1 473	37.4	4 019	2 250
3×120	12	36.2	3 982	1 747	40.2	4 825	2 590
3×150	13.4	39.9	4 921	2 127	44.9	5 946	3 152
3×240	15.3	44.2	6 053	2 608	48.8	7 135	3 689
3×300	17.1	50.4	7 838	3 367	54	8 941	4 471
3×400	19.8	54.9	9 646	4 058	59.5	10 979	5 391

表 14-30-5　0.6/1 kV 3 芯 PVC 绝缘及护套钢丝铠装电力电缆外径及质量

芯数×截面/mm²	导电线芯外径/mm	非铠装电缆			钢带铠装电缆		
		电缆近似外径/mm	电缆近似质量/(kg/km)		电缆近似外径/mm	电缆近似质量/(kg/km)	
			VV32	VLV32		VV22	VLV22
3×25	4.7	26.1	1 856	1 309	30.3	2 839	2373
3×35	5.6	28.3	2 259	1 987	32.5	3 323	2676
3×50	6.8	31.9	3 960	3 003	36.1	4 605	3048
3×70	7.9	35.8	4 787	3 517	39	5 509	4239
3×95	9.4	39.2	5 849	4 122	42.4	6 735	5008
3×120	10.7	43.6	5 986	4 805	46.8	7 868	5706
3×150	12	49.2	8 235	5 513	51.2	9 160	6467
3×185	13.4	53.7	9 689	6 311	55.6	10 712	7334
3×240	15.3	59.7	11 911	7 561	61.4	13 053	8704
3×300	17.1	64.4	15 533	10 143	66.3	18 227	12837

表 14-30-6　0.6/1 kV 3+1 芯 PVC 绝缘及护套电力电缆外径及质量

芯数×截面（中线芯+中相芯）/mm²	非铠装电缆			钢带铠装电缆		
	电缆近似外径/mm	电缆近似质量/(kg/km)		电缆近似外径/mm	电缆近似质量/(kg/km)	
		VV	VLV		VV22	VLV22
3×4+1×1.5	14	287	199	17.2	514	427
3×6+1×4	15.1	375	249	18.3	620	489
3×10+1×6	17	532	306	21.2	851	623
3×16+1×10	19.1	722	391	23.2	1 079	746
3×25+1×16	22.5	1 178	614	25.7	1 531	967
3×35+1×16	24.8	1 495	745	28	1 885	1 135
3×50+1×25	28.9	2 092	1 005	32.9	2 776	1 690
3×70+1×35	31.5	2 784	1 262	36.5	3 608	2 087
3×95+1×50	37.6	3 820	1 740	41.6	4 696	2 616
3×120+1×70	40.2	4 741	2 071	44.2	5 677	3 007
3×150+1×70	44.3	6 706	2 477	48.3	6 740	3 512
3×185+1×95	49.1	7 097	3 061	53.7	8 301	4 265

表 14-30-7　0.6/1 kV 3+1 芯 PVC 绝缘及护套钢丝铠装电力电缆外径及质量

芯数×截面/mm²	细钢丝铠装电缆			粗钢丝铠装电缆		
	电缆近似外径/mm	电缆近似质量/（kg/km）		电缆近似外径/mm	电缆近似质量/（kg/km）	
		VV32	VLV32		VV42	VLV42
3×25+1×16	28.3	2 020	1 456	32.5	3 188	2 625
3×35+1×16	30.8	2 430	1 679	35	3 699	2 949
3×50+1×25	37	3 050	1 964	40.2	4 648	3 562
3×70+1×35	38.3	4 220	2 700	41.5	5 641	4 119
3×95+1×50	44.8	5 460	3 382	48	7 069	4 989
3×120+1×70	49.3	6 990	4 322	51.2	8 328	5 659
3×150+1×70	53.8	8 180	4 953	55.7	9 657	6 428
3×185+1×95	59	9 910	5 877	60.9	11 427	7 391

表 14-30-8　0.6/1 kV 4 芯 PVC 绝缘及护套电力电缆外径及质量

芯数×截面/mm²	导电线芯外径或扇形高度/mm	非铠装电缆			钢带铠装电缆		
		电缆近似外径/mm	电缆近似质量/（kg/km）		电缆近似外径/mm	电缆近似质量/（kg/km）	
			VV	VLV		VV22	VLV22
4×4	2.32	14.4	321	224	17.6	555	459
4×6	2.73	15.7	415	279	18.9	668	536
4×10	3.54	17.6	598	344	21.8	928	672
4×16	4.45	20.8	893	497	24	1 219	823
4×25	5.3	23.8	1 287	666	27	1 661	1 040
4×35	6.3	26.2	1 695	826	29.5	2 108	1 238
4×50	7.5	30.1	2 348	1 106	34.1	3 061	1 820
4×70	8.9	34.5	3 213	1 475	38.5	4 016	2 277
4×95	10.6	39.6	4 273	1 914	43.6	5 196	2 873
4×120	11.8	42.5	5 248	2 268	52.1	6 210	3 259
4×150	13.3	47.5	6 544	2 819	56.7	7 708	3 983
4×185	14.8	53.1	8 105	3 511	62.1	9 271	4 676

表 14-30-9　0.6/1 kV 4 芯 PVC 绝缘及护套钢丝铠装电力电缆外径及质量

芯数×截面/mm²	导电线芯外径或扇形高度/mm	细钢丝铠装电缆			粗钢丝铠装电缆		
		电缆近似外径/mm	电缆近似质量/（kg/km）		电缆近似外径/mm	电缆近似质量/（kg/km）	
			VV32	VLV32		VV42	VLV42
4×25	5.3	29.4	2 270	1 327	34	3 145	2 759
4×35	6.3	32.1	3 261	2 563	36.5	4 070	3 372
4×50	7.5	37.5	4 225	3 173	40.9	5 054	3 399
4×70	8.9	41.1	5 162	3 736	44.5	6 072	4 646
4×95	10.6	46.4	6 700	4 756	50	7 744	5 800
4×120	11.8	51.4	7 561	5 164	43.5	8 695	6 248
4×150	13.3	56.6	8 952	5 913	58.9	10 296	7 252
4×185	14.8	61.8	10 505	6 810	64.3	11 820	8 136

表 14-30-10　3.6/6 kV 单芯 PVC 绝缘及护套电力电缆外径及质量

芯数×截面/mm²	导电线芯外径/mm	非铠装电缆			钢带铠装电缆		
		电缆近似外径/mm	电缆近似质量/（kg/km）		电缆近似外径/mm	电缆近似质量/（kg/km）	
			VV	VLV		VV22	VLV22
1×10	3.54	14.2	331	267	19	627	562
1×16	4.45	16.2	441	342	19.9	721	621
1×25	5.9	17.6	558	403	21.4	862	706
1×35	7	18.7	678	461	22.5	1001	783
1×50	8.2	19.9	846	536	23.7	1 189	879
1×70	9.8	21.5	1 070	636	25.3	1 440	1 005
1×95	11.5	23.2	1 342	752	27	1 740	1 150
1×120	13	24.7	1 607	862	29.3	2 233	1 488
1×150	14.6	26.3	1 921	989	30.9	2 586	1 654
1×185	16.1	27.8	2 265	1 127	33.4	3 048	1 900
1×240	18.3	30	2 829	1 339	35.6	3 660	2 170
1×300	20.5	33.2	3 490	1 627	37.8	4 310	2 448
1×400	23.8	36.5	4 481	1 998	41.1	5 384	2 900
1×500	26.6	39.3	5 458	2 354	43.9	6 430	3 325

表 14-30-11　3.6/6 kV 3 芯 PVC 绝缘及护套电力电缆外径及质量

芯数×截面/mm²	导电线芯外径或扇形高度/mm	非铠装电缆			钢带铠装电缆		
		电缆近似外径/mm	电缆近似质量/（kg/km）		电缆近似外径/mm	电缆近似质量/（kg/km）	
			VV	VLV		VV22	VLV22
3×10	3.54	27.2	1 000	809	31.8	1684	1 490
3×16	4.45	29.2	1 244	944	34.8	2049	1 748
3×25	4.7	29.7	1 569	1 103	35.3	2306	1 840
3×35	5.6	32.7	1 987	1 335	37.3	2707	2 055
3×50	6.8	35.3	2 498	1 567	39.9	3282	2 351
3×70	7.9	37.7	3 149	1 845	42.3	3990	2 687
3×95	9.4	40.9	3 952	2 183	46.5	4971	3 202
3×120	10.7	44.7	4 832	2 597	49.3	5832	3 597
3×150	12	47.5	5 762	2 968	52.4	6831	4 037
3×185	13.4	50.5	6 834	3 388	56.1	8096	4 650
3×240	15.3	55.6	8 611	4 141	60.2	9864	5 394
3×300	17.1	59.5	10 381	4 793	64.1	11729	6 142

表 14-30-12 3.6/6 kV 3 芯 PVC 绝缘及护套钢丝铠装电力电缆外径及质量

芯数×截面/mm²	导电线芯外径或扇形高度/mm	细钢丝铠装电缆			粗钢丝铠装电缆		
		电缆近似外径/mm	电缆近似质量/(kg/km)		电缆近似外径/mm	电缆近似质量/(kg/km)	
			VV32	VLV32		VV42	VLV42
3×16	4.45	36.6	2 647	2 345	40.6	3 983	3 679
3×25	4.7	37.1	2 913	2 448	41.1	4 270	3 805
3×35	5.6	39.1	3 351	2 699	43.1	4 788	4 131
3×50	6.8	42.9	4 369	3 438	46.9	5 638	4 706
3×70	7.9	46.5	5 272	3 969	49.5	6 522	5 218
3×95	9.4	49.7	6 257	4 487	52.7	7 600	5 830
3×120	10.7	52.7	7 230	4 995	56.7	8 780	6 545
3×150	12	56.7	8 465	5 671	59.7	9 988	7 194
3×185	13.4	59.9	9 742	6 296	62.9	11 358	7 912
3×240	15.3	65.5	12 414	7 944	68.2	13 556	9 086
3×300	17.1	70.6	14 639	9 051	72.3	15 706	10 119

2. 交联聚乙烯绝缘电力电缆（见表 14–31、表 14–32）

表 14-31-1 型号、名称、敷设场合

型号		名称	敷设场合
铝芯	铜芯		
YJLV YJLY	YJV YJY	交联聚乙烯绝缘聚氯乙烯护套电力电缆 交联聚乙烯绝缘聚乙烯护套电力电缆	架空、室内、隧道、电缆沟及地下
YJLV22 YJLV23	YJV22 YJV23	交联聚乙烯绝缘钢带铠装聚氯乙烯护套电力电缆 交联聚乙烯绝缘钢带铠装聚乙烯护套电力电缆	室内、隧道、电缆沟及地下
YJLV32 YJLV33	YJV32 YJV33	交联聚乙烯绝缘细钢丝铠装聚氯乙烯护套电力电缆 交联聚乙烯绝缘细钢丝铠装聚乙烯护套电力电缆	高落差、竖井及水下
YJLV42 YJLV43	YJV42 YJV43	交联聚乙烯绝缘粗钢丝铠装聚氯乙烯护套电力电缆 交联聚乙烯绝缘粗钢丝铠装聚乙烯护套电力电缆	需承受拉力的竖井及海底

表 14-31-2 3.6/6 kV 交联聚乙烯绝缘单芯电力电缆外径及质量

截面/mm²	单芯								
	外径/mm	质量/(kg/km)		外径/mm	质量/(kg/km)		外径/mm	质量/(kg/km)	
		YJV YJY	YJLV YJLY		YJV32 YJV33	YJLV32 YJLV33		YJV42 YJV43	YJLV42 YJLV43
25	18.6	576	421	24.8	1 397	1 242	29.6	2 617	2 462
35	19.7	695	479	25.9	1 574	1 357	30.9	2 837	2 621
50	21.2	850	550	27.2	1 785	1 475	32.2	3 118	2 809
70	22.6	1 081	648	28.6	2 045	1 613	33.8	3 440	3 007
95	24.4	1 350	762	30.4	2 624	2 036	35.4	3 878	3 290
120	25.8	1 640	897	31.8	2 984	2 241	37	4 290	3 547
150	27.4	1 847	1 019	33.4	3 447	2 518	38.4	4 876	3 947
185	28.9	2 302	1 152	35.7	3 910	2 765	40.1	5 370	4 224

续表

截面/mm²	单芯								
	外径/mm	质量/（kg/km）		外径/mm	质量/（kg/km）		外径/mm	质量/（kg/km）	
		YJV YJY	YJLV YJLY		YJV32 YJV33	YJLV32 YJLV33		YJV42 YJV43	YJLV42 YJLV43
240	31.5	2 886	1 400	38.3	4 960	3 474	42.7	6 144	4 658
300	34.2		1 626	41		3 832	45.4		5 103
400	37.8		2 001	44.6		4 364	49		5 692
500	41		2 357	49.2		4 892	52.4		6 329

表 14-31-3　3.6/6kV 交联聚乙烯绝缘三芯电力电缆外径及质量

截面/mm²	三芯											
	外径/mm	质量/（kg/km）		外径/mm	质量/（kg/km）		外径/mm）	质量/（kg/km）		外径/mm	质量/（kg/km）	
		YJV YJY	YJLV YJLY		YJV22 YJV23	YJLV22 YJLV23		YJV32 YJV33	YJLV32 YJLV33		YJV42 YJV43	YJLV42 YJLV43
25	38.8	1 895	1 430	43.4	2 945	2 480	45.6	4 246	3 781	49.8	5 559	5 094
35	41.4	2 293	1 640	46.2	3 390	2 739	49.4	4 770	4 119	52.6	6 158	5 507
50	44.4	2 812	1 881	49.2	4 065	3 135	52.4	6 194	5 263	55.6	7 042	6 111
70	47.6	3 508	2 205	52.6	4 816	3 513	55.8	7 092	5 790	59	7 961	6 659
95	51.2	4 402	2 635	56.2	5 897	4 129	60.9	8 263	6 495	62.8	9 282	7 514
120	54.5	5 319	3 087	59.9	6 844	4 611	64.4	6 422	7 190	66.3	10 448	8 215
150	57.7	6 309	3 518	63.3	7 973	5 182	67.8	10 667	7 876	69.7	11 777	8 985
185	61.1	7 319	3 877	66.7	9 281	5 838	71.2	12 113	8 671	73.1	14 668	11 226
240	66.7	9 218	4 753	72.5	11 229	6 763	77	14 361	9 895	78.9	17 079	12 614
300	72.5		5 577	78.5		8 524	83			84.9		13 946

表 14-31-4　6/6，6/10 kV 交联聚乙烯绝缘单芯电力电缆外径及质量

截面/mm²	单芯								
	外径/mm	质量/（kg/km）		外径/mm	质量/（kg/km）		外径/mm	质量/（kg/km）	
		YJV YJY	YJLV YJLY		YJV32 YJV33	YJLV32 YJLV33		YJV42 YJV43	YJLV42 YJLV43
25	20.4	590	435	26.6	1 437	1 283	31.6	2 678	2 523
35	21.7	710	493	27.7	1 604	1 387	32.7	2 900	2 683
50	23	884	575	29	1 828	1 517	34.2	3 167	2 858
70	24.6	1 097	664	30.6	2 091	1 657	35.6	3 505	3 072
95	26.2	1 378	790	32.2	2 674	2 085	37.4	3 961	3 373
120	27.8	1 658	916	33.8	3 051	2 308	38.8	4 376	3 633
150	29.2	1 967	1 038	36.2	3 517	2 589	40.4	4 948	4 019
185	30.9	2 322	1 177	37.7	3 967	2 822	41.9	5 443	4 298
240	33.3	2 908	1 423	40.1	5 023	3 528	44.3	6 220	4 734
300	35.4		1 650	42.4		3 917	46.6		5 202
400	38.6		2 027	46.8		4 453	50		5 773
500	41.4		2 384	49.6		4 985	52.8		6 414

表 14-31-5 6/6，6/10 kV 交联聚乙烯绝缘三芯电力电缆外径及质量

截面/mm²	三芯											
	外径/mm	质量/（kg/km）		外径/mm	质量/（kg/km）		外径/mm	质量（kg/km）		外径/mm	质量/（kg/km）	
		YJV YJY	YJLV YJLY		YJV22 YJV23	YJLV22 YJLV23		YJV32 YJV33	YJLV32 YJLV33		YJV42 YJV43	YJLV42 YJLV43
25	42.9	1 937	1 472	47.9	3 010	2 544	51.1	4 337	3 872	54.3	5 697	5 232
35	45.4	2 337	1 686	50.4	3 498	2 947	53.6	4 863	4 212	56.8	6 299	5 648
50	48.4	2 896	1 967	53.6	4 135	3 205	56.8	6 302	5 371	60	7 164	6 233
70	51.7	3 578	2 275	57.1	4 958	3 655	61.6	7 177	5 875	63.5	8 085	6 783
95	55.3	4 478	2 710	60.7	5 974	4 206	65.2	8 431	6 663	67.1	9 438	7 670
120	58.6	5 396	3 163	64.2	6 969	4 736	68.9	9 559	7 326	70.6	10 627	8 395
150	61.8	6 387	3 596	67.4	8 161	5 370	72.1	10 837	8 046	73.8	11 961	9 170
185	65.2	7 507	4 063	71	9 417	5 975	75.7	12 256	8 314	77.4	14 842	11 400
240	70.4	9 364	4 893	76.4	11 340	6 874	81.1			82.8	17 331	12 865
300	75.3		5 681	81.5			86			87.9		14 149

表 14-31-6 8.7/10 kV 交联聚乙烯绝缘单芯电力电缆外径及质量

截面/mm²	单芯								
	外径/mm	质量/（kg/km）		外径/mm	质量/（kg/km）		外径/mm	质量/（kg/km）	
		YJV YJY	YJLV YJLY		YJV32 YJV33	YJLV32 YJLV33		YJV42 YJV43	YJLV42 YJLV43
25	22.8	680	525	28.8	1 616	1 461	34	2 961	2 806
35	24.1	804	587	30.1	1 786	1 570	35.1	3 187	2 970
50	25.4	984	674	31.4	2 015	1 706	36.6	3 459	3 143
70	27.1	1 201	768	32.8	2 515	2 082	38	3 819	3 385
95	28.6	1 490	902	35.4	2 906	2 318	39.8	4 250	3 662
120	30.2	1 765	1 022	37	3 260	2 518	41.2	4 670	3 927
150	31.6	2 091	1 162	38.4	3 735	2 806	42.8	5 251	4 323
185	33.3	2 452	1 307	40.1	4 582	3 437	44.3	5 751	4 606
240	35.5	3 034	1 548	42.5	5 395	3 810	46.7	6 577	5 091
300	37.8		1 818	44.6		4 178	49		5 527
400	41		2 170	49.2		4 728	52.4		6 152
500	43.8		2 556	52		5 900	55.2		6 782

表 14-31-7 8.7/10 kV 交联聚乙烯绝缘三芯电力电缆外径及质量

截面/mm²	三芯											
	外径/mm	质量/（kg/km）		外径/mm	质量/（kg/km）		外径/mm	质量/（kg/km）		外径/mm	质量/（kg/km）	
		YJV YJY	YJLV YJLY		YJV22 YJV23	YJLV22 YJLV23		YJV32 YJV33	YJLV32 YJLV33		YJV42 YJV43	YJLV42 YJLV43
25	48	2 320	1 854	53	3 500	3 035	56.2	5 638	5 167	59.6	6 482	6 017
35	50.6	2 757	2 105	55.6	3 980	3 329	60.3	6 226	5 575	62	7 117	6 466
50	53.6	3 290	2 359	58.8	4 679	3 748	63.5	7 007	6 077	65.2	7 948	7 017
70	56.8	3 947	2 710	62	5 410	4 107	66.7	7 917	6 612	68.4	8 874	7 571

续表

截面/mm²	三芯											
	外径/mm	质量/（kg/km）		外径/mm	质量/（kg/km）		外径/mm	质量/（kg/km）		外径/mm	质量/（kg/km）	
		YJV YJY	YJLV YJLY		YJV22 YJV23	YJLV22 YJLV23		YJV32 YJV33	YJLV32 YJLV33		YJV42 YJV43	YJLV42 YJLV43
95	60.5	4 959	3 149	66	6 567	4 799	70.6	9 178	7 410	72.5	10 263	8 497
120	63.7	5 836	3 588	69	7 541	5 308	74	10 339	8 106	75.9	12 808	10 575
150	66.9	6 906	4 115	72.7	8 674	5 883	77.2	11 648	8 857	79.1	14 237	11 446
185	70.4	8 062	4 620	76.4	9 991	6 549	81.1			82.8	15 862	12 416
240	75.5	9 841	5 375	81.7	12 887	8 421	86.2			88.1	18 362	13 806
300	80.3		6 218	88.1		9 392	91.4			93.3		15 207

表 14-31-8 12/20 kV 交联聚乙烯绝缘单芯电力电缆外径及质量

截面/mm²	单芯								
	外径/mm	质量/（kg/km）		外径/mm	质量/（kg/km）		外径/mm	质量/（kg/km）	
		YJV YJY	YJLV YJLY		YJV32 YJV33	YJLV32 YJLV33		YJV42 YJV43	YJLV42 YJLV43
35	26.1	979	762	32.1	2 335	2 118	37.3	2 767	3 457
50	27.6	1 155	846	33.6	2 598	2 288	38.6	3 953	3 643
70	29	1 393	959	35.8	2 884	2 450	40.2	4 289	3 856
95	30.8	1 681	1 093	37.6	3 256	2 668	41.8	4 749	4 161
120	32.2	1 979	1 236	39	3 620	2 877	43.4	5 179	4 436
150	33.8	2 301	1 373	40.6	4 518	3 589	44.8	5 757	4 829
185	35.3	2 718	1 573	42.3	4 981	3 836	46.5	6 288	5 153
240	37.7	3 302	1 817	44.5	5 728	4 243	48.9	7 110	5 624
300	40		2 084	48		4 646	51.2	7 953	6 096
400	43.2		2 455	51.2		5 827	54.6	9 192	6 716
500	46		2 861	54.2		6 448	57.6	10 509	7 414

表 14-31-9 12/20 kV 交联聚乙烯绝缘三芯电力电缆外径及质量

截面/mm²	三芯											
	外径/mm	质量/（kg/km）		外径/mm	质量/（kg/km）		外径/mm	质量/（kg/km）		外径/mm	质量/（kg/km）	
		YJV YJY	YJLV YJLY		YJV22 YJV23	YJLV22 YJLV23		YJV32 YJV33	YJLV32 YJLV33		YJV42 YJV43	YJLV42 YJLV43
35	55.1	3 348	2 696	60.5	4 840	4 169	65	7 403	6 702	66.9	8 423	7 771
50	58.1	3 974	2 973	63.7	5 463	4 532	68.2	8 139	7 208	70.1	9 200	8 270
70	61.3	4 623	3 321	66.9	6 346	5 044	71.4	9 133	7 831	73.3	11 626	10 323
95	65	5 593	3 825	70.8	7 457	5 689	75.5			77.2	13 054	11 286
120	68.2	6 495	4 262	74.2	8 459	6 227	78.9			80.6	14 347	12 114
150	71.4	7 637	4 846	77.4	10 555	7 764	82.1			83.8	15 883	13 092
185	75.1	8 803	5 361	81.3	11 925	8 483	85.8			87.7	17 533	14 092
240	78	10 729	6 263	87.8	13 959	9 494	91.1			92.8		
300	85		7 141	92.8		10 731	96.3			98		

表 14-31-10 18/20 kV 交联聚乙烯绝缘单芯电力电缆外径及质量

截面 /mm²	单芯								
	外径 /mm	质量/（kg/km）		外径 /mm	质量/（kg/km）		外径 /mm	质量/（kg/km）	
		YJV YJY	YJLV YJLY		YJV32 YJV33	YJLV32 YJLV33		YJV42 YJV43	YJLV42 YJLV43
35	31.5	1 243	1 026	38.3	2 851	2 634	42.2	4 353	4 136
50	32.8	1 443	1 133	39.8	3 463	3 135	44	4 660	4 350
70	34.4	1 678	1 245	41.2	3 789	3 356	45.6	5 006	4 573
95	36.2	2 027	1 439	43	4 193	3 505	47.2	5 482	4 894
120	37.6	2 326	1 583	44.4	4 606	3 863	48.8	5 947	5 204
150	39.2	2 661	1 732	47.2	5 138	4 210	50.4	6 546	5 617
185	40.7	3 062	1 917	48.9	5 635	4 490	52.1	7 091	5 946
240	43.1	3 666	2 180	51.1	7 069	5 583	54.3	7 936	6 450
300	45.4		2 448	53.6		6 013	56.8		6 917
400	48.6		2 858	58.3		6 637	60		7 586
500	51.2		3 289	61.3		7 259	63		8 257

表 14-31-11 18/20 kV 交联聚乙烯绝缘三芯电力电缆外径及质量

截面 /mm²	三芯											
	外径 /mm	质量/（kg/km）		外径 /mm	质量/（kg/km）		外径 /mm	质量/（kg/km）		外径 /mm	质量/（kg/km）	
		YJV YJY	YJLV YJLY		YJV22 YJV23	YJLV22 YJLV23		YJV32 YJV33	YJLV32 YJLV33		YJV42 YJV43	YJLV42 YJLV43
35	66.7	4 328	3 676	72.5	6 142	5 491	77	9 263	8 617	78.9	11 921	11 270
50	69.7	4 913	3 983	75.7	6 828	5 897	80.2	10 031	9 101	82.1	12 781	11 851
70	72.9	5 683	4 381	79.1	8 517	7 214	83.6			85.5	13 849	12 574
95	76.6	6 787	5 019	82.8	9 788	8 021	87.5			89.2	15 498	13 731
120	79.8	7 752	5 519	87.6	10 930	8 697	90.9			92.6	16 856	15 448
150	83	8 789	5 997	90.8	12 129	9 338	94.1			95.8	20 187	16 745
185	86.5	10 194	6 752	94.5	13 780	10 338	97.8			99.7		
240	91.6	12 101	7 636	99.8	15 988	11 522	103.1			104.8		
300	96.6		8 635	104.8	17 232					110		

表 14-31-12 21/35 kV 交联聚乙烯绝缘单芯电力电缆外径及质量

截面 /mm²	单芯								
	外径 /mm	质量/（kg/km）		外径 /mm	质量/（kg/km）		外径 /mm	质量/（kg/km）	
		YJV YJY	YJLV YJLY		YJV32 YJV33	YJLV32 YJLV33		YJV42 YJV43	YJLV42 YJLV43
50	35.6	1 609	1 300	42.6	3 779	3 469	46.8	5 053	4 744
70	37.2	1 850	1 417	44	4 112	3 679	48.4	5 405	4 972
95	38.8	2 193	1 605	47	4 523	3 935	50.2	5 890	5 302
120	40.4	2 498	1 756	48.6	4 944	4 202	51.8	6 340	5 597
150	41.8	2 839	1 910	50	5 510	4 581	53.2	6 973	6 044
185	43.5	3 248	2 102	51.7	6 634	5 489	54.9	7 526	6 381
240	45.9	3 881	2 395	54.1	7 447	5 961	57.3	8 407	6 922
300	48		2 672	57.9		6 451	59.6		7 400

表 14-31-13　26/35 kV 交联聚乙烯绝缘单芯电力电缆外径及质量

截面 /mm²	单芯								
	外径 /mm	质量/(kg/km)		外径 /mm	质量/(kg/km)		外径 /mm	质量/(kg/km)	
		YJV YJY	YJLV YJLY		YJV32 YJV33	YJLV32 YJLV33		YJV42 YJV43	YJLV42 YJLV43
50	38.2	1 758	1 449	46.2	4 083	3 773	49.4	5 429	5 119
70	39.8	2 038	1 604	47.8	4 422	3 989	51	5 786	5 352
95	41.4	2 355	1 767	49.6	4 840	4 252	52.8	6 261	5 672
120	43	2 666	1 923	51	5 269	4 526	54.2	6 735	5 992
185	46.1	3 427	2 283	54.5	7 007	5 861	57.7	7 965	6 820
240	48.5	4 070	2 584	58.2	7 856	6 371	59.9	8 806	7 321
300	50.6		2 891	60.7		6 819	62.4		7 807

表 14-32　66/500 kV 高压交联聚乙烯绝缘电力电缆截面及质量查对表

额定电压	线芯标称截面	线芯外径	内屏蔽厚度	绝缘厚度	外屏蔽厚度	疏绕铜丝屏蔽截面	外护套厚度	电缆外径	电缆质量近似值)/(kg/km)	
kV	mm²	mm	mm	mm	mm	mm²	mm	mm	Cu	Al
66	95	11.6	1.0	13.0	1.0	35	2.6	50.8	3 054	2 141
	120	13	1.0	13.0	1.0	35	2.6	52.3	3 366	2 298
	150	14.6	1.0	13.0	1.0	35	2.7	54	3 736	2 483
	185	16.2	1.0	13.0	1.0	35	2.8	55.7	4 151	2 681
	240	18.5	1.0	12.0	1.0	35	2.8	56	4 611	2 800
	300	20.8	1.0	12.0	1.0	35	2.8	58.5	5 288	3 106
	400	23.6	1.0	12.0	1.0	35	2.9	61.5	6 355	3 554
	500	26.9	1.0	12.0	1.0	35	3.1	65.6	7 505	4 085
	630	30.3	1.0	12.0	1.0	35	3.2	69.2	8 886	4 661
	800	34.4	1.0	12.0	1.0	35	3.3	73.5	10 667	5 390
110	240	18.5	1.0	19.0	1.0	95	3.3	71	6 821	4 453
	300	20.8	1.0	18.5	1.0	95	3.3	72.4	7 439	4 700
	400	23.6	1.0	17.5	1.0	95	3.3	73.3	8 333	4 975
	500	26.9	1.0	17.5	1.0	95	3.5	77.3	9 555	5 578
	630	30.3	1.0	16.5	1.0	95	3.5	78.8	10 747	5 965
	800	34.4	1.0	16.0	1.0	95	3.8	82.4	12 459	6 625
	1 000							91	19 500	12 900
	1 200							94	21 600	14 100
	1 600							103	26 700	16 200
220	400							86.6		11 100
	630							96		13 500
	800							100	19 700	14 700
	1 000							106	22 700	16 300
	1 200							109	24 800	17 200
	1 600							118	31 100	20 000

续表

额定电压	线芯标称截面	线芯外径	内屏蔽厚度	绝缘厚度	外屏蔽厚度	疏绕铜丝屏蔽截面	外护套厚度	电缆外径	电缆质量近似值）/（kg/km）	
kV	mm^2	mm	mm	mm	mm	mm^2	mm	mm	Cu	Al
330	1 000								22 100	
	1 600								37 600	
500	800							120	16 700	11 700
	1 000							122	18 700	12 300
	1 200							126	20 900	13 400

注：① 330 kV 1 000 mm^2 为充油电力电缆（龙羊峡）。

② 330 kV 1 600 mm^2 为低密度干式电力电缆（李家峡）。

③ 500 kV 为低密度聚乙烯电力电缆。

第四节 大坝和电站厂房立模面系数参考表

表 14-33 大坝和电站厂房立模面系数参考表

序号	建筑物名称	立模面系数/（m^2/m^3）	各类立模面参考比例/%					说明
			平面	曲面	牛腿	键槽	溢流面	
1	重力坝（综合）	0.15～0.24	70～90	2.0～6.0	0.7～1.8	15～25	1.0～3.0	不包括拱形廊道模板实际工程中如果坝体纵、横缝不设键槽，键槽立模面积所占比例为 0，平面模板所占比例相应增加
	分部：非溢流坝	0.10～0.16	70～98	0.0～1.0	2.0～3.0	15～28		
	表面溢流坝	0.18～0.24	60～75	2.0～3.0	0.2～0.5	15～28	8.0～16.0	
	孔洞泄流坝	0.22～0.31	65～90	1.0～3.5	0.7～1.2	15～27	5.0～8.0	
2	宽缝重力坝	0.18～0.27						
3	拱坝	0.18～0.28	70～80	2.0～3.0	1.0～3.0	12～25	0.5～5.0	
4	连拱坝	0.80～1.60						
5	平板坝	1.10～1.70						
6	单支墩大头坝	0.30～0.45						
7	双支墩大头坝	0.32～0.60						
8	河床式电站闸坝	0.45～0.90	85～95	5.0～13	0.3～0.8	0.0～10		不包括蜗壳模板、尾水肘管模板及拱形廊道模板
9	坝后式厂房	0.50～0.90	88～97	2.5～8.0	0.2～0.5	0.0～5.0		
10	混凝土蜗壳立模面积/m^2	$13.40D_1^2$						D_1 为水轮机转轮直径
11	尾水肘管立模面积/m^2	$5.846D_4^2$						D_4 为尾水肘管进口直径，可按下式估算：轴流式机组 $D_4=1.2D_1$，混凝土流式机组 $D_4=1.35D_1$

注：① 泄流和引水孔洞多而坝体较低，坝体立模面系数取大值；泄流和引水孔洞较少，以非溢流坝段为主的高坝，坝体立模面系数取小值。河床式电站闸坝的立模面系数，主要与坝高有关，坝高小取大值，坝高大取小值。

② 坝后式厂房的立模面系数，分层较多，结构复杂，取大值；分层较少，结构简单，取小值；一般可取中值。

表 14-34　溢洪道立模面系数参考

序号	建筑名称			立模面系数/（m^2/m^3）	各类模板参考比例/%			说明
					平面	曲面	牛腿	
1	闸室	闸室（综合）		0.60～0.85	92～96	4.0～7.0	0.5（0）～0.9	含中、边墩等
		分部：闸墩		1.00～1.75	91～95	5.0～8.0	0.7（0）～1.2	
		闸底板		0.16～0.30	100			
2	泄槽	底板		0.16～0.30	100			
		边墙	挡土墙式	0.70～1.00	100			
			边坡衬砌	$1/B+0.15$	100			岩石坡，B 为衬砌厚

表 14-35　隧洞立模面系数参考值

类型	高宽比	衬砌厚度/m						所占比例/%	
		0.2	0.4	0.6	0.8	1.0	1.2	曲面	墙面
直墙圆拱形隧洞	0.9	3.16～3.42	1.52～1.65	0.98～1.07	0.71～0.78	0.55～0.60	0.44～0.49	49～66	51～34
	1.0	3.25～3.51	1.57～1.70	1.01～1.10	0.73～0.80	0.57～0.62	0.46～0.50	45～61	55～39
	1.2	3.41～3.65	1.65～1.77	1.07～1.15	0.78～0.84	0.60～0.65	0.49～0.53	39～53	61～47
	说明	本表立模面系数计算按隧洞顶拱圆心角为 120°～180°，圆心角小时取大值，反之取小值						顶拱圆心角小时曲面取小值，反之取大值；墙面相反	
	注：1.表中立模面系数仅包括顶拱曲面和边墙墙面模板，混凝土量按衬砌总量计算。 2.底板堵头、边墙堵头和顶拱堵头模板总立模面系数为 $1/L$ m^2/m^3，L 为衬砌分段长度。 3.键槽模板立模面面积按隧洞长度计算，每米洞长立模面 $1.3B$ m^2/m，B 为衬砌厚度								

类型	衬砌内径/m	衬砌厚度/m						备注
		0.2	0.4	0.6	0.8	1.0	1.2	
圆形隧洞	4	4.76	2.27	1.45	1.04			
	8	4.88	2.38	1.55	1.14	0.89	0.72	
	12	4.92	2.42	1.59	1.17	0.92	0.76	
	注：1.表中立模面系数仅包括曲面模板，混凝土量按衬砌总量计算。 2.堵头模板立模面系数为 $1/L$ m^2/m^3，L 为衬砌分段长度。 3.键槽模板立模面面积按隧洞长度计算，每米洞长立模面 $2.3B$ m^2/m，B 为衬砌厚度							

表 14-36　渡槽槽身立模面系数参考值

渡槽类型	壁厚/cm	立模面系数/（m^2/m^3）	备注
矩形渡槽	10	15.00	
	20	7.71	
	30	5.28	
箱形渡槽	10	13.26	
	20	6.63	
	30	4.42	
U 形渡槽	12～20	10.33	直墙厚 12 cm，U 形底部厚 20 cm
	15～25	8.19	直墙厚 15 cm，U 形底部厚 25 cm
	24～40	5.98	直墙厚 24 cm，U 形底部厚 40 cm

表 14-37 涵洞立模面系数参考值

单位：m^2/m^3

类型	高宽比	部位	衬砌厚度/m				
			0.4	0.6	0.8	1.0	1.2
直墙圆拱形涵洞	0.9	顶拱	2.17	1.45	1.09	0.87	0.73
		边墙	1.13	0.76	0.57	0.46	0.39
	1.0	顶拱	2.07	1.38	1.04	0.83	0.69
		边墙	1.32	0.88	0.66	0.53	0.44
	1.2	顶拱	1.88	1.26	0.95	0.76	0.64
		边墙	1.00	1.09	0.81	0.65	0.54

注：1.表中立模面系数仅包括顶拱央项和边墙墙面模板，混凝土量按衬砌总量计算。
2.底板堵头、边墙堵头和顶拱堵头横板总立模面系数为 $1/L$ m^2/m^3，L 为衬砌分段长度。
3.键槽模板立模面面积按隧洞长度计算，每米洞长立模面 $1.3B$ m^2/m，B 为衬砌厚度

类型	高宽比	衬砌厚度/m				
		0.4	0.6	0.8	1.0	1.2
矩形涵洞	1.0	3.00	2.00	1.50	1.20	1.00
	1.3	3.22	2.15	1.61	1.29	1.07
	1.6	3.39	2.26	1.70	1.36	1.13

注：1.表中立模面系数仅包括曲面模板，混凝土量衬砌总量计算。
2.堵头模板立模面系数为 $1/L$ m^2/m^3，L 为衬砌分段长度。
3.键槽模板立模面面积按涵洞长度计算，每米洞长立模面 $1.3B$ m^2/m，B 为衬砌厚度

类型	壁厚/cm	15	25	35	45	55	65
圆形涵洞	立模面积系数	8.89	5.41	4.06	3.15	2.62	2.23

注：1.表中立模面系数仅包括曲面模板，混凝土量按衬砌总量计算。
2.堵头模板立横面系数为 $1/L$ m^2/m^3，L 为分段长度。
3.键槽模板立模面面积按涵洞长度计算，每米洞长立横面 $2.3B$ m^2/m，B 为衬砌厚度

表 14-38 水库立模面系数参考值

序号	建筑名称	立模面系数/（m^2/m^3）	各类模板参考比例/%			说明
			平面	曲面	牛腿	
1	水库闸室（综合）	0.65～0.85	92～96	4.0～7.0	0.5（0）～0.9	
2	分部：闸墩	1.15～1.75	91～95	5.0～8.0	0.7（0）～1.2	含中、边墩等
	闸底板	0.16～0.30	100			

表 14-39 明渠立模面系数参考值

1. 边坡面立模面系数 $1/B$ m^2/m^3。B 为边坡衬砌厚度；混凝土量按边坡衬砌量计算。
2. 横缝堵头立模面系数 $1/L$ m^2/m^3。L 为衬砌分段长度；混凝土量按明渠衬砌总量计算。
3. 底板纵缝立模面面积按明渠长度计算，每米渠长立模面 $n\times B$ m^2/m。B 为衬砌厚度；n 为明渠底板纵缝条数（含边坡与底板交界处的分缝）

参考文献

[1] 中华人民共和国水利部. 水利工程量清单计价规范（GB50501—2007）[S]. 北京：中国计划出版社，2007.

[2] 中华人民共和国水利部. 水利水电工程设计工程量计算规定（SL328—2005）[S]. 北京：中国水利水电出版社，2005.

[3] 中华人民共和国水利部. 水利建筑工程概算定额[S]. 郑州：黄河水利出版社，2002.

[4] 中华人民共和国水利部. 水利建筑工程预算定额[S]. 郑州：黄河水利出版社，2002.

[5] 中华人民共和国水利部. 水利工程施工机械台时费定额[S]. 郑州：黄河水利出版社，2002.

[6] 中华人民共和国水利部. 水利工程设计概（估）算编制规定[S]. 郑州：黄河水利出版社，2002.

[7] 中华人民共和国水利部. 水利水电设备安装工程预算定额[S]. 北京：中国水利水电出版社，2002.

[8] 中华人民共和国水利部. 水利水电设备安装工程概算定额[S]. 北京：中国水利水电出版社，2002.

[9] 徐学东，姬宝霖. 水利水电工程概预算[M]. 北京：中国水利水电出版社，2005.

[10] 沈志娟. 水利水电工程识图与工程量清单计价一本通[M]. 北京：中国建材工业出版社，2009.

[11] 陈全会，谭兴华. 水利水电工程定额与造价[M]. 北京：中国水利水电出版社，2003.

[12] 唐喜梅. 水利水电工程计量与计价[M]. 北京：中国水利水电出版社，2010.

[13] 本书编委会. 水电工程量清单计价规范详解及应用指南[M]. 哈尔滨：哈尔滨工程大学出版社，2009.

[14] 瞿义勇. 量清单计价编制与典型实例应用图解——水利水电[M]. 北京：中国建材工业出版社，2008.